KB155755

한국 과학기술의 첨단 기지

KIST Europe 20년 Story

KIST유럽 20년사 편찬위원회

더난출판

KIST
Korea Institute of
Science and Technology
KIST Europe

지난 20년 동안 KIST 유럽의

설립과 발전에 공헌하신 모든 분들에게

감사의 마음을 담아 이 책을 바칩니다.

인사말

스무 살을 맞이한 든든한 KIST유럽을 바라보며

2016년은 과학입국(科學立國)의 기치 아래 출범한 KIST 창립 50주년이 되는 해입니다. 아울러 유럽 현지의 첨단원천기술과 국내 정부출연연의 공동연구 거점 확보를 위해 독일 자를란트 주의 자르브뤼켄에 KIST유럽을 개소한 지 20주년을 맞는 해이기도 합니다.

이 20년의 의미는 결코 작지 않습니다. 독자적으로 연구기능을 수행할 수 있는 시설을 갖춘 우리나라 정부출연연 최초의 해외현지 연구소로서 개방과 혁신을 위한 개척자 정신을 가지고 유럽을 향해 나아가 과학기술 협력 다원화에 기여했다는 점에서 그 의의가 크다고 할 것입니다. 무엇보다 큰 의미는 유럽에서 20년을 생존하며 자신의 존재가치를 인정받을 정도로 훌륭하게 성장했다는 것입니다.

이제는 '개방형 연구'와 '산업계 지원'이라는 확고한 핵심전략을 통해 국내 정부출연연과의 협력을 확대하고 EU 진출 희망기업의 거점 역할을 강화하고 있습니다. 뿐만 아니라 국내 정부부처 · 대학 · 산업계의 대(對) EU 과학기술

협력활동 지원과 Horizon 2020 및 연구개발 동향 분석, 국제 공동 워크숍 개최 등 다양한 협력사업 추진을 통해 국제 연구개발 환경 변화에 신속히 대처하고 범부처적 한 · EU 과학기술협력 활성화 촉진에 기여하고 있습니다.

이러한 KIST유럽을 바라보는 KIST의 마음은 머나먼 타국에서 고국을 위해 애쓰는 효자를 보는 부모의 마음처럼 흐뭇합니다. 앞으로도 KIST유럽이 국내 정부출연연과 산업계가 EU로 진출할 때 믿고 의지할 수 있는 든든한 동반자로서 그 자리에 있어줄 것을 기대하며, 창립 20주년을 맞이한 KIST유럽에 따뜻한 축하의 마음을 담아 보냅니다.

이병권 KIST 원장

인사말

KIST유럽 스무 살을 맞으며

남자 나이 20세를 일컫는 말로 약관(弱冠)이라는 말을 씁니다. 사람이 태어나서 열 살이 되면 유(幼)라고 하여 이때부터 배우기 시작하고, 스무 살이 되면 약(弱)이라 하여 비로소 갓을 쓰고 이름을 떨친다고 합니다.

한국과 독일 양국 정부의 합의에 따라 지난 1996년 국내 유일의 유럽 현지연구소로 설립된 지 꼬박 20년. 이제 KIST유럽은 청년의 갓을 쓰고 한국을 대표하는 출연연구기관으로 유럽에서 우리나라가 필요로 하는 분야의 연구를 수행하고 국내 산 · 학 · 연의 유럽 진출을 지원하며 활발히 활동하고 있습니다.

앞으로도 KIST유럽은 글로벌 환경규제 대응에 필요한 원천기술과 독일이 강점을 갖고 있는 Industry 4.0 분야의 연구역량을 더욱 강화하여 정부출연연 및 산업계와의 공동연구를 확대할 예정입니다. 공동과제를 확대하고 국내외 연구기관이 활용 가능한 공동실험실을 구축하여 적극 개방하고, 인력교류를 위한 상호방문연구 프로그램도 활성화할 예정입니다.

또한 KIST유럽은 출연연의 EU 전진기지로서 설립된 만큼 EU에서 수행되는 Horizon 2020, EUREKA 등의 대형 연구사업에 참여할 수 있는 자격을 갖춘 차별화된 기관입니다. 따라서 이러한 EU의 R&D 프로그램을 국내 출연

(연)들에게 소개하고 과제 기획을 지원하는 역할도 진행할 것입니다.

산업계 지원 측면에서 국내 산업계의 EU 진출을 적극 지원하기 위한 허브로 육성하고자 합니다. EU 진출을 원하는 기업이 하나의 소통 채널을 통해 편리하게 지원받을 수 있도록, 여러 기관과의 협력을 통하여 원스톱(One-stop) 서비스 구축을 주도하고자 합니다. 아울러 한국으로의 진출이나 협력을 희망하는 EU 및 독일의 연구소와 기업들을 돕는 매개체 역할도 강화할 예정입니다.

집중된 연구역량으로 미래기술을 발굴하고 KIST유럽이 출연(연) 및 산업계의 EU 진출을 지원하는 개방형 연구와 협력 거점기관으로 발전할 수 있도록 저희가 할 수 있는 모든 노력을 쏟겠습니다. 스무 살 연구소의 열정과 노력이 더 큰 빛을 발할 수 있도록 출연연과 산업계의 아낌없는 관심과 애정을 부탁드립니다. 스무 살 푸른 청춘이 훌륭한 과학 일꾼으로 성장하는 모습을 지켜봐주시면 고맙겠습니다.

최귀원 KIST유럽 소장

인사말

KIST유럽의 20주년을 축하하며

KIST의 50년 역사는 국내 정부출연 연구기관, 나아가 대한민국 과학기술 발전의 역사라 해도 지나치지 않을 것입니다. 여기 더하여 KIST유럽은 지난 20년간 국내외 과학기술 환경 변화에 맞춰 세계적 연구기관과의 협력을 통해 오늘의 모습으로 성장했습니다. 유럽의 중심에서 독자적 연구를 수행하며 R&D 협력 체제를 다원화함으로써 과학기술 한류를 확산해온 그간의 공로에 큰 박수를 보냅니다.

KIST유럽의 유럽 내 R&D 네트워크와 시장에 대한 정보는 유럽 진출을 준비하는 국내 연구소와 중소 · 중견기업들에게 나아갈 방향을 제시하는 이정표 역할을 하고 있습니다. 8시간의 시차가 무색하게 국내 산학연 R&D 주체들과 긴밀하게 소통하고 협력함으로써 개방형 연구 및 산업계 지원의 허브 역할을 해왔습니다. 이는 KIST유럽으로서의 역할을 넘어, 대한민국 과학기술 전반의 유럽 진출 교두보로서 그 존재감을 입증해온 것이라고 생각합니다.

국가과학기술연구회는 출범 이후 출연연간 벽을 허물고, 소통과 협력의 R&D 환경을 마련함으로써 과학기술 패러다임 변화에 부응하고자 힘쓰고 있습니다. 이를 위해 융합연구 생태계 구축, 도전적 · 창의적 연구 환경 조성, 질 중심의 평가체계 개선 등 연구자들이 연구에 몰입할 수 있는 토양을 다지는 데 주력해왔습니다. 국제협력 분야에서도 Umbrella MoU 체결을 통해 개별 출연연의 국제협력 탐색 부담을 줄이려는 노력과 함께 출연연이 운영 중인 해외 조직의 기능 및 역할을 재정립하여 출연연 국제협력 네트워크의 공동 활용 방안을 모색 중에 있습니다.

국내 1호 해외연구소로서, 국제 공동연구의 거점으로 자리매김한 KIST유럽이 그 선두에 서주실 것을 기대합니다. 앞으로도 우리 과학기술의 글로벌 전진기지로서 큰 활약을 해주시기 바라며, 20주년을 맞이한 KIST유럽의 앞날에 무궁한 발전과 영광이 함께하기를 기원합니다. 감사합니다.

이상천 국가과학기술연구회 이사장

Contents

KIST Europe

Section 1

KIST유럽 20년 역사

1장

KIST유럽 1996~2016

소사(小史)

1996년

독일에서 첫걸음을 시작하다

대한민국 최초의 공공연구기관 해외 진출 모델인 'KIST유럽'의 설립배경은 한마디로 '선진 고급기술의 현지 확보를 통한 국내 산업체로의 신속한 이전'이라고 할 수 있다. 1996년 당시 대한민국 연구개발 활동의 주요 과제는 원천기술 개발 및 획득과 직결된 선진기술의 전략적 이용이었다. 그런데 기존의 소극적인 방법으로는 이러한 과제를 효과적으로 달성하는 데 분명한 한계가 있었다. 오랜 논의와 고민이 이어졌고 마침내 선진기술의 원천지로 직접 진출해 적극적인 국제 협력 시스템을 구축하자는 쪽으로 의견이 모아졌다. 미국과 일본 중심의 기술패권주의에 대응하면서 동시에 기술력의 다원화를 꾀하는 가장 효과적인 방법은 당시 블록화가 진행 중이던 유럽연합(European Union, 이하 'EU') 지역 현지에 연구소를 설립, 선진기술에 접근하여 이를 적극 활용하는 것이라는 판단이었다.

KIST유럽은 이런 국내외 사정을 반영하여 명확한 목적과 체계를 갖추고 출발했다. 연구소 설립 초기의 기본철학은 2016년 현재까지 계승되고 있는데, 다음과 같이 세 가지로 정리될 수 있다. 첫째는 독일 및 EU 현지의 첨단·원천기술들을 획득해 적극적으로 활용하고, 둘째는 독일·EU·동유럽 국가와의 기술 교류 및 공동연구를 위한 거점을 확보하고, 셋째는 한국 기업들의 중간진입기술 개발을 촉진하고 지원하는 것이다.

1996년 설립 확정 이후 KIST유럽은 인력 충원, 현지 법인 등록, 인프라 구축을 위한 건설 사업, 연구 설비와 기자재 구입이라는 네 가지 기반 조성 사업을 중심으로 한 해를 보냈으며, 이와 더불어 환경 · 원천기술 연구, 기술정보 수집 제공이라는 나름의 연구 및 정보 수집 활동을 활발하게 수행했다. 1996년 연구 활동 수행과 관련한 주요 추진 과제들로는 '폐기물 소각로에 관한 연구', '마이크로 시스템 생산기술 개발', '병원 폐기물 처리 시스템에 관한 연구'등을 들 수 있다.

흔들림 없는 거멀못 역할

당시의 설립 추진 체계도를 보면 KIST유럽이 해야 할 역할이 무엇인지를 정확하게 알 수 있는데, 그것은 바로 '거멀못' 역할이었다. '거멀'이란 말은 '거머쥐다'에서 나온 것으로, 가구나 나무 그릇의 모서리에 걸쳐 대는 쇳조각을 의미한다. KIST유럽은 갈라져 틈이 생긴 곳이나 둘 혹은 서넛의 부재가 맞닿는 부위를 벌어지지 않도록 보강하는 철물인 거멀못처럼 한국과 유럽, 한국의 기업 · 연구기관 · 대학과 유럽의 기업 · 연구기관을 촘촘히 연결하고 결합해주는 흔들림 없는 매개체가 되어야 한다는 것이었다.

설립 초기 KIST유럽이 제 역할을 수행할 수 있도록 적극적으로 지원한 곳이 세계적인 연구소인 프라운호퍼 연구협회(Fraunhofer Gesellschaft, 이하 'FhG') 산하기관인 프라운호퍼 매니지먼트(Fraunhofer Management, 이하 'FhM')였다. 초기 위탁 계약으로 사업 추진에 힘을 실어준 FhM의 업무 지

KIST유럽 설립 추진 체계도

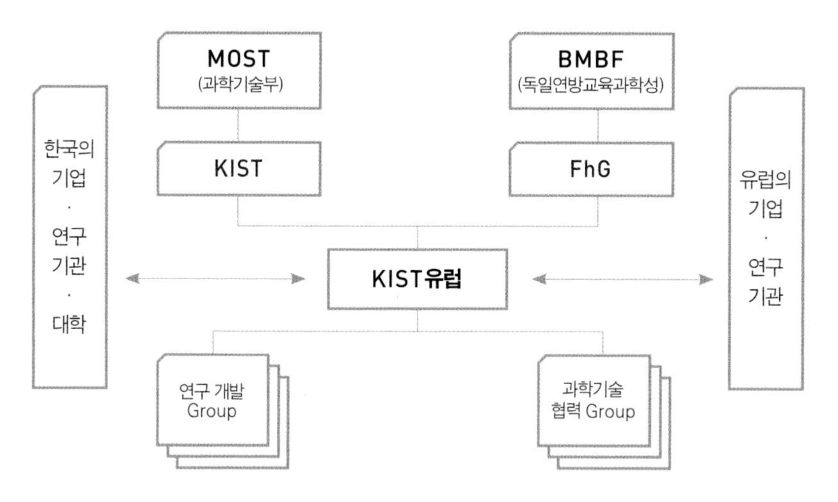

원 분야는 연구 계획 및 연구 용역 수탁(Project Development, 이하 'P/D') 지원, 인사 업무(고용계약, 급여, 출장비 정산 등), 각종 계약과 법률 관련 지원, 재무 계획, 부동산 업무 및 건설 사업 지원 등은 물론, KIST유럽을 대행해 독일 정부와 산업계 그리고 EU 등과의 교류를 연계하는 난이도 높은 업무까지 매우 포괄적인 것이었다.

KIST유럽의 첫 사무실은 독일 자를란트(Saarland) 주 자르브뤼켄(Saarbrücken) 시에 위치한 자를란트 대학 내 창업센터(Starterzentrum) 34번 건물이었다. 이곳은 임대면적이 396.18m²였다. 사무실 임대와 동시에 독자적인 연구소 건물 마련을 위해 자를란트 대학 캠퍼스 내 주정부 소유지(10,000m²)를 매입하여 1996년 12월 19일 등기 완료했다. 토지매입 후 3년 안에 대지 5,000m²에 1차 건설을 착수하고 잔여부지는 8년 내에 개발하지 않을 경우 주정부에 구입가로 반납하는 조건이었다.

독일에서 공공연구기관이 취할 수 있는 법인 형태는 협회와 공익유한회사 두 가지가 있다. 그런데 KIST유럽은 독립적인 운영 구조를 지닌 터라 프라운호퍼나 막스플랑크와 같은 협회 형태는 부적절하여 헬름홀츠 연구협회나 라이프니츠 연구협회와 동일한 공익유한회사로 법인 등록을 추진했다.

현지 법인 등록은 당시 KIST 김은영 원장의 정관 및 위임장 서명(1월 17일), 국내 동방종합법무법인의 정관 및 위임장 공증(대리인 변재선, 1월 22일)과 독일 Dr. Manfred Rohde 공증사무소(위임권자 Ernst N. Schmeisser FhM 변호사)에서 초대소장 이춘식 박사의 서명 등록(2월 14일)을 거쳐서 공익유한회사로서의 법인 등록(5월 8일)이 완료됐다.

그리고 마침내 1996년 2월 16일 개소식과 함께 KIST유럽은 역사적인 행보의 첫발을 내딛게 됐다.

같은 해 가을에는 KIST 본원 환경공학연구부(부장 문길주)의 지원을 받아 뮌헨국제환경박람회에 공동으로 참가하여 KIST유럽 설립을 독일 내 대학, 연구소, 산업계에 알릴 수 있었다. 또한 FhG의 한스 유르겐 바르네케(Hans-Jürgen Warnecke) 총재의 소개로 FhG는 물론 막스플랑크 연구협회(Max Plank Gesellschaft, 이하 'MPG'), 독일연구재단(Deutsche Forschungsgemeinschaft, 이하 'DFG')의 회원으로 가입되어 가을총회에 참석, 협회 총재들은 물론 소속 연구소의 소장들과 인사하고 친선을 도모할 수 있었다.

1997 년

KIST유럽에 대한 뜨거운 관심과 호응

1997년 KIST유럽의 기본 운영방향은 크게 세 가지였다. 우선 첫 번째는 세계적 수준의 연구소 및 정예 인원으로 구성된 연구팀 구성을 통한 연구기반 구축이었다. 초기에는 독립적인 연구 공간이 없었던 터라 자를란트 대학 인근 프라운호퍼 생의공학연구소(Fraunhofer Institute for Biomedical Engineering, 이하 'Fh-IBMT')와 칼스루헤 연구센터(Forschungszentrum Karlsruhe, 이하 'FZK') 등의 연구 공간과 시설을 활용해야 했는데, 이들 연구소를 이용해 당시 진행 중이던 6개의 과학기술처(이하 '과기처') 시범 과제 수행 및 환경부, 산업체 등과 관련된 P/D 활동을 강화하는 것이 두 번째였다. 그리고 마지막은 현지 법인 중심 운영으로 행정절차를 간소화하고 연구소 운영의 자립방안을 모색하는 등 독자적 행정 체제를 정립하는 것이었다.

1997년의 중점 연구는 '수질, 폐기물 및 환경 친화 공정기술' 분야였다. 이를 위하여 독일의 환경 관련 연구기관 및 기업과 협력하여 단기간 내 실용화가 가능한 기술 발굴을 추진했다. 그 결과 '폐기물 소각로에 관한 연구'는 소각로 및 후처리 시스템 기본 설계를 연구목표로 진행됐으며, '병원 폐기물 처리기술 개발', '환경산업 공정에서의 Fouling 저감기술 개발' 등의 연구도 이뤄졌다.

연구소는 당시의 과제를 중심으로 그룹을 나누어 조직을 재정비했다. 즉, 폐수 처리 그룹, 소각로 그룹, 병원 폐기물 처리 그룹, 환경 친화 공정 그룹의

4개 전문 연구 그룹이 구성된 것이다. 아울러 대한민국 KIST 본원의 'KIST유럽지원센터'에 센터장 등 3명의 인력이 배치됐고, 주요 연구인력의 2~3개월 현지 순환 근무도 계획됐다. 하지만 여러 사정에 의해 순환 근무는 실현되지 못했다.

1997년 인력 충원과 관련하여 눈여겨볼 부분은 1월 초 〈독일기사협회신문(VDI Nachrichten)〉에 냈던 연구원 구인 광고에 총 570명이 응모(연구 책임자급 61명, 연구원 491명, 기존 지원자 18명)하여 호응이 뜨거웠다는 점이다. 이와 같은 결과에 대해 이춘식 초대소장과 김재일 재독한국과학기술자협회 초대회장은 "당시 독일의 경제 불황과 KIST유럽에 대한 호기심, 그리고 FhG와의 협력이라는 이름값이 동반 작용한 게 원인"이라고 분석했다.

한편 KIST유럽의 홍보 활동 중 주목할 부분은 KIST유럽 1주년 기념행사가 1997년 2월 13일(목)과 14일(금) 양일간 '환경기술 세미나'와 함께 열린 것이란 점이다. 세미나는 KIST유럽이 있는 자를란트 주 자르브뤼켄 시를 중심으로 독일 환경시설 현장견학 및 한독 환경기술 심포지엄을 주요 행사로 하여 열렸다. 200여 명(국내 한국인 56명, EU 지역 한국인 28명, 독일인 115명)이 참석할 정도로 큰 호응을 얻은 이 행사는 환경기술 심포지엄 참석자를 중심으로 자발적인 'KIST유럽 동우회'가 결성될 정도로 의미 있는 결과를 만들어냈다(1997년 11월 12일, 한국 측 30개 기업, 독일 측 정부·연구소·산업계 인사가 참여하는 'KIST유럽 동우회 발족 7인 위원회' 구성).

같은 해 6월에는 파리국제환경설비박람회에 참가하여 프랑스의 학계·연구계·산업계에 KIST유럽을 알리고, 파리 에콜 데 민 대학의 총장을 만나 KIST유럽과의 협력을 협의했다. 또한 KIST유럽과 인접한 프랑스 로렌 주의 메스 대학을 방문하여 친선을 맺는 등 프랑스의 연구 관련 기관들과의 협력을 위한 네트워크 발굴에 힘쓴 해였다.

연구 활성화를 위한 인프라를 만들다

연구 활성화를 위한 주변 기관들과의 협력 구체화 방안도 활발하게 추진됐다. 프라운호퍼 생산기술및자동화연구소(Fraunhofer-Institut für Produktionstechnik und Automatisierung. 이하 'Fh-IPA')와는 '대우 프랑스 관련 공동연구'를 진행했으며, Fh-IBMT와는 '병원 폐기물, 소각로 공동연구' 및 '병원 폐기물 연구 신청서'를 공동으로 작업하면서 자매결연 관계를 맺기도 했다. 자를란트 대학과는 기본협약을 체결하고 학부편입에 대한 논의를 시작했다. FZK와도 기본협약을 체결하고, 소각로 공동연구 및 연구소 운영에 관한 자문을 구했다.

1997년 KIST유럽의 주요 사업은 연구소 건설 사업이었다. 연구개발 세계화 및 국가 과학기술 협력 다원화 촉진을 위한 현지 거점 확보, 독일 및 유럽 내에서 권위 있는 연구소로서의 신뢰성 확보를 위해 사업기간 3년(97~99년)을 목표로 연면적 4,692m^2(사용면적 2,768m^2) 규모의 연구소 건설에 들어간 것이다.

당시 다수의 연구소 건립 경험을 가지고 있던 자를란트 주정부는 추후 부대건물 건설에 이용될 공간을 감안하여 대지 10,000m^2(1차 건설 부지로 5,000m^2, 2차 증축 시 5,000m^2)을 제의했고, FhM에서는 단일 연구소 최소 단위라고 할 수 있는 정직원 60명이 사용할 공간을 추정하여 실사용 면적 약 2,500m^2 규모의 건설을 제의했다.

이후 KIST유럽 설립 및 대지 매입 등을 지원한 FhM와의 협력하에 자를란트 지역의 개발 및 건설 관계 프로젝트의 기획 및 조정을 담당하는 공기업인 자를란트 지역개발회사 LEG와 건축감리 계약을 체결했다. 이어서 유럽공동체 관보 공고를 통해 지원한 총 34개 건축설계사무소 중 서류심사를 통과한 최종 6개 회사를 면접 심사하여 보다 창의적이고 미래지향적인 아이디어를 제시한 프랑크푸르트 소재 건설업체인 KSP를 선정했다.

1998 년

외환 위기와 연구 내실화 추진

1998년 KIST유럽의 조직은 주요 연구 분야별 팀 체제로 구축됐다. 즉, 폐기물 처리, 폐수 처리, 리사이클링 및 토양정화, 환경 친화 생산기술 등 4개 팀과 기술 협력 및 행정 지원팀 체제가 그것이다.

사업 계획의 기본방향은 연구 내실화 및 현지 P/D 강화, 산·학·연 연계 강화, 건설 사업 진행(설계 및 인허가 완료, 대지 정비 및 기공), 자체 행정 시스템 점진적 구축 등 네 가지였다. 이 가운데 연구 내실화 및 현지 P/D 강화는 Fh-IBMT와 함께 병원 폐기물 관련 과제를 독일연방교육과학성(Bundesministerium für Bildung und Forschung, 이하 'BMBF')에 제출하여 독일 정부의 연구비를 확보하는 것이 주요한 목적이었다.

산·학·연 연계 강화는 이미 결성된 'KIST유럽 동우회'의 활성화 및 자를란트 대학과의 협력 강화에 초점을 맞추었다. 자를란트 대학과의 협력은 구체적으로 연구 프로젝트에 석박사과정 학생 활용 및 학위 수여권 확보, 연구 소장 및 핵심 연구원의 대학 교수 권한 확보를 통한 인건비 절감 및 인력 운용의 탄력성 강화 등의 방향으로 추진됐다.

독일의 대학과 공공연구기관은 밀접한 학연협력을 통해 교육과 연구가 이루어지는데, 대부분의 독일 연구소는 소수의 교수와 정규직 연구원만 있고 연구 과제에 따라 석박사과정, 박사후과정 인력을 탄력적으로 운영하여 저렴한 인건비 구조를 유지하는 것이 일반적이었다. 그러나 KIST유럽은 초창기에는 교수 한 사람을 청빙하여 운영할 수 없을 정도로 예산이 부족했기 때문에 학위지도교수권을 가진 교수가 없는 상태에서 출범했다. 이후 초대 이춘식 소장이 1998년 명예교수권을 받았고, 5대 김광호 소장이 2010년 명예교수권을 주정부로부터 받았다. 다만 소장의 짧은 임기로 인해 지속가능한 학연협력을 운영하기 어려운 구조적인 한계를 확인했다. 2009년 안드레아스 만츠(Andreas Manz) 교수 영입은 연구 및 교육의 지속성 확보를 위해 추진됐고, 2014년 아벨만(Leon Abelmann) 교수 영입, 2015년 헴펠만(Rolf Hempelmann) 교수 위촉 및 활용은 이러한 측면에서 추진된 인적 구조 개선 노력의 일환이었다. 또한 연구 업무를 수행하는 외국계 공익유한회사로서의 제약을 극복하기 위한 노력으로 법적인 차원에서 독일 대학이나 타 연구기관과의 공동법인 설립방안 논의도 지속적으로 진행했다.

한편 당시 대한민국은 외환 위기로 인한 IMF 구제 금융으로 국가 전체가 비상사태에 처해 있었다. KIST유럽은 외환 위기 극복에 적극 동참하기 위해 중소기업 및 대기업으로부터 각종 기술 현황 조사연구를 의뢰받아 수행했다. 최적화된 기술 도입선 확보 및 선진국의 심층 기술정보를 제공함으로써 비효율적인 해외 출장을 억제할 수 있도록 도움을 제공한 것이다.

자를란트 주정부의 건설보조금 확보

1998년 연구소 건설 사업 진행과 관련해서는 연구소 설계 및 인허가 절차가 한창 진행 중이었는데, 향후의 구체적인 계획은 다음과 같았다.

- 설계 완료 : 1998년 6월 말
- 허가 신청/허가 획득 : 1998년 7월 말
- 건축 공사 착수 : 1998년 9월 초 착수
- 건축 공사 완료 : 1999년 9월 말 주요 공사 완료
- 입주 개시 : 2000년 상반기(최초 계획은 1999년 말)

그러나 당시 연구소 건설 사업 진행 중 발생한 외환위기로 환율이 악화되어 사업의 축소 또는 변경이 불가피해 보였다. 하지만 이미 토지매입, 산림 보호구역 해지, 인허가 및 주요 건설공사 입찰이 완료된 상황이라 계획을 변경할 경우, 이에 따른 시간 지연이나 추가 작업으로 인해 추가적인 지출이 발생할 수도 있는 상황이었다. 또한 우리 측의 사유로 건축이 지연되거나 중지된다면

추후 진행될 업무의 보상에 관한 법적 분쟁의 가능성도 있었다. 자를란트 주는 한국과의 공동협력의 의미를 살리고자, 건설비의 약 15%에 해당되는 건설보조금 290만 마르크(약 16억 원)를 조기 지급하여 최악의 환차손 발생을 방지했다. 자를란트의 적극적인 재정 지원 덕분에 연구소 기공식은 4월 18일 토요일에 한국과 독일의 주요 인사들이 참석한 가운데 예정대로 진행됐다.

한편 매입한 토지는 건설 과정에서 산림개발 문제로 인해 최초 매입 예정부지와 실제 매입 부지가 달라져 재공증이 이루어졌다. 최초 매입 예정부지는 현재 건물의 뒤편 부지였으나, 실제 매입 부지는 좌측 도로변 부지였다. 2차 공증 주요 내용은 공증일로부터 7년 이내(2005년 9월 14일)에 잔여부지에 건물을 신축하지 못할 경우 매입가격에 반환하고 2차 건설은 건축 구조 공사가 시작되면 잔여부지가 사용됐음을 인정하는 것으로 변경됐다(1998년 9월 14일).

행정 부분에서는 양국 간의 회계관리 시스템 및 문화 차이 등으로 인해 높았던 FhM에 대한 의존도를 점차적으로 줄이고 독립적 운영의 기틀을 마련하기 위한 구상이 시작됐다. 이러한 구상은 1차적으로는 행정비용의 절감이 목적이었지만, 나아가 연구소 운영의 독립성과 효율성을 위한 길이기도 했다.

1999년

21세기 환경기술의 전략화에 대응

1999년 KIST유럽은 기술 이전 및 과학기술 협력 활성화를 위한 기반 작업 착수 등의 여섯 가지를 주요한 전략 과제로 설정했다.

- 최소 임계 규모 연구팀 체제 구축을 통한 연구개발 내실화 추구
- 현지 수주를 통한 매칭펀드 확보로 세계적으로 독창성을 인정받는 혁신기술 개발 능력 축적
- 자를란트 대학 학위 수여권 확보 및 한인 연구인력 참여 확대
- 독일 및 유럽 국가들과의 과학기술 협력 네트워크 확대 강화
- 현지 사무소가 아닌 연구소로서의 기본 인프라(핵심 인력, 연구시설 및 공간) 확보와 협력 교두보 구축
- 기술 이전 및 과학기술 협력 활성화를 위한 기반 작업 착수

당시에는 환경 연구팀을 중심으로 환경 설비와 장치를 중점 연구했고, 동시에 환경 친화 생산기술팀을 통하여 핵심 기계기술, 자동화기술, 에너지, 의료공학 및 교통 관련 기술 등 독일 및 EU가 가진 비교우위 기술에 대하여 공동연구개발 과제를 수탁 형태로 추진하고자 했다.

이에 따라 환경 연구개발 사업은 21세기 환경기술의 전략화에 대응하고 선진국 원천기술을 활용한 한국형 설비기술을 개발하여 환경산업의 경쟁력 향상

및 선진화 촉진이라는 구체적 목표를 설정했다. 이러한 목표 아래 사업은 국내 산업의 취약점인 설비와 장치기술, 특히 처리기술에 중점을 두되 지금까지의 화학반응에 의한 처리에서 탈피하여 자연현상을 촉진하는 처리기술로 옮겨가며 환경 문제까지 해결하는 방향으로 전개됐다. 구체적으로 '음식물 건조·퇴비화', '토양 재생 미생물 번식속도 향상'과 같은 것이 대표적인 예들이다.

'바이오 폐기물과 폐수 슬러지의 동시 처리기술 개발 추진(자를란트 주정부 지원)', '병원 폐기물 관리 시스템 제시(과기부)', '감압 증발 및 탈질탈인 공정에 의한 폐수 처리(환경부)', '중금속 처리용 바이오 흡착제 신청(독일 연방정부)', '폐수의 전자 필터링 과제(자를란트 주정부 지원)', '냉동기 없는 냉방장치(산자부)' 등이었다.

또한 기본 인프라인 연구소가 준공되는 2000년대 초반부터 유럽 현지 법인으로서의 장점을 극대화하고 중점 연구 분야를 중심으로 국내 연구 주체와 현지 연구기관과의 매개체로서의 역할을 활성화하기 위한 준비로 기술 협력 분야 기초자료 조사에 착수했다. 이것은 독일을 중심으로 한 환경설비 업체와의 협력 분야 도출을 위한 조사와 독일과 EU의 환경 관련 연구정책 조사를 위한 기초자료 조사 등이었다.

학위 수여권 확보와 행정 체제의 강화

KIST유럽의 운영 체제는 크게 2개의 축을 중심으로 변화를 모색했다. 하나의 축은 자를란트 대학 학위 수여권 확보를 통하여 학연 협력 체제를 구축하는 것이었다. 이는 독일의 MPG, FhG 등과 같이 대학과 연계하여 학위 수여권을 확보하는 것으로, KIST유럽에서 프로젝트를 수행하고 그 성과로 학위를 받을 수 있도록 하는 것이다. 이러한 학위 수여권 확보는 연구소 하부 연구인력의 탄력적 운영과 효율성을 제고하고, 한국 산·학·연 연구인력의 공동연구 참가를 촉진하며, 파견 연구원의 동기부여 강화 및 전문인력 양성에 기여할 수 있을 것으로 기대됐다.

다른 하나의 축은 독립적인 자체 행정 체제 강화를 통한 행정비용 감축이었다. 이것은 KIST유럽의 독립적인 인사, 회계 등 행정 체제 구축과 강화를 통해 FhM에 지불하는 행정비용(1998년 기준 24만 마르크/1억 5,000만 원, 당시 환율은 610원)을 점진적으로 줄여나가고, 소규모 현지 연구 법인에 맞는 운영을 시도한 것이다. 자체 행정이라 함은 구체적으로는 재무 회계, 인사관리, 연구관리, 시설관리, 자재 구매, 경영정보 시스템(MIS), 대외협력 등의 전반적인 행정 업무를 스스로 해결함을 뜻한다. 다만 회계법인 감사를 통한 결산 등 일부 업무는 계속 외부용역으로 진행됐다.

1999년 가장 중요한 현안은 역시 연구소 신축이라고 할 수 있다. 환경기술 연구 수행을 위한 독일 내 연구 거점 확보와 한국 산·학·연의 유럽 진출 및 전략 연구개발의 교두보 확보가 눈앞으로 다가오고 있었다. 1997년부터 2000년까지 부지 10,000m^{2}에 건평 2,500m^{2}의 공간으로 짓기 시작한 신축 연구소는 건설비만 116억 원(한국 정부 1,600만 마르크, 자를란트 주정부 290만 마르크)이 소요됐다.

2000년

선진국 기술 협력기반 조성

마침내 자체 연구소 건물을 가지게 된 KIST유럽의 2000년 연구 사업의 기본방향은 현지 중견 연구소로서의 지위 확보 및 KIST를 중심으로 한 대한민국 산·학·연의 활용도 제고였다. 그리고 이를 위해서 다음과 같은 부가 목표들이 제시됐다.

- 독일 정부 및 EU 프로그램 참여 등 연구개발 세계화 촉진
- 중견 연구소로서의 기반(최소 연구팀, 장비) 확충
- KIST와의 공동연구 및 협력 시스템 강화
- 한국 산·학·연과의 협력 강화 및 활용 제고
- 연구 수주를 통한 재원 조달 능력 강화

환경 연구개발 사업은 전년도와 마찬가지로 국내 관련 산업에서 취약한 설비와 장치기술, 처리기술에 중점을 두어 전개됐다. 특히 EU에서 중점 추진하고 있는 '자연 재생적 자원 활용 연구'와 같이 자연현상을 촉진하여 환경 문제를 해결하는 쪽으로 연구의 가닥을 잡았다.

한편 휴먼 엔지니어링(Human Engineering) 연구개발 사업은 단기적으로는 현지에 진출한 한국계 생산 법인의 환경 친화적 자동화 문제 해결을 기술적으로 지원하는 것이었다. 그리고 장기적으로는 EU 지역 국가가 미래지향적

으로 추진하는 휴먼 엔지니어링 분야의 원천기술인 마이크로 기술, 의공학기술 분야에 전략적 차원에서 중간 진입, 그리고 공학 및 자연과학 등 타 분야의 신기술을 접목하고 의료 관련 신기술 개발 및 세계시장을 목표로 한 개발기술의 사업화를 추진하는 것이었다.

기술 협력 부분에 있어서는 'KIST-KIST유럽 기술 협력 컨소시엄'을 활용하여 국내 기업의 요청이 있을 경우 유럽 현지 기술 동향 관련 정보를 제공하고 현지 협력 파트너 중재 등을 통한 대 선진국 기술 협력기반 조성에 기여했다. 당시 회원 기업은 삼성, 현대, LG 등 56개 기업으로 총 6건의 유럽 현지 연구개발 동향 정보제공 및 현지 협력 파트너 중재 등을 추진했다.

구체적인 기술정보 및 협력 중재 사례를 살펴보면 축열식(RTO) 소각로 관련 독일의 기술 보유 회사 조사 및 기술 제휴 가능성 타진, 보일러의 응축수 및 배기가스에 관한 유럽 각국의 관련 규격 자료 입수 및 제공(수질환경, 대기환경 부문), 고효율 보일러 보급 확대를 위한 유럽 각국의 지원 정책에 관한 자료 입수 및 제공, 음식물 쓰레기 시스템과 관련한 독일에서의 유관 업체 조사 및 국내 유관 기업과의 협력 가능성 조사, 소각장 안전도 검사와 관련한 독일에서의 유관 업체 조사 및 국내 유관 기업과의 협력 가능성 조사, 유럽 지역에서의 가정용 쓰레기 소각재(바닥재, 비산재) 처리 관련 법규 및 정책과 기술 개발 현황 분석 등이다.

역사적인 연구소 준공

2000년에 무엇보다 가장 뜻 깊은 일은 연구소 준공(4월 7일)이었다. 사업 기간 총 4년(1997~2000년)에 걸쳐 건설된 제1연구동은 향후 독일에서의 본격적인 연구개발은 물론 한국 산·학·연의 유럽 진출과 현지 첨단기술을 활용하는 연구개발 전략의 교두보로서의 역할을 충실히 수행하게 된다.

연구소 준공식 당일에는 신축 건물 회의실에서 첫 자문회의가 개최되어 의미가 더욱 깊었으며, 하루 전날인 4월 6일에는 2건의 세미나(식수 처리기술 세미나, 빌딩 및 열공조 환경 세미나)가 열려서 해당 관계자들의 축하는 물론 인적 네트워크가 더욱 풍성해지는 계기가 됐다.

'빌딩 및 열공조 환경 세미나'는 한국기계설비공학회와 독일기사협회 건물설비공학협회(VDI-TGA) 역대회장들의 뜻에 따라 KIST유럽 연구동 준공식을 축하하기 위하여 특별히 KIST유럽에서 개최했다. 한국 측에서는 김효경 초대회장, 최상홍 회장, 서울대 노승탁 교수 등 전임 회장들과 학회간부와 업계 대표 등 25명이, 독일 측은 Pasterkamp 회장 및 도르트문트 대학 Rakoczy 교수, 슈투트가르트 대학 바흐(Bach) 교수, 베를린 공대 피츠너(Fitzner) 교수 등 전임 회장들과 학계 및 업계 간부회원들 10여 명이 참석하여 훌륭히 세미나를 마쳤고, 그 자리에서 학문 교류와 친선의 좋은 기회를 가졌다. 또한 이날 독일기사협회(VDI)를 대표하여 Paterkamp 회장은 이춘식 소장에게 지난날 독일과 한국에서 기계설비 분야에서의 양국 간 기술 교류에 기여한 공로를 기려 독일기사협회 명예 메달(VDI Ehrenmedal)을 수여했다.

2001 년

환경과 휴먼 엔지니어링 연구의 원년

2001년은 제1대 이춘식 소장(1996년 5월 15일~2001년 7월 31일)에 이어 제2대 권오관 소장(2001년 8월 1일~2003년 2월 28일)이 취임한 해였다. 새로이 권오관 소장을 맞은 KIST유럽의 사업 목표 및 내용은 크게 두 분야로 설정됐는데, 그것은 '환경 연구 분야'와 '휴먼 엔지니어링 연구 분야'였다.

'환경 연구 분야'의 경우 2001년에는 유럽 선진 연구기관에서 이미 개발한 환경 관련 기술을 습득하는 것에 초점을 맞추고 있었다. 이를 위해서 유럽의 환경 관련 기술을 한국에 매개하거나 한국과 독일의 공동연구 가능성 조사 및 향후 대형 과제 개발 등과 같은 세부적인 실행 항목이 제시됐다. 나아가 2006년까지 공동연구에 의한 중간 진입 전략기술을 중점 개발하고, 2007년부터는 유럽 연구기관을 선도할 수 있는 강점 분야 연구를 수행한다는 목표도 세웠다.

한편 '휴먼 엔지니어링 연구 분야'도 유럽 선진 연구기관과 동등한 수준의 연구 수행을 최종적인 목표로 했지만, 2001년에는 이미 개발된 MT(Medical Technology) 관련 기술 습득에 초점을 맞추었다. 이는 당시 기술 인프라(의료 진단용 신기술 개발, 암 치료용 마이크로웨이브(Microwave) 발진기 개발 등)가 KIST유럽 내에 어느 정도 갖춰져 있어 이를 보다 구체화하고 다양한 전문가들과 기술 네트워크 및 공동연구를 수행하는 것이 바람직하다고 여겨졌기 때문이다.

연구소 준공에 이어 본격적인 연구개발을 위한 기본 장비 구입이 2001년부터 2년에 걸쳐 이루어졌는데, 2001년에는 무기 분석, 샘플 분석, 수질 분석, 화학 분석 등 용도에 따른 기술 장비 구입에 총 25건, 13억 2,000만 원의 예산이 집행됐다.

또한 연구소 건물 완공 후 2001년부터 FhM에 의한 위탁 행정 체제가 자체 행정으로 전환되어 연간 1억 원 이상의 경비 절감 효과가 있었다.

2001년 기술정보 제공실적

제공 및 지원 내용	상대기관	제공 및 지원효과
유럽 과학기술 정보제공 6회	KIST	기술정보 지원
Bio Technews 1회	보건산업진흥원	기술정보 지원
독일 및 EU 연구 체제 및 Bio-Tech 현황	보건산업진흥원	정책자료
한-독 간 환경 정책적 협력 가능성	환경부/ICEI	정책자료
유럽 생활 폐기물 소각재의 재활용	지질자원연구원	기술정보
절수형 양변기 시스템 기술 이전	산업기술대	파트너 중재
독일 하천 자연공법에 의한 복원	환경관리공단	기술정보
독일 기술 이전 제도 벤치마킹	과학기술평가원	정책 지원
독일 연구기관 평가제도	과학기술평가원	정책 지원

2002년

핵심기술의 전략적 수행

2002년 KIST유럽의 주요 연구는 폐기물 처리, 폐수 처리, 리사이클링 및 토양정화, 환경 친화 생산기술 등과 같이 유럽이 강점을 보유한 환경 분야에 초점을 맞추어 이뤄졌으며, 조직 체계는 2001년과 대동소이했다. 그리고 나노기술(Nano Technology, 이하 'NT')·바이오 기술(Bio Technology, 이하 'BT') 중심의 운영 체제를 유지했다.

2002년 KIST유럽 조직도

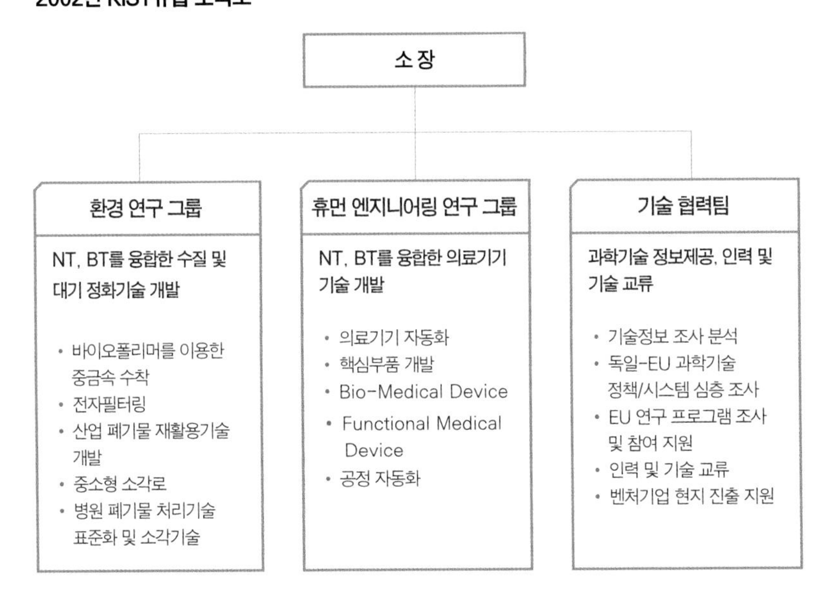

특히 2002년에는 EU 지역 첨단기술을 활용하여 '환경 및 원천기술을 개발' 하겠다는 의지를 강하게 표현했다. 특히 나노·바이오 기술 분야는 EU 강점기술 분야 중 국가적 수요가 큰 분야라는 측면과 EU의 주요 연구 주제인 건강 및 복지를 위한 의료기기, 의료 센서 분야의 연구개발 수행이라는 측면에서 현지 연구소로서의 장점을 가장 잘 살릴 수 있는 선택이라고 할 수 있었다.

2002년 KIST유럽의 연구 과제는 유럽의 환경 관련 선진기술을 국내에 이전하는 한편, 마그네트론, 의료기기 개발 등의 총 12개 과제(16억 9,000만 원 규모)를 수행했다. 과제의 구체적인 내용은 다음과 같다.

2002년 KIST유럽 주요 연구 과제

연구 과제명	기간	사업 수행 주요 결과
전도성 멤브레인을 이용한 수처리 공정 개발	1999. 7 ~ 2002. 4	• 2+2 연구 과제 발굴 • 2002년 1월 특허 출원 • 산업화 추진(주정부)
냉동기 없는 냉방장치	1999. 8 ~ 2002. 9	• 특허 출원(2001. 12)/PCT 출원(2002. 12) • 2002. 4. 벤처기업 추진(공동연구자/한국) • 관련 기술 타 국가에 기술 이전
바이오폴리머 소재를 이용한 중금속 수착(II)	2002. 4 ~ 2002. 12	• 특허 출원(2002. 3) • 산업화 준비
산업 폐기물 재활용기술 개발	2001. 7 ~ 2003. 6	• 대형 과제 추진 사전 준비 • 최신 재활용기술 특허화(2002) • EU, 독일 관련 법령 조사 • 관련 기술 결과 산업계 이전
환경촉매 한 · EU 공동 세미나	2001. 8 ~ 2002. 6	• 대형 과제 발굴을 위한 사전 단계 • 세미나 참가자 선정
ELISA 분석기 개발	2000. 2~ 2003. 2	• 특정 항원항체 자동 검사기 개발(바이오칩 등) • 다종 검사기 개발 추진

연구 과제명	기간	사업 수행 주요 결과
Hyperthermia Therapy을 이용한 암 진단 및 치료를 위한 마이크로웨이브 발진관 및 카데터 개발(II)	2002. 4~ 2002. 12	• 마이크로웨이브 발진관 설계기술 개발(특허 출원(2002. 7)/ PCT 출원(2002. 3)) • 카데터 개발 관련 특허 출원(2002. 10) • 카데터 설계기술 확보 • 캐소드 개발 및 마이크로웨이브 제어회로 연구응용 분야 대형 과제 협의(한국산업계)
동시 다종 검사용 바이오칩 개발	2002. 4~ 2002. 12	• 바이오칩 개발 • 특허 출원 3건(2002. 3, 5, 11) • 개발된 바이오칩을 의료용으로 활용
유럽 지역 보건산업시장, 기술·정책 동향 조사 및 해외 거점 기반 구축 지원 사업	2001. 7~ 2002. 7	• 유럽의 최신 의료산업 등 각종 정보 조사 및 제공(24회) • 해외 거점 기반 구축(2002년 10월 6일 해외 사무소로 등록)
선진기술 거래기법 연수 훈련	2002. 2~ 2002. 5	• 기술 거래에 대한 전문인력 훈련(8명)
선진 연구관리 기법 벤치마킹	2002. 10~ 2002. 11	• 연구관리 기법 교육 훈련(23명)
기술 거래 가능기술 DB	2002. 6~ 2002. 11	• 관련 기술정보 200건을 DB

한편 2002년 KIST유럽 기술 협력 컨소시엄 운영은 국내 회원 기업의 요청에 따라 유럽 현지 기술 동향 및 정보제공, 현지 협력 파트너 중재 등을 수행했다. 선진국과 기술 협력기반 조성을 목적으로 삼성, 현대, LG 등 56개 기업 회원사들에게 필요한 정보를 제공했고 현지 기술 협력 파트너를 중재했다. 이와 관련된 사항은 다음과 같다

2002년 기술정보 제공실적

제공 및 지원 내용	상대기관	제공 및 지원효과
유럽 과학기술 관련 각종 정보제공	KIST	기술정보 제공
바이오 관련 기술 현황 제공	보건산업진흥원	기술정보 제공
독일의 BT · NT 연구개발 동향	KIST/기초기술연구회	기술정보 제공
EU 연구 프로그램 성격 및 참여방안	KIST	정책자료
독일 및 영국 BT·NT 주요 기관 및 협력방안	KIST/과기부	정책자료
유럽 지역 보건산업시장, 기술 정책 동향	보건산업진흥원	기술정보 및 정책자료
독일 주요 공공기관 운영 현황 및 특징	총리실/기초기술연구회	정책자료
선진 연구관리 기법	KISTEP 외	연구관리의 선진화
기술 이전 가능기술 조사 및 DB화	기술거래소	해외 기술 거래 DB 구축
기술 이전 기법	기술거래소 외	선진기술 거래기법 훈련
최신 기술 동향(7건)	KIST	기술정보 제공

2003 년

KIST유럽의 새로운 역할 정립

2003년은 KIST유럽의 제3대 소장 체제(이준근 소장 : 2003년 3월 1일~2005년 12월 31일)의 첫해로, KIST유럽의 역할 정립론이 등장했다. 1996~2001년의 초대소장 체제는 연구소 건설 등 연구 인프라를 구축했고,

2001~2002년의 2대 소장 체제는 조직 정비 및 기본 장비 등 인프라 확충에 중점을 두었다. 그 후 2003~2005년의 3대 소장 체제에서는 KIST유럽의 역할 정립이 중요한 과제였다.

KIST유럽 역할 정립론의 핵심은 안으로는 내실을 다지고, 밖으로는 위상을 강화하는 것이었다. 내실 강화의 주요 내용은 KIST 본원의 발전방향에 동참하고 실질적 기여를 하는 것을 말하며, 위상 강화는 과학기술 국제화 전략을 바탕으로 대 EU 대한민국 대표 연구기관으로서 과학기술 국제화를 선도하는 위치에 서는 것을 말한다. 그러므로 내실을 강화한다는 것은 곧 'KIST-Europe'으로, 위상을 강화한다는 것은 'Korea-Europe'으로 표현할 수 있겠다.

이런 두 가지 기능별 역할을 위한 세부 목표를 살펴보면 'KIST-Europe'으로서의 역할을 위해 제6차 EU 프레임워크 프로그램(EU Framework Program, 이하 'EU FP')에 진입, 기술 협력팀 역할 강화, 인력 보강, 관련 부처 기획 연구 추진, 기업과 단체를 대상으로 한 기술 동향 조사 시범 사업 추진, 본원과의 교류 활성화 등이 있다. 특히 인력 교류에 있어서 본원의 우수 인력을 매년 5~10명씩 3~6개월간 KIST유럽으로 초청(연구팀, 연구원, 학연학생 등)하는 안이 지속적으로 추진됐다.

그리고 'Korea-Europe'으로서의 역할을 위해서는 관련 부처 기획 연구 지속적 추진 및 확대, 대 EU 협력 전담기관으로서 '한-EU 과학기술협력지원센터' 운영, 한-독 과학기술협력위원회 독일 창구로서의 역할 강화 등이 세부 목표로 정해졌다.

두 역할에 대한 3개년도 전략을 살펴보면 1차 년도(2003년)에는 과학기술부, 환경부 기획 과제 수행, EU 과학기술 정책과 연구 활동 조사·분석, 과학기술 협력 전략 및 추진방안 제시, 인근의 우수연구기관 Fh-IBMT, 라이프니츠 신소재연구소(Leibniz-Institute for New Materials)와 공동연구 강화 등이 주요 전략이었다. 2차 년도(2004년)에는 제6차 EU FP 선정 가능 연구기관과의 공동연구 수행, 환경기술(ET), 바이오기술, 미세전자기계시스템(Micro Electro Mechanical System, 이하 'MEMS')의 융합기술 중심 과제 수행, 기술 동향 조사 시범 사업을 산업기술진흥협회의 프로그램으로 확대 추진하는 것이, 그리고 마지막 해인 3차 년도(2005년)에는 제6차 EU FP 진입과 본원과의 일체화(월 1회 화상회의), 상호 방문 정례화(5, 11월), 이 달의 KIST 인償 참여가 주요 전략이었다.

2004 년

국가적인 수요에 부응하는 현지 연구소

KIST유럽의 2004년 기본방향은 '현지에 구축된 자체 인프라를 기반으로 국가적인 수요에 부응하는 현지 연구소로서의 위상 확립'으로 설정됐다. 그리고 환경 분야 및 휴먼 엔지니어링 분야의 핵심 과제에 집중해 이를 통해서 고유 원천기술을 확보하는 것, 환경기술의 전략화에 대비하여 고부가가치 환경산업 육성을 위한 전략적인 연구를 수행하는 것, 현지의 첨단기술 및 인력을 활용하여 비교우위 기술의 접목 연구를 수행하는 것 등이 실행 과제로 설정됐다. 한편 2003년 수립한 KIST유럽 역할 정립론은 여전히 실행되고 있었으며 좀 더 핵심에 집중하는 쪽으로 정리됐다. KIST-Europe으로서의 역할은 KIST를 포함한 국내 연구기관, 기업과 연계하여 국내에서 필요로 하는 핵심 연구 과제를 수행하고 선진기술 정보제공 및 교육 훈련을 실시하는 것이었으며, Korea-Europe으로서의 역할은 정부 부처에 필요한 연구 정책 및 기획 자료

2004년 KIST유럽 조직도

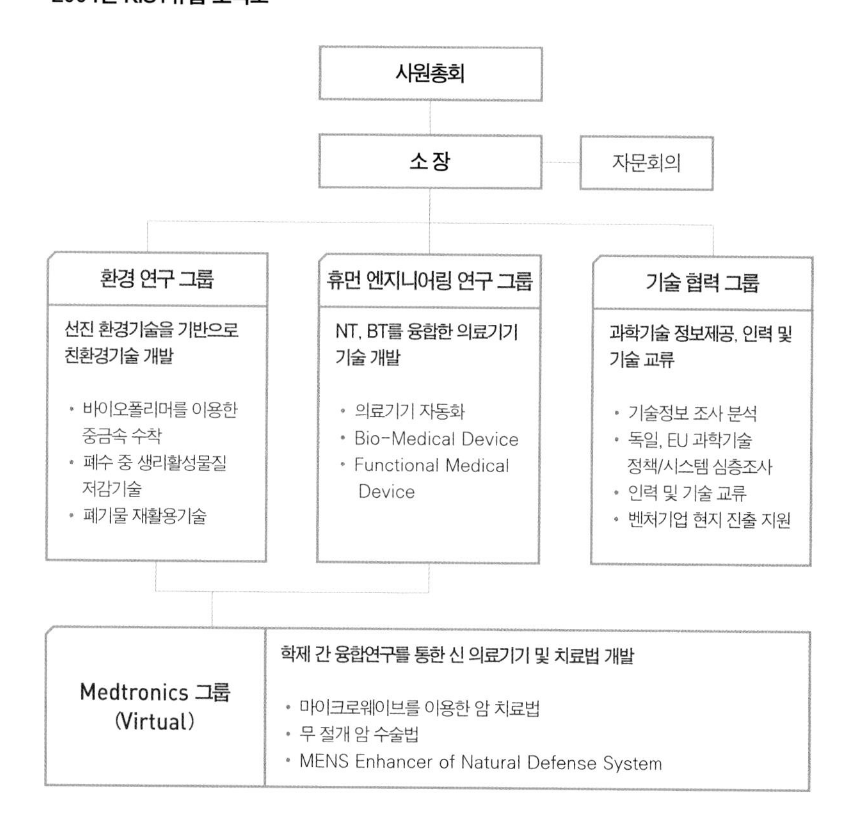

를 수집 제공하고 대EU 과학기술 협력의 전담 창구로 활동하는 것이었다.

이에 따라 2004년 KIST유럽의 조직에서는 나노 기술·바이오 기술에 학제(學制) 간 융합기반의 운영 체제로 환경 연구 그룹과 휴먼 엔지니어링 연구 그룹의 융합인 메드트로닉스(Medtronics) 그룹이 생겨났다.

이상적인 연구소 모델 추진

KIST-Europe으로서의 역할 수행과 Korea-Europe으로서의 역할 수행을 위한 추진 체계도는 연구소 설립 초기(1996년)에 수립된 이상적 모델의 확장과 유사한 모습을 하고 있으며, 전후좌우 쌍방향의 소통과 결합을 목적으로 한다.

한편 2004년 KIST유럽의 주요 실적으로는 연구 계약 실적이 총 18과제, 19억 8,000만 원으로 전년 대비 66.7% 증가했으며, 특히 조직도에 보이는 EU의 강점 영역이라고 할 수 있는 메드트로닉스 분야에서는 대폭 확대(2003년 2.2억 원 → 2004년 4.2억 원)가 이루어졌다. 기술 협력 분야의 성과로는 EU-한국 간 과학기술 협력 강화를 목적으로 한 '환경 분야 국제 세미나(10. 28~29)', '나노·바이오 기술 분야 한-독 국제 세미나(5. 17~20)' 개최 등이 있었으며, 방문 지원 건으로는 'EU 사절단(6. 7~8)', '청정기술 개발 사업 사절단(11. 15, 바이로이트 대학)', '대기오염 측정 한국 사절단(9. 10~11, 라이프치히 및 베를린)' 등이 있었다.

과학기술부 요청에 의한 과학기술 정보제공 건으로는 '나노, 바이오 식품 분야 유럽 연구개발 사업의 세부 프로그램 정보', 'EU 연구개발 평가제도 현황', '독일의 나노연구조합', '영국의 나노 기술을 이용한 양자 정보' 등이 있었고, 기술 훈련 및 연수 프로그램 운영 실적으로는 '선진국 기술 이전 기법 연수 프로그램(5. 23~31)' 등이 있었다.

KIST유럽 역할 수행 추진 체계도

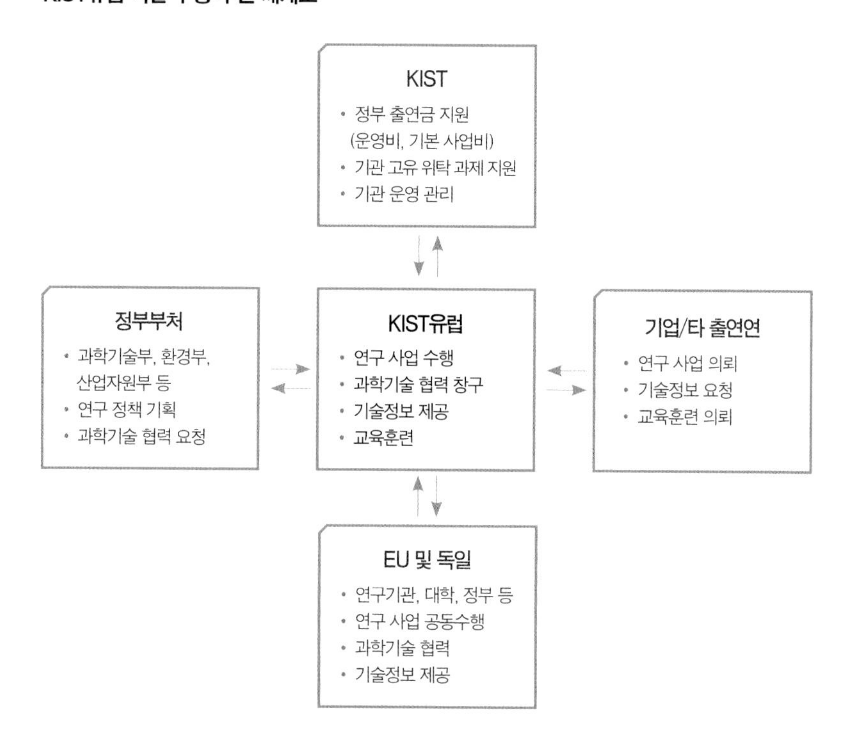

2005 년

활발한 연구와 성과 창출

2005년은 현지 인프라를 기반으로 한-EU 강점 분야의 전략적인 연구 수행으로 국가 수요에 부응하는 해외 현지 연구소로서의 기반을 강화해나가는 한 해였다.

대외적으로는 특허 및 논문 실적에서 성과가 있었다. 특허의 경우 2003년 4건, 2004년 5건, 2005년 6건으로 꾸준히 증가했으며, SCI 논문 게재도 2004년 3건에서 2005년 8건으로 증가했다. 또한 세미나 개최 및 학회 논문 발표도 2005년에는 총 7건(메드트로닉스 분야 국제 세미나 등)이 이뤄졌다.

EU 관련 과학기술 협력을 위해 '한-독 로봇 분야 협력 사업 발굴 및 협의 주선(4. 14, 뮌헨)', '환경 분야 유럽 지역 실무 연수단 방문 지원(6. 21, 프랑크푸르트)', '독일 PCB 처리기술 한국 이전 지원(7. 19, 뒤셀도르프)', '한-독 과학기술협력위원회 추진 지원(9. 19~20, 베를린)' 등을 수행했다. 과학기술 정보 제공과 관련하여 KIST유럽 기술 단행본 1집이 발간됐고, EU S&T Info 창간 및 발송이 이루어졌다. 이밖에도 한국 정부 및 산·학·연에서 필요로 하는 기술정보를 제공했다.

2005년 KIST유럽 대표적 연구 과제

연구 과제명	기대성과	활용방안
폐수 중 생리활성물질의 저감기술	• 환경호르몬의 저감으로 인체 및 동물에 미치는 영향 최소화 • 폐수 처리기술의 향상 • 환경 친화적인 화학산업에 기여 • 다양한 환경호르몬 및 세균의 제거 및 파괴에 적용 가능한 기술 개발	• 환경호르몬 제거를 위한 수 처리기술에 활용 • 화학, 제약, 플라스틱 제조 등 산업 폐수의 효율적인 정화 • 병원 폐수 및 식용수 정화에 활용
Hybrid-Focused Microwave를 이용한 암 치료용 Medtronics System 개발	• 무절개 치료에 따른 고통 경감 및 선택적 치료 가능 • Microwave Oscillator를 이용한 암 치료 의료장비의 기술 확보 및 고부가가치 의료장비 시장의 선점	• 암, 전립선염 등의 치료에 필요한 의료기기에 적용 • 신개념 Oscillator는 전자레인지, 반도체 장비, 의료장비 등에 적용 가능 • Microwave Tube의 기초기술 개발로 관련 기술의 촉진 및 국방기술에 접목
분자인지물질의 배향 조절을 통한 고감도 바이오센서 개발	• 기존 기술과 구분되는 새로운 바이오센서용 분자인지물질의 배향 조절기술 개발 기대 • 고감도 바이오센서의 개발에 필수적인 분자인지물질에 대한 원천기술 확보로 국내외 관련 산업계의 경쟁력 확보	• 기존 효소를 이용하는 바이오칩과 면역분석법(immunoassay)용(用) 바이오칩에 활용 가능 • 마이크로어레이를 사용하는 바이오칩의 감도 제고에 활용
KIST유럽 핵심기술 정보 조사연구	• HCI 분야의 핵심 정보제공을 통한 국내 연구개발 전략 수립 • 독일 과학기술 정보의 체계적인 제공 • 과학기술 동향지 배포를 통한 협력기반 구축	• 공동연구 및 학술행사를 위한 최적 파트너 확인, 연계 • 유수 연구기관과 MOU 체결 공동연구 기획 추진 • EU 공동연구 활성화에 대비 연구관리 및 지적 재산권 관리 노하우 파악 활용

2006년

새로운 목표와 비전의 수립

김창호 박사의 취임으로 제4대 소장 체제(2006년 1월 1일~2009년 8월 31일)로 접어든 KIST유럽의 2006년 사업 추진방향은 크게 세 가지로 정리됐다.

첫째, 국가적 수요가 큰 중점 영역에 역량을 집중하기로 했다. 아울러 유럽의 원천기술과 나노 및 바이오 기술을 융합하여 한국에 적용 가능한 환경기술을 개발하고 마이크로 시스템 기술과 의료기기 기술을 기반으로 한 혁신적인 신기술도 개발하기로 했다. 한편으로는 EU 연구 주체와 한국과의 공동연구를 위한 대형 복합 연구 과제를 발굴 및 수행하고 '한-스위스 국제 공동연구' 등 공동연구 과제도 수행했다.

둘째, EU 현지 연구 사업에 적극 참여하는 것이었다. 이와 관련하여 제7차 EU FP에 적극 참여하기로 하고 국제 심포지엄 및 세미나를 통해 구축한 현지 연구 협력 네트워크를 통해 EU 지역 우수연구기관(Center of Excellence, 이하 'COE')들과 EU FP 수행이 추진됐다. 또한 BMBF 사업 및 DFG 사업에 적극 참여함으로써 독일 현지 기업, 대학, 연구소와의 파트너십 공동연구도 추진됐다. 자를란트 주정부가 필요로 하는 환경기술 연구 수행도 중요 과제였다.

셋째, 한-EU 과학기술 협력의 핵심 거점이 되는 것이었다. 한-독 과학기술 협력위원회 사무국 역할로 과학기술 협력을 촉진하고 과기부 FEKOST(Forum for European-Korean S&T Cooperation) 운영 지원 등 한-EU 과학기술 협력의 창구 역할 수행이 주요한 과제였다

KIST유럽은 지난 5년을 진입기(2001~2005)로 잡고 이 기간 동안 이루어진 연구조직 및 장비 구축(기본 장비 구축 22.8억, 환경, 휴먼, 바이오, 통신 시스템 등 약 40여 종)과 연구인력 확보(3개 연구 그룹에 40여 명의 연구원 확보)를 바탕으로 2006년을 도약기(2006~2015)의 원년으로 설정했다.

도약기의 구체적인 목표는 논문, 특허, 기술료라는 3개의 정량적 성과지표에서 EU COE와 대등한 연구소가 되는 것, 총 연구비 규모를 120억 이상으로 달성하는 것, 30% 이상의 현지 수탁 과제를 수주하는 것, 한-EU 과학기술 협력의 구심체로 탄탄하게 자리매김하는 것이었다. 이것은 모두 EU COE 수준의 연구 성과 도출에 해당하는 것이었다.

2006년 KIST유럽의 대표적 연구 과제

연구 과제명	연구기간	연구 그룹
한-EU 과학기술 협력기반 조성 사업	2005. 11. 1~2006. 7. 31	혁신
선진 연구관리 벤치마킹 프로그램	2006. 3. 1~4. 15	혁신
EU 환경 정보의 수집 및 제공	2006. 1. 1~12. 31	혁신
의료 진단용 캐패시티브 바이오센서 개발	2006. 4. 1~2007. 3. 31	휴먼
MEMS Enhancer for Natural Defense system	2006. 4. 1~2007. 3. 31	환경
환경관리공단 연수 프로그램	2006. 9. 18~12.18	혁신
REACH 대응 유럽 동향	2006. 10. 16~2007. 6. 15	혁신
위성항법 신호수신 시스템 개발을 위한 전략 개발 연구	2006. 10. 1~2007. 7. 31	휴먼

KIST유럽 개소 10주년 기념식

2006년 KIST유럽 연구 그룹의 특별한 변화는 기존 환경 연구 그룹, 휴먼 엔지니어링 연구 그룹과 별도로 '혁신 연구 그룹'을 두어 이와 관련된 연구를 진행한 것이었다. 혁신 연구 그룹의 주요 업무는 'MEMS Enhancer for Natural Defense System'을 통한 기술 개발 및 현지 연구기관과의 네트워크 조성, EU FP 및 독일 DFG 과제 수행, 과학기술 선진국의 R&D 전략 파악 및 성과 관리 체계 연구 등이었다.

무엇보다 2006년은 'KIST유럽 개소 10주년'을 맞는 해였다. 10년이면 강산도 변한다는 말은 안팎의 변화가 극심한 현대 사회에서는 더욱 와 닿는 말이다. 국제적으로 잘 나간다는 기업조차도 10년 후 미래를 장담할 수 없는 상황에서 시간과 공간의 제약을 가진 현지 연구소가 나름의 의미와 역할을 수행하며 맞이한 10주년은 남다를 수밖에 없었다.

4월 27일에 열린 10주년 기념식에는 이런 기쁨을 나누기 위해서 김우식 과학기술 부총리 및 국내외 귀빈 100여 명이 참석해서 자리를 빛내주었다. 2006년 하반기에는 'KIST유럽의 밤(10월 30일)'이 서울에서 열렸다. 이 행사는 10주년을 맞이한 연구소의 한국 내 홍보를 위한 것으로 김창호 소장은 이날 행사에서 KIST유럽의 연구 활동 현황과 비전을 설명하고, KIST유럽에서 전략적으로 추진하고 있는 해외 온 사이트 랩(On-Site-Lab)을 비롯한 국제 협력 활동에 대하여 발표했다.

2007 년

새로운 도약을 위한 도전

2007년 KIST유럽의 비전은 '한-EU 과학기술시장의 연결 통로로서 현지 연구소 성공 모델로 발전'으로 결정됐다. 이런 비전이 가시화되기 위해서는 탁월한 연구 성과(SCI 논문, 특허, 기업화)가 창출되어야 하며, 한-EU 간 글로벌 협력 시스템도 강화되어야 했다. 아울러 한국의 현지 협력 거점인 온 사이트 랩, 공동연구실 등이 성공적으로 운영되어야 하는 것은 물론이었다. 또한 '10년 내 FhG 전문연구소 수준'의 목표를 달성하기 위해서 기초와 응용의 조화를 추구하면서 동시에 전문연구 분야를 선택, 집중하는 전략을 채택했다.

여기에 더해 COE 수준의 성과를 향한 도전의식도 필요했다. 재정 목표의 경우 기본 운영비 40%, 정부 연구비 30%, 현지 수탁 30%라는 FhG 전문연구소 목표(운영비 40%, 공공연구 30%, 수탁 30%)에 근접하는 목표를 설정했다.

여기서 잠시 2007년 대내외 과학기술 환경 변화를 들여다보자. 당시 국내의 과학기술 환경은 '참여정부'가 과학기술 혁신을 통한 선진 국가 건설을 국정 목표로 설정하고 있었으며, 세부적으로는 '동북아 R&D 허브 구축', '과학기술 세계화' 등 R&D 국제 협력 강화가 국가혁신 체계의 핵심 전략으로 부상하고 있던 시점이었다.

또한 유럽에서는 2000년 리스본(Lisbon) 정상회담 이후 EU 국가 간 기술협력을 통해 통합화된 유럽연구개발지역(European Research Area) 구축

KIST유럽의 2007년 발전 비전과 목표, 추진 전략

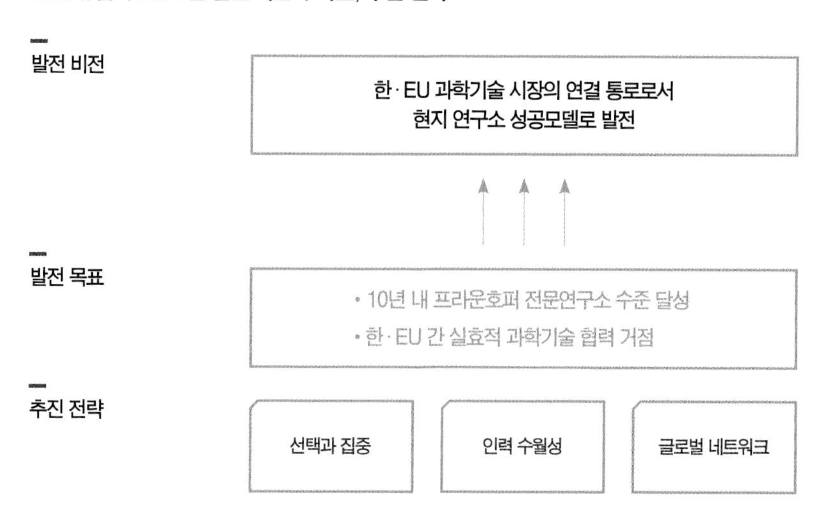

을 정책적으로 추진하고 있었으며, EU FP를 중심으로 혁신적 연구기관들 간의 협력 네트워크 구축에 연구역량을 집중하고 있었다. 2007년부터 7년간 보건, 식품, 에너지, 환경 등 9대 중점 분야에 505억 유로를 투입하는 계획도 추진되고 있었다.

제2연구동 건립 착수

이러한 급격한 변화의 중심에 서 있던 KIST유럽은 자연스럽게 개선과 발전을 위한 모색을 준비할 수밖에 없었다. 그래서 제한된 예산과 인력하에서 개별 팀별로 독자적으로 운영되던 지금까지의 폐쇄적 시스템을 극복하고, 유럽 및

한국 산·학·연과 연계를 강화하여 시너지 효과를 적극적으로 창출하자는 계획을 수립했다.

유럽 현지 연구소로서 경쟁력을 확보하기 위해서는 먼저 현지에서 인정받는 COE로 발전하는 것이 절대적으로 필요했다. 이를 위해 중점 연구 분야를 전략적으로 선택하고 그것에 집중하는 것, 한국과 유럽에 걸친 글로벌 네트워크 강화 전략을 연구개발 전략으로 추진하는 것, 탁월한 전문인력 확보로 인력 수월성 및 성과관리를 강화하는 경영 혁신 전략을 추진하는 것이 필요했다. 이 모든 방향성과 결정은 유럽이란 공간에서 연구소가 자리 잡고 발전하기 위해서는 반드시 확보해야 하는 것들로 현재에도 유효하다.

이런 상황 속에서 KIST유럽은 'EU 지역 COE' 수준으로 발전하는 데 필요한 기본 단위 확보 필요성과 당시 EU FP 참여 유도 등으로 국내의 대학과 출연연구소 등의 EU 지역 진출에 따른 공간수요 증가 등으로 인해 제2연구동 건설에 착수하게 된다.

총 사업비는 60억 원(주정부 보조금 별도)이었으며, 기존 건물의 좌측 582평(지하 1층, 지상 3층)의 공간에 트윈 빌딩 방식으로 계획됐으며, 제2연구동 건설은 이후 2010년까지 3년간 진행됐다.

2008년

선택과 집중, 그리고 수월성 추구

KIST유럽의 2007년 비전인 '한-EU 과학기술시장의 연결 통로로서 현지 연구소 성공 모델로 발전'을 실천하기 위한 전략적 모색은 2008년에도 여전히 유효했다. 2008년의 KIST유럽 발전 전략은 크게 세 가지로 설명할 수 있는데 '연구 분야의 선택과 집중', '인력의 수월성 추구', '한-EU 간 글로벌 협력 거점 역할 강화'가 바로 그것이었다.

'연구 분야의 선택과 집중'에 있어서는 EU의 강점 분야인 의료 복지 및 환경, 에너지, 로봇 등 연구 사업 특화와 KIST 본원의 중점 연구 분야와의 상호 보완 및 공동연구가 중요한 실천 항목으로 선정됐다. 여기에 더해 2008년은 자를란트 대학 및 인근 연구기관과의 공동연구 프로그램이 가동된 해였다(KIST유럽과 자를란트 대학 간 3개 과제 공동연구 개설/총 사업비 15억 원, 3년간). 이 프로그램을 통해 학술 교류와 개방적 연구 사업 운영이 중요한 키워드로 떠올랐다.

'인력의 수월성 추구'를 위해 먼저 가시적인 연구 성과(SCI 논문, 특허, 기술사업화, 학술대회)를 통해 유럽 내 COE로 발전하는 것이 중요했다. 더불어 내부 인력에 대한 동기부여와 성취감 고취를 위해서 정량적 성과 자료에 따른 인사고과 및 보상 체계를 구축하기로 했고, 대외적으로는 최고기술책임자(CTO)로서의 디렉터급 연구 리더 영입 등 우수 연구인력 확보가 주요한 사안으로 잡혔다.

'한-EU 간 글로벌 협력 거점 역할 강화'는 한국 정부 및 EU 현지 협력의 실질적인 창구 운영이라는 기본 개념에서 출발한 목표였다. 온 사이트 랩과 공동연구실 등을 한국 산·학·연에 개방하고 운영하는 것, KIST유럽과 독일 연구기관이 공동으로 개발한 연구 성과를 국내 산업계에 이식하고 사업화를 추진하는 R&D 체계를 구축하는 것, 신화학물질관리제도(Registration Evaluation and Authorisation of Chemicals, 이하 'REACH', EU 내에서 연간 1톤 이상 제조 또는 수입되는 모든 화학물질에 대해 유통량 및 유해성 등에 따라 등록, 평가, 승인을 받도록 의무화한 제도) 등록 업무 대리, 신재생에너지 개발 등 국가 전략산업에 있어 유럽의 원천기술을 국내로 이전하기 위해 기술정보 및 새로운 연구 과제를 도출하고 준비하는 것 등이 중요한 항목이었다.

한국 대학과 EU 지역 대학과의 복수학위제도(dual degree system)를 위한 공동캠퍼스 운영 아이디어도 제시됐다. 이는 우수 인력 수급을 위한 한국과 유럽의 상호 결합에 대한 인식이 점차 구체화되고 있던 시기임을 보여준다.

R&D 담당 소장 영입 추진

'R&D 담당 소장 영입 및 우수 인력 확보'는 2008년 KIST유럽의 주요 현안 중 하나였다. 이것은 인력 운용의 기본방향에서도 분명히 나타나는데, 2007~2008년도 정부 출연금 중 인건비 증액분(4.5억 원)을 활용한 '독일 Director 및 우수 연구인력 보강(선임급 2~3명)'이 그것이었다.

구체적으로는 R&D 담당 소장을 채용하여 자를란트 대학으로부터 교수 권한을 부여받음으로써 중견급 우수 연구인력 유인효과 및 우수 학생 연구원 활용 극대화를 추진(저비용, 5년간 활용기간 연장)하는 것이었다. 한편 당시 운영하던 자를란트 대학과의 공동연구 프로그램과 연계하여 MEMS, 바이오센서, 로봇 분야에 명망 있는 석학을 KIST유럽의 석좌연구원으로 위촉하고 활용함으로써 연구 네트워크 강화와 기관 인지도 제고를 꾀하는 계획도 잡혀 있었다. 하지만 2008년에는 마땅한 후보자가 없어서 2009년으로 일정이 연기됐다.

KIST유럽의 제2연구동 기공식은 5월 7일(수)에 개최됐다. 2008년 제2연구동의 건설 일정은 설계 완료(3월), 건설 인허가(4~5월), 기공식(5월 7일), 시공사 선정(6~8월), 착공(9월), 잔여부지 매각 절차 완료(12월) 등으로 잡혀 있었다.

한편 개인 인사고과 규정(연구 수주, 특허, 논문, 학술대회 참가, 기술 이전 등)이 제정됐고, 행정 업무(재무 업무 중심) 등에 전자결재 시스템이 추진됐다.

기타 실적으로 눈여겨볼 부분은 전략적인 국내 산업계 지원 활동 수행(REACH 사전등록 업무 유일 대리인 역할) 업무이다. 롯데정밀화학((구)삼성정밀화학), LG상사 등 19개 국내 화학업체 REACH 사전등록 업무와 롯데정밀화학 등 18개 기업의 275개 물질 사전등록 업무를 지원한 일이다. 이것은 2016년 현재 '사업단 규모'의 부서로 성장하는 첫 단계의 성과라고 할 수 있었다.

아울러 바이오센서, MEMS 및 환경 및 약물 전달 등의 분야에서 SCI 논문 7편, 특허 출원 5건, 특허 등록 1건의 성과가 있었다.

2008년 KIST유럽 주요 연구 과제

연구 과제명	기대성과	활용방안
Combined Selective Enichment & Corona Discharge for Water Treatment	• Corona discharge에서 발생하는 오존을 환경호르몬 저감에 재활용 • 롤러 형식의 New Reactor 개발 • 다양한 환경호르몬 및 세균의 제거 및 파괴 selective에 적용 • 약 20%의 처리비용 절감	• 저감되는 처리비용 기술 산업체 및 단위 산업체에 분산식 적용 • 화학, 제약, 플라스틱 제조 등 산업 폐수의 효율적인 정화 • 병원 폐수 및, 가정 폐수, 식용수 정화
박테리오파아지 공학을 통한 생-나노 물질 복합체 개발	• 기존 기술과 구분되는 새로운 바이오센서용 분자인지물질 구조체 개발 기대 • 고감도 바이오센서의 개발에 필수적인 분자인지물질 구조체에 대한 원천기술 확보로 국내외 관련 산업계의 경쟁력 확보	• 기존 효소를 이용하는 바이오칩과 면역분석법용 바이오칩에 활용 가능 • 마이크로어레이를 사용하는 바이오칩의 감도 제고 • Gold bead나 프로테오믹스와 같은 새로운 센서 기법에 활용
DEP & IMP를 이용한 Cell Isolation Micro Device 개발	• Positive and Negative Sorting • Coating 기술의 개발로 수율확대 • DEP와 IMP를 2단으로 연결 다양한 Target에 적용 • 저가의 Micro fluidics device로 Cell Isolator 기술 확보	• 자동화된 Cell Processor에 적용 • Stem Cell 등 다루기 힘든 또 rare Cell을 정확히 지속적으로 Sorting • IMP 관련 부분 기술을 산업체를 통해 상용화 • Whole Blood를 다룰 수 있는 기술 개발
EU 과학기술 정보 네트워크 구축 사업	• 범부처적 한-EU 국제 협력 기능 활성화 • IT 기반 REACH 대응 시스템 구축 • KIST유럽 기술 전략/정보 기능 활성화	• 한-EU 공동연구 활성화 및 글로벌 네트워킹 강화 • 국내 화학산업계 REACH 대응 지원 • 유럽의 연구 동향 파악을 통한 재생가능에너지 연구

2009년

안드레아스 만츠 박사 영입

2009년 KIST유럽은 제4대 김창호 소장 체제(2006년 1월 1일~ 2009년 8월 31일)에서 제5대 김광호 소장 체제(2009년 9월 1일~ 2012년 8월 31일)로 넘어갔다. 당시 KIST유럽의 주요 기능은 핵심 연구 주제인 Bio-MEMS, 바이오센서 등 의료 복지 및 환경 분야의 현지 연구개발을 수행하는 것, KIST 본원 및 국내 연구기관과의 상호 보완적인 연구를 수행하는 것, REACH 대응을 위한 EU 현지 정보수집 및 연락 창구의 역할을 충실히 수행하는 것, 신재생에너지 등 EU의 강점기술 분야 중에서 한국의 국가적 수요가 큰 핵심 연구와 관련한 업무를 수행하는 것 등이었다.

이런 가운데 'R&D 담당 소장 영입' 추진이 다시 이루어졌다. 2008년 당시 R&D 담당 소장 후보군 서류심사(20명) 및 면접 실시 결과 제1순위 우선 협상 대상자였던 쾨니히(Karsten König) 박사(자를란트 대학 교수 및 IBMT 연구원)는 벤처 CEO 자격 유지를 희망하여 협상이 결렬됐다. 2009년 3월, 제2순위 우선 협상 대상자인 제이콥스(Heiko O. Jacobs) 박사(미네소타 대학 부교수) 역시 40대인 관계로 조직관리 경험 부족 우려 속에서 최종적으로 협상이 결렬된 상태였다.

이후 다시 R&D 담당 소장 선발위원회가 구성됐고 모집공고와 심사를 거쳐 최종 계약을 맺은 사람이 안드레아스 만츠(당시 52세) 박사였다. 독일 분석과

2009년 KIST유럽 주요 연구 과제

연구 과제명	기대성과	활용방안
파아지 진열법을 이용한 강직성 척추염에 대한 항체군 진단법 구축(The development of diagnostics against Anky-losing Spondy-litis using phage display)	• 강직성 척추염에 대한 구체적 진단 체계 수립 및 검증 • 여타 자가면역질환과 강직성 척추염을 특이적으로 구분할 수 있는 진단 체계 구축 • 기존 강직성 척추염 진단 체계의 한계를 극복하거나 서로 보완하는 신 진단 체계의 구축	• 새로이 구축된 강직성 척추염 진단 체계를 실제 임상에서 적용하여 강직성 척추염의 조기 진단 및 중증도, 활성도 판정에 활용
Targeted Re-lease of Thera-peutics by exo-cytsis of immune cells	• 활성화된 T세포는 상업화 된 사용 가능한 transfection 시약에 의해 transfected될 수 없음을 검증 • GFP-encoding DNA vector를 이용한 Electroporation은 불충분한transfection 효율성과 생존율 보임을 검증	• 개발된 기술을 제약회사를 통해 상업화 추진 및 적합한 신약의 개발, 재료의 개발을 통한 새로운 테마의 발굴
HTS용 디지털 셀 분사장치 개발	• Nanojet dispenser 및 실험 플랫폼 • Micro cell counter 제작, 모듈 제어 프로그램 개발 • Micro cell collector 설계 및 특허 신청	• 로보틱 암에 부착하여 고속 HTS 장치에 실현 가능 • 특허를 기반으로 관련 산업체 연계 사업
에너지 효율 관리 시스템 개발	• 에너지 소비관리 및 제어를 위한 지능형 홈 게이트웨이 개발 • 에너지 서비스 모델 구현 및 도입 • 홈/빌딩 스마트그리드 도입을 위한 기초 유닛 제공	• 홈/빌딩의 전력 에너지 소비절감을 통한 에너지 효율 향상 • 관련 설계 및 무선 센서 설계 특허 등록 • 에너지 측정 센서 및 게이트웨이 상용화 위한 기술 이전 • 녹색 성장 및 녹색 사회 구현에 기여

학연구소(ISAS) 소장을 역임한 만츠 박사는 '랩온어칩(Lab on a Chip)' 기술의 선구자로 세계적으로 명망 있는 과학자였다. 한국과 유럽의 나노, Bio-MEMS 등의 요소기술과 그의 연구 성과가 성공적으로 결합한다면 화학, 생명, 환경, 제약 및 의료 보건 등 산업 전반에 광범위한 영향을 미칠 수 있는 혁신적인 성과를 창출할 것으로 기대됐다.

제2연구동 건설은 구체적인 일정이 확정됐다. 2008년 11월 착공, 2010년 2월 완공 계획이었다. 이에 따른 총 건설비는 약 76억 원(460만유로, 당시 환율 1,640원)으로 정부 출연금 약 66억 원과 자를란트 주정부 보조금 10억 원 가량이 투여됐다. 준공 1년 전인 2009년에 제2연구동 활용방안이 기획됐는데 활용 계획(연구동 공간 운영, 운영지침, 지원사항 등)의 주요 골자는 국내 산·학·연 연구기관의 온 사이트 랩을 설치·운영한다는 것이었다.

2010 년

'R&D 글로벌화 달성' 비전 수립

본격적으로 제5대 김광호 소장 체제에 접어든 2010년 KIST유럽의 비전은 'R&D 글로벌화 달성을 위한 선도적 현지 연구기관 성공 모델로 발전'하는 것이었다. 변화하는 국내외 환경에 맞추어 KIST유럽이 행할 주요 기능은 여전히 EU의 강점 분야인 Bio-MEMS, 바이오센서 등 의료 복지 및 환경 분야 연구 수행과 KIST 본원 및 국내 연구기관과의 상호 보완적인 연구 수행, 그리고 한국과 독일 및 EU와의 기술 협력 지원 수행으로 잡혀 있었다. 여기에 보다 뚜렷해진 REACH에 대응하기 위한 EU 현지 정보수집 및 연락 창구 역할이 추가됐다.

2016년까지 '유럽 COE'로 발전하는 것을 목표로 삼은 2010년 KIST유럽은 KIST 본원의 중점 연구 분야와 상호 보완적 연구 분야 도출 및 공동연구는 물론이고, EU FP 참여, 자를란트 대학 및 인근 연구기관과의 공동연구 및 학술 교류를 통한 개방적 연구 사업 운영과 새로이 완공된 제2연구동의 온 사이트 랩과 공동연구실을 국내 산·학·연에 개방함으로써 한-EU 간 실효적 과학기술 협력 거점을 구축하는 것이 세부 목표였다.

특히 R&D 담당 소장을 중심으로 EU 현지 연구 사업에 대한 적극적 참여를

R&D 글로벌화 달성을 위한 KIST유럽의 비전

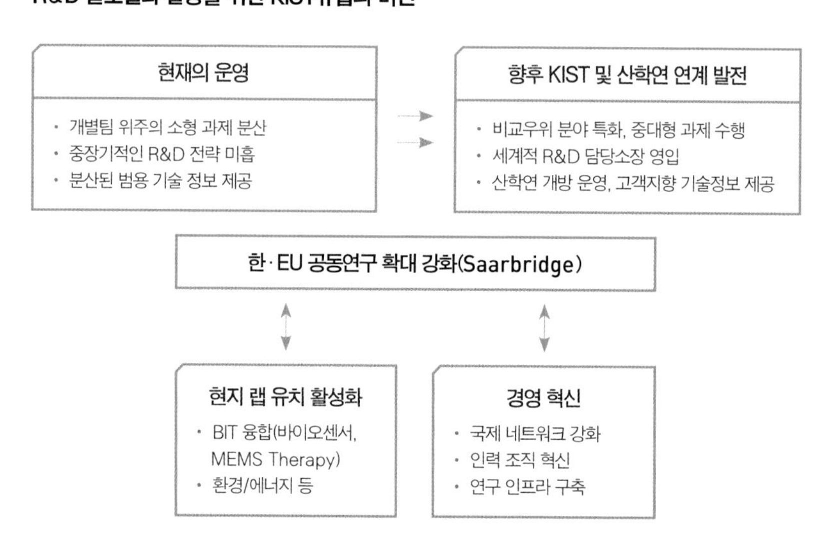

꾀하고 있었다. 당시 만츠 박사 주관하에 운영되던 'Saarbridge 프로그램'의 기본원칙은 R&D 담당 소장의 고유기능 수행 및 2016년 COE 수준 달성 및 과학기술 협력 네트워크 구축이었다. 이것은 글로벌 리더로 영입한 R&D 담당 소장과 EU 및 국내 연구기관이 공동참여한 개방적 현지 R&D 수행을 통해 우수 연구 결과를 창출하고 관련 기술을 국내에 이전한다는 계획이었다. 또한 KIST유럽의 중·단기 발전 계획에 있어서도 수행 가능한 EU 강점 분야인 에너지, 환경, 생명과학, 미세유체공학(Microfluidics) 등의 연구 분야에 전략적 선택과 집중을 하도록 설정되어 있으며, 특히 R&D 담당 소장을 주축으로 EU 현지의 비교우위에 있는 미세유체공학, 랩온어칩 분야를 비롯하여 에너지, 환경 분야의 과제를 도출, 이를 중점 연구 사업으로 추진하고자 했다.

제2연구동 건립

2010년은 KIST유럽 제2연구동이 준공된 해이다. 2008년부터 2010년 4월까지 3년의 기간에 걸쳐 면적 약 2,069m^2(약 627평)의 공간에 실험실, 사무실, 공동장비 운영실, 회의실, 강의실 등을 갖춘 2개 동을 건설했다. 준공식이 치러진 2010년 4월 30일에는 송기동 교육과학기술부 국제협력국장, 한홍택 KIST 원장, 문태영 주독 한국대사, 김의택 주독 총영사 등과 피터 뮐러(Peter Müller) 자를란트 주지사, 크리스토프 하우프트만(Christoph Hauptmann) 자를란트 주 경제성 장관, 바우마이스터(Baumeister) 자를란트 대학 부총장 등이 참석해서 축하해주었다.

제2연구동은 활용 극대화를 위해 해당 시설을 산·학·연에 개방해서 온 사이트 랩으로 운영하고, EU FP 참여 등 국내 대학, 정부출연연구소(이하 '출연연') 등이 EU 지역에 진출하기 위한 거점으로 활용하는 것을 염두에 두었다. 또한 준공 후에는 다음과 같은 '제2연구동 운영기본방침(Let's be CORE)'을 구체적으로 설정했다.

첫째, COE이다. KIST유럽이 'EU 지역 COE' 수준으로 발전하는 데 필요한 연구 인프라 기본 단위를 확보하는 것이었다. 둘째, 온 사이트 랩이다. 국내 산·학·연의 참여 확대를 통한 온 사이트 랩의 내실 있는 운영을 구현하자는 목표였다. 셋째, 연구 거점(Research Platform)이다. 국내 대학, 출연연과의 공동연구를 통해 EU 지역 진출 및 EU FP 등 현지 과제 수행을 위한 연구 거점으로서의 역할을 기대했다. 마지막으로는 교육 거점(Education platform)이다. EU의 강점인 과학기술 분야를 중심으로 한국-EU 간 전문 연구인력 교류 및 육성과 한국-EU 대학 간 교류를 위한 교육 거점 확보를 추진하고자 했다.

제2연구동 준공으로 공간 확보가 어느 정도 이루어지면서 우수 인력의 수급과 교류는 더욱 절실한 과제가 됐다. 때문에 단기 방문 연구 확대를 꾀하기도 했다. 이는 '본원과의 연구 및 인력 교류 협력 관계 강화'를 위해 정기적인 공동연구 세미나를 개최하고 본원과의 공동연구 수행 및 연구인력 교류 확대를 추진하는 것이었다. 이런 단기 방문 연구(3~6개월)의 활성화를 통하여 수행 가능한 공동과제를 풍성하게 발굴하는 일이 가능하다는 판단이었다.

2011 년

탁월성 연구기관으로 도약 선포

'과학기술 글로벌화를 선도하는 현지 탁월성 연구기관으로 도약'하는 것을 발전 비전으로 삼은 2011년의 기본 운영방향은 다음과 같다.

KIST유럽이 '유럽 COE'로 발전하기 위해서는 이제까지의 소규모 팀 위주의 과제 수행이나 내부 중심의 독자적 연구 수행에서 벗어나는 것이 중요했다.

2011년 KIST유럽 기본 운영방향

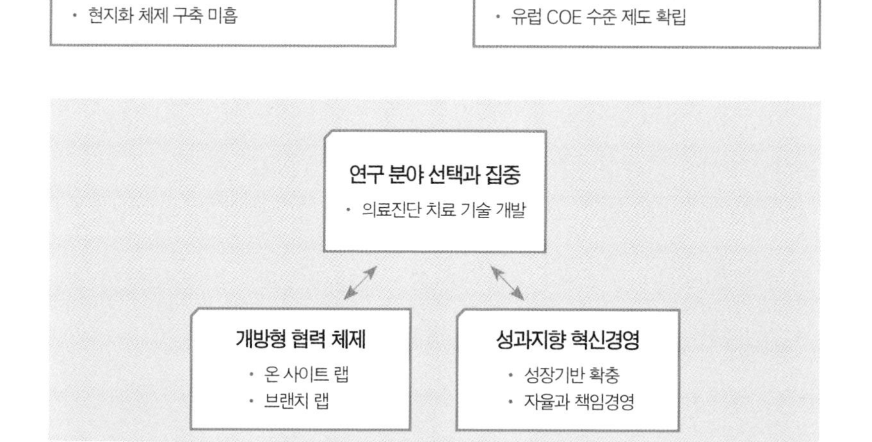

전략 분야에 대한 통합과 네트워킹이 필요하고 개방형 협력 체제 활성화를 위한 전략적 파트너십 구축이 우선적으로 필요했다. 연구 분야의 선택과 집중에 있어서는 당시 바이오 기반 융합 연구를 통한 의료 진단 치료기술 개발과 미래 성장시장인 첨단의료기기산업을 육성하는 신성장 동력 정책 추진이 핵심적인 관심사였다.

2011년 사업계획서 중 연구 관련 내용을 살펴보면 '중점 연구 프로그램/바이오 기반 융합 연구'에서는 Saarbridge 프로그램을 통하여 향후 EU권 원천기술을 개발하고, 세계적인 파트너와 공동으로 국내 상용화를 목표로 의료 진단용 호흡 분석기기 및 휴대용 PCR 장비 상용화와 생체/나노 하이브리드 소자 이용 분자 진단 체계를 개발하는 것이 주된 내용이었다. '국가 과학기술 협력 허브 구축'과 관련해서는 한-EU 과학기술기반증진프로그램(Korea-EU Science and Technology Cooperation Advancement Programme, KESTCAP) 적극 참여, 전략기술 분야 동향분석 보고서 정기 발간 등 국가 과학기술 거점 역할 강화와 연구재단 글로벌 인턴십 강화를 통한 국제 학연협력 프로그램 활성화와 인력 교류 지원 등이 포함되어 있었다.

2011년은 특히 신약 및 용기 개발을 위한 연구-산업-제조 클러스터 구축, 파아지 공학을 통한 한-EU BINT 클러스터 구축 등 온 사이트 랩 구축 사업이 계획됐다. 이를 통해서 한-EU 간 연구개발 협력 체제 강화로 현지 핵심기반기술 조기 확보와 EU FP 참여 등 다자간 협력 체제 구축 및 유럽 내 전략적 공동 연구 거점의 범국가적 활용 강화를 모색한 시기였다.

제2연구동 활성화 촉진

조직 운영에 있어서는 2010년 준공된 제2연구동 활용을 통한 산·학·연의 실질적 국제 협력 활성화 촉진에 대한 부분을 눈여겨볼 만하다. 당시 이 공간의 효율적 활용이 협력과 집중을 통해서 한 단계 더 도약하려는 KIST유럽에게 대단히 중요한 의미가 있었기 때문이다. 제2연구동의 활성화 촉진은 크게 세 가지 방향으로 구상됐다.

첫째, 한-EU 산·학·연 국제 협력 온 사이트 랩 구축이었다. KIST유럽의 강점 분야와 국내 산·학·연과의 현지 협력 모델을 구체화하고 국내 산·학·연의 온 사이트 랩 운영 기준을 수립할 필요가 있었다.

둘째, 한-EU 현지 연합 캠퍼스(On-site Union Campus) 운영이었다. 유럽의 첨단기술 개발, 정책 변화, 글로벌 이슈에 대한 전문가 양성은 중요한 과제였다. 바이오, 에너지, 환경, 기후변화, 기술 정책 및 협력 등 글로벌 수요에 따른 수요자 중심의 주제를 선정하고 기존 개별적 인력 양성 사업과의 연계를 통한 글로벌 교육 체계 완성을 목표로 했다.

셋째, 현지 과학기술정보센터(On-site S&T Info Center) 설치 추진이었다. 이는 유럽에 대한 실질적이고 구체적인 현지 정보를 제공하여 이해도를 높이기 위한 방안이었다. 또한 현지에서 국내 R&D 홍보 강화를 통한 실질적 공동연구를 강화할 필요도 있었다. 정부 업무의 현지 지원, EU 정보의 국내 전달, 한국과 협력 가능한 글로벌 이슈와 선도기관의 지속적 발굴도 중요한 과제였다. 이를 위해 정기적으로 주요 이슈 보고서를 작성, 배포하고 현지 참여 가능 R&D 프로그램 및 연구기관과 연구자 정보제공도 적극적으로 추진하기로 했다.

2011년 수탁 과제 중점 추진방향

구 분	중점 추진 방향
한국 정부 수탁	• 한-EU 간 과학기술 협력 체제 구축 지원 - KESTCAP 해외 거점 사업, 국내 정부 부처 및 산·학·연의 EU FP 사업 공동참여 등 유럽 진출의 구심체 역할 수행 - 신 EU 기술 무역 장벽으로 부상하고 있는 REACH 등 환경 정책 분야의 대 유럽 Focal Point 역할 수행 • 범부처 및 산·학·연에서 필요한 정책 및 기획 과제와 기술정보 과제 수행
한국 산업계 수탁	• 신 EU 기술 무역 장벽으로 부상하고 있는 REACH 등 환경 정책 분야의 대 유럽 Focal Point 역할 수행 • 산업계 지원 체제 구축 - KIST유럽의 연구 성과의 국내 산업계 이전의 R&BD 모델 구축 - EU 수준의 화학물질 위해성 평가 요소기술 개발과 대응기반을 구축하여 국내 산업계의 글로벌 환경규제 대응을 직접 지원하고, 유럽 수출 경쟁력 강화 • 친환경 녹색기술 분야 등 한-EU 간 협력 가능성이 크고 국내 정부 부처 및 산·학·연에서 필요로 하는 정보수집 및 분석 보고서 발간
유럽 현지 수탁	• 독일 출연 과제 / EU FP 7 적극 참여 • 우수 연구 그룹과의 과학기술 네트워크를 활용한 EU 프레임워크 프로그램 적극 진출 • 독일 연방정부에서 지원하는 BMBF, DFG 연구 사업 적극 참여 • 독일 현지 네트워크를 활용하여 실질적 적용 가능성 확대 및 철저한 연구관리를 통하여 우수 연구 성과의 확보와 연구 결과의 실용 가능성 제고

2012년

KIST유럽 발전 비전(Vision 2016) 달성 전략 수립

2012년은 제6대 소장 체제(이호성 소장 : 2012년 9월 1일~ 2014년 12월 5일)로 접어든 시기였고, 2011년에 수립된 'KIST유럽 발전 비전(Vision 2016)' 실현을 위한 발전 목표 및 세부 추진 전략을 다음과 같이 수립하였다.

연구개발과 관련해서는 EU 내 탁월성 연구기관들과 협력 관계 구축을 강화하고 KIST 본원에 설치된 KIST유럽의 브랜치 랩(Branch Lab) 활성화를 통한 전략 분야 성과 공유가 강화됐다. 특히 국내외 산·학·연 공동연구 온 사이트 랩 활성화를 통한 R&D 공동수행 강화를 주요 세부항목으로 하는 '한-EU 간 연계를 통한 상호 보완적 연구개발 협력 체제 구축'은 이후 연구 사업의 현지 공동수행을 통한 예산 절감 및 성과의 시너지 도출을 이끌어내고 한국 기업의 해외 진출을 위한 가교 역할을 했다. 그 결과 독일 우사팜(Ursapharm), 고려대, 목포대, 성균관대와 협약, 롯데정밀화학 등의 기업 유치에 일익을 담당하는 밑거름이 됐다.

그밖에 글로벌 이슈 대응 및 정책 동향 분석 보고서 발간을 통한 정책 자문과 정보제공(Newsletter, Issue Paper), EU FP, BMBF 과제 등을 통한 현지 국제 협력 프로그램 참여 확대 등을 통해서 '한-EU Bridge 역할 및 글로벌 어젠다 중심 정책 협력 강화'를 꾀하기도 했다.

일반 연구 사업 프로그램에 있어서는 바움바흐(Baumbach) 박사의 고위험군 전염성 질병 연구실 구축 등 만츠 교수 프로젝트와 FZK와의 협력연구를 통한 당, 폴리머 및 박테리오파아지를 활용한 진단 시스템 연구, 진단 시스템 관련 하위기술 종합 및 박테리오파아지 방식 생물 시험법(Bioassay) 개발 등이 있었다.

2012년 비전을 위한 발전 목표 및 세부 추진 전략

발전 비전

과학기술 글로벌화를 선도하는 탁월성 연구기관으로 도약

발전 목표

- 바이오기반 융복합기술 분야 Center of Excellence 달성
- 한-EU 간 실효적 과학기술 협력 거점 구축

세부 추진 전략

구분	전략
연구개발	중점 연구 분야의 선택과 집중 · 연구 담당 소장 중심의 R&D 집중 지원 · Bio-MEMS 기술기반 의료진단 기술 개발 · 상호보완적 한-EU 국제 공동R&D 체계 확립
정책협력	한-EU 정책 협력 체제 강화 · 글로벌 이슈 발굴/분석을 통한 국가 R&D 정책 지원 · 국제 공동R&D 보급 확산을 위한 현지 거점 역할 수행 · 글로벌 R&D 인력 및 전문가 발굴과 양성
기관운영	성과지향 기관 운영 체제 확립 · 글로벌 스탠더드에 부합하는 제도 확립 · 성과측정/평가 및 환류 시스템 구축 · 연구소의 명확한 위상 정립

성과지향 혁신 경영 체제 구축

KIST유럽의 기관 운영에 있어서는 연구 부문에 대한 집중 지원과 성과지향 혁신 경영 체제 구축이 주요 관건이었다. 특히 '성과지향 혁신 경영 체제 구축'은 독일 및 유럽 기준에 맞는 운영규정 및 제도를 반영하여 글로벌 스탠더드에 부합하는 운영 체제를 확립하고, 개별적 지표보다는 연구소 운영방향 점검, 평가 결과 및 권고 사항을 향후 연구소 운영방향 수립에 반영할 수 있도록 시스템 구축을 꾀했다.

2012년은 KIST유럽의 위상을 강화하기 위한 방안을 많이 고민하던 시기였다. 홍보 관련해서는 국내에서는 KIST유럽 워크숍의 개최를 위해 가칭 'KIST유럽의 날'을 정해서 매년 1회 이상 개최한다는 계획을 수립했다. 그리고 유럽에서는 자를란트 대학과 연계하여 'KIST유럽 Open Day 행사'를 개최(2012. 6)했는데, 랩 투어, 연구소의 연구 분야 소개, 한국 문화 소개 및 체험 등이 주요 내용이었다.

제2연구동 활용에 있어서는 단기 방문 연구자들이 사용하는 것을 좀 더 확대해서 한국에너지기술평가원 등 국내 기관의 현지 거점으로 활용하는 방안과 공동기술 개발 부문 사업 수행에 실험동을 적극적으로 활용하고 독일 현지 기관과의 협력에도 배정 가능하도록 하는 방안이 주요 골자였다.

2013 년

연구소 발전 전략의 구체화

2013년에는 2012년에 선포된 비전 및 발전 목표의 수정 및 강화가 이루어졌다. 특히 세부 추진 전략이 구체화되어, 크게 세 가지로 도출됐다. 그것은 역할 확장을 통한 도약 추진(Collaboration), 고객 가치기반, 수요지향 연구개발(Client-oriented Challenge), 대내외 '소통' 운영(Communication)으로 정리할 수 있다.

'역할 확장을 통한 도약 추진'의 경우는 화학연, 표준연, 연합대, 연세대 등 국내 타 출연연이나 대학들과의 협력강화를 통하여 KIST유럽의 국내 활용도를 높이는 것이 주요 전략이었다. '고객 가치기반, 수요지향 연구개발'은 만츠 R&D 담당 소장 중심의 기존 연구 분야 및 과제에 대한 지속적 지원과 동시에 연구 기획 및 평가 체계 강화를 통하여 이루어졌다. 성과지향적인 연구 체계 확립을 위하여 기존 분야의 연구역량을 강화하는 동시에 에너지 환경기술 분야의 연구 및 협력 추진과 고객 중심의 홍보·정보·확산 기능을 대폭 강화하는 것이 핵심이었다.

KIST유럽의 구성원들은 10여 개국의 다국적 인력으로 구성되어 있다. 그래서 대내외적으로 '소통'은 무척 중요한 일이었다. 특히 내부 결집력을 높이고 기관 차원의 공동목표 실현을 위해서는 내부 소통이 무엇보다 중요하다고 판단, 연구소 내부 소통 및 이해 관계자들과의 소통 강화를 통해 문화, 언어적 장

3대 중점운영 부분

연구 부문	개방형 협력기반 연구 탁월성 추구 연구 1 미소유체학 및 임상진단기기 개발 연구 2 융합형 암 보건진단 및 치료기술 개발 연구 3 글로벌 어젠다 대응 에너지 환경 공공기술 개발
협력 부문	한-EU 실효적 과학기술 협력 거점 구축 협력 1 정책협력 : 한-EU Collaboration Academy 구축 협력 2 연구협력 : 한-EU Joint Research Lab 구축 협력 3 교육협력 : 한-EU Union Campus 구축
운영 부문	성과지향 혁신 경영 운영 1 글로벌 연구역량 확보 및 기관 자립도 강화 운영 2 합리적 성과 측정/평가 및 환류 시스템 구축 운영 3 창의적 연구 환경 조성

애 요인을 극복하는 것을 주요 전략으로 삼았다.

우수 인재 확보 및 인력 구조 최적화 추진

2013년에 들어오면서 크게 주안점을 둔 것이 바로 인력 운영이었다. KIST 유럽 개소 초기는 물론 이후 시간이 흐를수록 우수 인재 확보 및 인력 구조 최적화는 절실한 과제로 떠올랐다. 주요 박사급 연구원들이 다수 퇴사하면서 연구 과제 규모와 연구인력 규모의 불균형이 심화된 상태였음에도 불구하고 에너지 환경기술 분야 연구 추진 및 협력 활성화를 위한 전담 연구인력과 조직 구성은 더 이상 늦출 수 없었다. 이에 따라 인재 확보와 관련하여 세 가지 방향의 세부 추진 내용이 정리됐다.

먼저 '자체 연구인력 확보' 였다. 특히 리더급 연구인력을 영입하고 육성할 필요가 있었다. 대학 교수급 우수 과학자 영입에 중점을 두고 에너지 환경기술 분야 연구 추진 및 협력 강화를 위한 전담 연구인력 영입도 추진됐다. 다음으로는 '신진 우수 과학자 영입 및 육성' 이었다. 우수한 국내 신진 연구자를 KIST유럽에 일정 기간 파견받아 공동연구를 수행하는 것이 목표였다. 이를 위해 이후 개별연구 성과에 따라 KIST유럽 정규직으로 채용하거나 국내 복귀 후에 지속적인 연구 수행이 가능한 구조를 설계했다. 마지막으로는 '리더급 우수 과학자 영입과 육성' 이었다. 대학교수 또는 본부장급 연구자를 선발하여 일정 기간 연구연가, 파견, 채용 형식으로 공동연구와 자문을 수행하는 형태였다. 파견기간 동안 KIST유럽 인력으로 연구소 내 진행 과제에 공동참여하고 국내 복귀 후에도 지속적으로 공동연구와 자문 역할을 수행한다는 프로그램이었다.

아울러 인력 구조의 최적화에 대한 내용도 동시에 추진됐다. 첫째, '학력별 인력 구조 최적화' 이다. 학·석사급 인력 대비 박사급 인력 구성 최적화(2013년 현재 인력 54명 중 박사급은 17명, 약 31%)를 통해 2015년까지 박사급 인력을 약 40% 수준으로 확대하는 목표를 세웠다. 둘째, '국적별 인력 구조 최적화' 이다. 한국인 대 현지인 인력 대비 구성 최적화(2013년 현재 인력 54명 중 한국인 19명, 약 35%)와 조직별 인력 구성 불균형 개선을 위해 R&D 담당 소장 그룹의 한국인 연구원 확대, 정책협력센터 현지인 연구원 확대를 추진한다는 계획이었다. 셋째, '연구원 인력 구조 최적화' 이다. 연구원 대 행정원 인력 대비 구성 최적화(2013년 현재 인력 52명(임원 제외) 중 연구원 약 75%)를 통해 연구원의 비율을 2015년까지 85% 수준으로 확대한다는 것이 주요 골자였다. 인재 확보와 인력 구조의 최적화는 현재도 지속적으로 추구하고 있는 목표이다.

2013년 주요 운영 성과

내 용	기 간	기대 효과 및 성과
독일 우사팜과 On-Site Lab 공동연구	2012. 1~ 2014 .6	제품 공동 개발 및 제품화
학술 · 경영평가위원회 개최	2013. 2.18~21	KIST유럽 발전을 위한 연구 내용 및 경영 성과에 대한 평가
재7차 EU FP Eco Innovera 과제 수행	2013. 3. 1.~ 2016. 2. 29	참여기관 : KIST유럽, 스위스 로잔 공대, 스페인 알리칸트 대 등
건설기술연구원 현지사무소 운영 및 공동연구 수행	2013. 7. 1.~ 2014. 6. 30 2013. 11. 1.~ 2014. 5. 31	과제수행금액 : 6,000만 원/3,000만 원
한 · 독 나노바이오 소재 전문가 워크숍 'Future Materials & Safety' 개최	2013. 10.15~16	주최 : KIST유럽, 독일 INM, 자를란트 주 경제진흥원(gwSaar), KIST, 생명연, 화학연, 표준연 등 총 71명 참가 내용 : Nano Safety, Nano Materials 등 관련 분야 전문가 워크숍
'한-EU 공동연구 · 국제협력 탐색 및 역량 강화 프로그램' 운영	2013. 10. 8~19	기초기술연구회, 산업기술연구회, 원자력연 등 15명 참가 교육내용 : EU R&D 현황 및 정책 동향, EU FP / HORIZON 2020, EUREKA 참여 가이드 및 기관 방문 등
'독일의 과학기술 정책 및 연구개발 추진 동향' 책자 발간/배포	2013. 10.	참여 : 주독한국대사관, KIST유럽, 재독한국과학기술자협회, 한국연구재단 공동발간 내용 : 독일의 과학기술 정책 및 연구개발 동향, 독일의 주요 연구기관 현황, 한-독 과학기술교류협력 추진 현황 등 소개

2014년

새로운 전환과 도전 과제 설정

2014년은 제6대 이호성 소장 체제의 마지막 해로 종전의 주요 업무를 지속, 정리하는 해였다.

사업 추진방향은 KIST 유럽 고유기능 수행 및 발전방향에 부합하는 연구 과제 도출과 지원이었다. 이를 위해 선택과 집중 및 경쟁에 의한 연구 과제 선정을 통해 연구 수행 능력을 끌어올리는 데 목표를 두었다. 연구 분야별로는 융합형 과제를 도출해 중점 지원하는 방향과 글로벌 어젠다에 적절하게 대응하기 위해 에너지 및 환경기술 분야 연구 사업을 기획하고 추진하는 쪽으로 모아졌다. 연구 사업의 세부 항목과 연구 내용 및 목표, 기대효과는 다음과 같이 정리할 수 있다.

암 질병 대응 새로운 선택형 표적 항체물질과 진단기술 개발(Development of New Biomarker and Diagnosis Tools for Cancer)

연구 내용 및 목표 신속 정확한 암 진단이 가능한 선택형 표적 항체물질과 초고감도 진단 센서 시스템 개발.

기대효과 신규 암 표적 지향형 단항체 및 압타머 개발로 국제적인 의료시장에 진출, 다수의 특허 출원. 현재 사용 중인 대부분의 각종 질병 및 암 진단시약 및 치료제에 대한 해외 의존도 탈피 및 국민 건강복지 증진에 기여. 연구 인프라 및 유럽의 연구 네트워크 활성화로 독일 및 유럽 연구 과제 수주(DFG 과제 제안서, Horizon 2020 컨소시엄 준비).

제조 나노물질 환경 안전성 연구(Development of Methods and Strategies for Environmental Risk Assessment of Engineered Nanomaterials)

연구 내용 및 목표 제조 나노물질의 환경생태독성 평가를 위한 생체내실험(In-vitro) 평가 기법 개발 및 표준화기반 구축. 환경 인자를 고려한 표면 개질된 제조 나노물질의 환경거동 특성 분석. 환경거동 인자 확보, 생태독성 DB 구축을 통한 나노물질 위해성 평가 체계 확립.

기대효과 글로벌 수준의 나노물질 환경생태독성 평가 체계 구축. 나노물질 환경생태독성 평가법 국제 표준화로 세계적 우위기술 확보. 위해성 평가 기법을 국내 나노산업계에 제공하여 나노산업의 국제 경쟁력 강화.

차세대 전기화학에너지 저장 시스템 개발(Development of Novel Electrochemical Energy Storage System)

연구 내용 및 목표 차세대 연료전지 및 전기화학에너지 저장 시스템 개발. 유럽 신재생에너지 연구 네트워크 구축 및 공동연구 추진. 고분자전해질 연료전지 시스템 연구. 전기화학에너지 저장 시스템 연구(Redox Flow Battery).

기대효과 에너지 밀도 증가로 인한 시스템 성능 개선. 반응 메커니즘 규명을 통한 내구성 향상. 귀금속 함유량 저감으로 인한 경제성 향상. 신재생에너지 저장 및 효율 증대. 유럽의 신재생에너지 연구 네트워크 구축.

신약 및 용기 개발을 위한 국제 연구-산업-제조 클러스터(On-Site-Lab)

연구 내용 및 목표 연구소 중심의 산업체 및 제조업체가 포함된 국제 개발 클러스터 구성을 통한 혁신제품 아이디어 개발 및 대량생산용 제품화 실현(① 용기 개발, ② 신약 개발, ③ 국제 공동연구 과제 개발)

기대효과 한・독 간 산업기술 협력, 산-연 협력제품 개발. 산업 파급 효과가 높은 제품의 한국 제조사 생산 유도. 수출 장벽이 높은 의료 부문 제품의 제조기술 및 제품화기술 전수. KIST유럽의 지역 협력 및 공공 서비스로 연구소 지위 향상.

혼합물 위해성 평가기술 개발

연구 내용 및 목표 신 혼합독성 데이터 수집 및 DB 구축. 작업장 및 환경 대상 인체 및 환경생태 유해성(독성) 평가. 기존의 단일물질 노출 평가 모델을 분석하여 현재 사용 중인 노출 평가 모델의 가정과 한계 파악. 작업장 환경 대상 유해성 평가 및 혼합독성 평가 모델 개발. 생활환경 대상 인체 및 환경생태 유해성(독성) 평가. 생활환경 대상 생태 유해성 평가 및 혼합독성 평가 모델 개발. 혼합물의 위해도 결정기법 개발. 최종 프로토타입 버전 모델 완성.

기대효과 '개별 화학물질 관리'에서 '혼합물 통합 관리'로의 화학물질 관리기술의 새로운 패러다임 실현을 위한 기반 연구 제공. 통합 혼합독성 예측기술의 글로벌 표준화기반을 마련, 이를 웹기반의 통합 툴로 제공, 학계의 후속 연구 촉진 및 산업계 지원효과 극대화. 유해 화학제품의 생활환경 내 인체 및 환경에 대한 위해성 평가·분석으로 국민 건강 및 생활환경 보호로 '환경복지국가' 실현에 기여.

2015 년

기본에서 다시 출발하자!

제7대 최귀원 소장 체제가 시작된 2015년, KIST유럽의 가장 큰 변화는 조직과 비전의 재정비에서 나타났다. 최귀원 소장 체제의 핵심은 '기본에서 출발해서 가장 잘할 수 있는 것을 더 잘하자'는 이른바 '강점 부각 체제'라고 할 수 있다. 그리고 그것은 지난 1996년 독일에 처음 발을 디딘 연구소의 설립 목적이 무엇인지 다시금 되돌아보는 것에서 출발하고 있다.

어느덧 20년의 세월이 흐르면서 KIST유럽의 비전 재정립의 필요성이 대두됐다. 시간이 흐를수록 'KIST유럽'이라는 이름과 공간에 대한 출연연의 공동활용 요구가 지속적으로 증대했으며, 국내 기업의 EU 진출에 따른 지원 요구가 점차 증가했기 때문이다. 따라서 역사와 요구에 걸맞고, 구성원들이 모두 공감할 수 있는 비전을 재정립하는 것이 필요하다고 판단됐다.

그 결과 기존의 비전인 '과학기술 글로벌화를 선도하는 탁월성 연구기관으로 도약'은 보다 구체적이고 실현가능한 '출연연 및 산업계의 EU 진출을 지원하는 개방형 연구거점기관'으로 변경됐고, 추진 동력원인 전략방향은 크게 두 가지로 압축됐다.

첫 번째 전략방향인 '개방형 연구'는 KIST유럽의 임계 규모 제약 극복과 연

KIST유럽 비전 재설정

비전	출연(연) 및 산업계의 EU 진출을 지원하는 개방형 연구거점기관	
전략방향	개방형 연구	산업계 지원
핵심 전략	1. 출연연 현지연구 활성화 2. 선택과 집중을 통한 연구력 강화	3. 산업계 EU 진출 지원 4. 환경규제 대응 지원
운영 전략	5. 경영시스템 선진화 6. EU 협력기반 강화	

구역량 제고를 목표로 삼고 있다. 국내 출연연의 EU 현지 연구 지원을 통한 과학기술의 국제화 촉진 필요성이 대두됐고 다자간 대형 국제 공동연구 프로그램이 활성화됨에 따라 KIST유럽의 설립 목적에 부합하는 한-EU 현지 연구 활성화 전략이 요구됐기 때문이다. 이에 따라 KIST유럽은 개방형 연구 비중을 지속적으로 확대함과 동시에 국내 출연연과 EU 현지 공동 랩 설치를 통해 개방형 연구 생태계를 조성하면서 융합 연구의 허브 기능을 강화해나가고 있다. 2015년 3월에는 자를란트 대학 및 KIST 국가기반연구본부와 에너지 분야 전기화학 공동 랩을 구축했고, 이는 DFG의 신규 과제 수탁(2015. 12)으로 이어졌다. 또한 미래창조과학부가 지원하는 EU 나노안전기술센터(2015. 7. 24), ETRI-KIST유럽 스마트팩토리 공동 랩(2015. 12. 3)을 KIST유럽 제2연구동 내에 구축했다. 한편 KIST유럽을 포함하여 5개의 연구기관(KIST, 생산기술연구원, 안전성평가연구소, 화학연구원)이 컨소시엄 형태로 기획하고 있는 환경규제 대응 협력 플랫폼 구축 사업과 EU Horizon 2020 공동연구 과제 신청 등을 통해 한국 출연연과의 융합 연구를 추진하고 있다. 이와 더불어 핵심 연구 분야 인력 투입을 2014년 30%에서 2015년 42%로 확대했고 핵심 연구 분야의 비중을 2014년 30%에서 2015년 47%까지 확대함으로써 선택과 집중을 통한 연구력 강화에도 힘쓰고 있다.

두 번째 전략방향인 '산업계 지원'은 국내 기업의 유럽시장 개척을 위한 기술 랩의 필요성이 증가하고 유럽 진출 기업의 수요에 기반을 둔 맞춤형 솔루션 플랫폼 구축이 요구됨에 따라, 수요자 중심의 지원 체계를 구축하고 체계적이며 일원화된 지원 체계를 마련하기 위한 전략이다. 이를 위해 우수기술연구센터협회(이하 'ATCA') 글로벌 허브 랩, 롯데정밀화학 기술 랩 등 수요 기업의 'on-site' 기술 허브 랩을 유치하여 EU 현지 거점 제공 및 공동사업을 추진하면서 국내 기업의 성공적인 유럽 진출을 지원하고 있다. 아울러 기업의 현지 진출 활성화를 위해 EU 내 유관기관 간 협의체 구성을 통한 One-Stop 기업 지원 시스템을 구축하고 있다. 이는 EU 내 산업계 지원기관의 분산된 서비스를 통합하여 유기적이고 효율적인 지원 체계를 마련하여 맞춤형 지원 서비스를 제공하는 데 중점을 두고 있다.

유럽 REACH 및 유사 환경규제가 국내 산업계의 EU 진출에 기술 장벽으로 작용함에 따라 국내 산업계의 대응 체계 마련 필요성도 증가하고 있다. KIST 유럽은 EU 환경규제 대응 경험 및 노하우를 갖춘 외국계 기업의 국내 '화학물질의 등록 및 평가 등에 관한 법률(이하 '화평법')' 이행에 맞서, 국내 산업계의 경쟁력 강화를 위한 환경규제 대응기술 지원을 추진하고 있다. 2010년 이후 국내 유일의 REACH 대표등록 사업을 수행하고 있으며, 롯데정밀화학과의 'Cellulose Ether 제품의 혼합독성 평가 및 예측 플랫폼 구축, 친환경 제품 개발 지원' 공동연구를 수행함으로써 EU 지역 환경규제 및 화평법 대응 체계를 구축하고 있다.

이 같은 비전 재설정은 KIST유럽을 유럽 내 '한국연구소'로서 정체성을 확립하고, 출연연 전체의 융합·협력과 창조경제 글로벌화의 거점으로 적극 개방하고 활용하겠다는 의지를 담고 있다 하겠다. 또한 미래부 감사(2014. 4)에서 당초 설립 취지에 부합하도록 EU와의 공동연구, 협력 활동 등을 강화할 수 있는 방안을 강구하라는 지적에 따라 연구 비중을 개방형 연구로 확대 개편하겠다는 의지를 적극적으로 반영한 결과이기도 하다. 즉, 다소 폐쇄적인 내부 차원의 기관 고유 사업을 외부기관과의 협력연구로 전환하여 KIST유럽-국내 출연연-독일 내 대학 및 연구기관을 연계하는 삼자 간 공동연구 체제 구축을 모델로 삼은 것이다.

개방형 연구와 함께 다시 정리된 인력 운영방향은 '유연성 확보 및 인재 양성 활성화'로 모아진다. 즉 개방형 연구를 통하여 KIST 본원 및 출연연과의 연구인력 교류가 활성화됐고 이를 통해 국내외 전문 연구인력의 탄력적 활용방안을 적극적으로 모색하게 됐다. 이와 동시에 한국대학교육협의회 주관 해외인턴 프로그램도 활성화시켜서 인력풀의 질적, 양적 다양화를 동시에 꾀했다. KIST유럽은 과학기술연합대학원대학교(이하 'UST') 유일의 해외 캠퍼스로서 UST 석박사과정 활성화 및 독일 자를란트 대학과 UST 간 공동학위제도를 통하여 국내외 이공계 인력의 교육 기능도 한층 강화해나가고 있다.

KIST유럽 2015년 대표 실적

01 다중 유전자 진단법을 이용한 조류독감 검침

- 단일 형광 채널을 이용한 다중 유전자 진단법 개발
- 기존의 다중 채널을 이용한 유전자 진단법을 뛰어넘어 단일 채널을 이용하여 다중 DNA 검침에 성공
- Nature Scientific reports(2015)

02 염기서열 분석을 위한 미세유체 초고온 가열법 개발

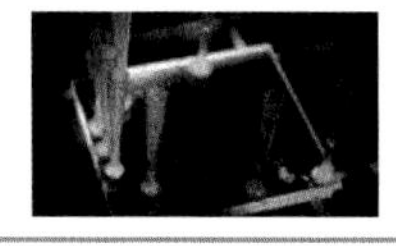

- 초고온에서도 생물 시료의 증발 없는 안정적 열분해법 개발
- 240도 이상의 고온에서도 염기서열 분석을 위한 생물시료의 안정적 분해 가능
- Analytical Chemistry(2015)

03 산업계 혼합물질 아 · 만성 동물 대체 독성평가 시스템 개발

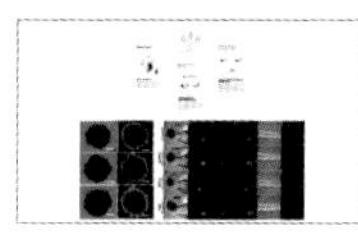

- 환경지표생물종 유래 3D 세포 배양기반 만성 독성 평가 시스템 개발
- 단일물질 및 혼합물질의 아·만성 신규 환경독성 평가 시스템 개발
- journal of Hazardous materials(2015.9)

04 웹 기반 혼합물 EU CLP 툴 개발

- 혼합물의 인체 및 환경 유해성 분류 및 표지 산정
- 혼합물 CLP 산정에 영향을 미치는 핵심 원료물질 확인
- CLP 산정 결과 보고서 출력

05 KIST유럽-자를란트 대 공동실험실 구축

- 에너지 분야 공동연구를 위한 KIST유럽과 자를란트 대 간 Joint Electrochemistry Laboratory 개소
- 일시 : 2015. 3. 3.

06 ATC 글로벌 허브 랩 개소

- ATC 글로벌 허브 랩 개소
- 현지 기업과의 네트워크 형성 등 글로벌 융합기술 협력 기반 조성
- 일시 : 2015. 3. 23.

07 만츠 교수 European Inventor Award 수상

- 유럽 특허청 시상 유럽 발명가상 수상 (Lifetime Achievement 분야)
- 일시 : 2015. 6. 11.

08 미래부 EU 나노안전기술센터 개소

- 유럽 내 나노 안전규제 동향 파악
- 나노물질 REACH 등록 절차 대응 지원
- 국내외 나노 안전 관련 연구소 협력 기술 지원
- 일시 : 2015. 7. 24.

09 제10회 ATC CEO 워크숍 개최

- ATC 글로벌 허브 랩 운영 현황 파악
- 전기·전자, 재료·화학, 바이오, 자동차·기계 분야별 기술 교류 및 자를란트 주정부, 현지 기업·대학·연구소와 매치메이킹
- ATC 협회 회원사 CEO 등 19개사 32명 참여
- 일시 : 2015. 9. 14~15.

10 Korea-EU Innovation Academy 개최

- 유럽 내 기술 상업화 현황 및 지원 정책 프로그램 교육 (융·복합 연구 정책 및 동향, 중소기업 정책)
- 국가과학기술인력개발원(KIRD)와 공동주최, 출연연 및 정부부처 관계자 20명 참여(15. 10)

11 ETRI-KIST유럽 스마트팩토리 공동 랩 구축

- 한-EU 간 CSF(Connected Smart Factory) 테스트베드 상호 운영 연구개발 및 스마트팩토리 분야 협력 네트워크 구축
- 일시 : 2015. 12. 3.

2016 년

창립 20주년 기념식 개최

2016년 5월 6일(금) 오전 10시 KIST유럽은 창립 20주년(창립일 1996년 5월 8일)을 맞이하여 이상천 국가과학기술연구회 이사장, 이병권 KIST 원장, 이경수 주독대사, 크람프-카렌바우어(Kramp-Karrenbauer) 자를란트 주지사를 비롯한 주요 외빈과 임직원 등 약 200여 명이 참석한 가운데 창립 20

KIST유럽 창립 20주년 기념식

주년 기념식을 개최했다. 이상천 국가과학기술연구회 이사장은 축사를 통해 KIST유럽의 지난 20년 동안의 노력과 성과를 높이 평가하고 이제는 KIST유럽이 유럽 과학기술계의 핵심에 서게 될 것임을 강조했다. 크람프-카렌바우어 주지사는 축사에서 KIST유럽의 다양한 연구협력 활동과 네트워킹이 자를란트 주의 경제 및 연구단지를 국제적으로 부양시키는 데 크게 기여했다고 언급하며 앞으로의 무궁한 발전을 기원했다.

최귀원 소장은 비전 선포식을 통해 '출연연 및 산업계의 EU 진출을 지원하는 개방형 연구 거점기관'이라는 슬로건을 발표하고, 연구소만의 강점을 더욱 부각시키는 개방형 연구와 산업계 지원 전략을 통해 "독일 내 한국 연구소로서의 입지를 강화하겠다"는 의지를 밝혔다.

창립 20주년 기념식에 이어 KIST유럽 정관 및 이춘식 초대소장의 부조 제

KIST유럽 정관 및 초대소장 부조 제막식

막식이 진행됐다. KIST유럽 초대소장을 역임한 이춘식 박사(1996년 5월 15일~2001년 7월 31일)는 연구소 운영의 초석을 다지고 한독과학기술협력 활성화에 큰 공로를 세웠으며, 이를 인정받아 지난 2007년 독일 연방정부가 수여하는 십자공로훈장을 받기도 했다.

KIST유럽은 지난 20년간 독일 및 EU 현지의 첨단·원천기술 획득, EU 국가와의 기술 교류 및 공동연구를 위한 거점 확보와 한국 기업들의 EU 진출 지원 역할을 수행해왔다. 앞으로는 현지 거점의 강점을 살려 유럽 내 연구기관으로서의 입지를 강화하고 다양한 분야에서 공동연구를 확대해나갈 계획이다. 또한 개방형 연구의 확대를 위해 롯데정밀화학, 자를란트 대학, 우수기술연구센터협회(ATCA), 한국표준과학연구원(KRISS) 등과 공동 랩을 운영하고 있으며, 2016년에는 헬름홀츠 신약연구소(HIPS)와의 공동연구소 설립 의향서

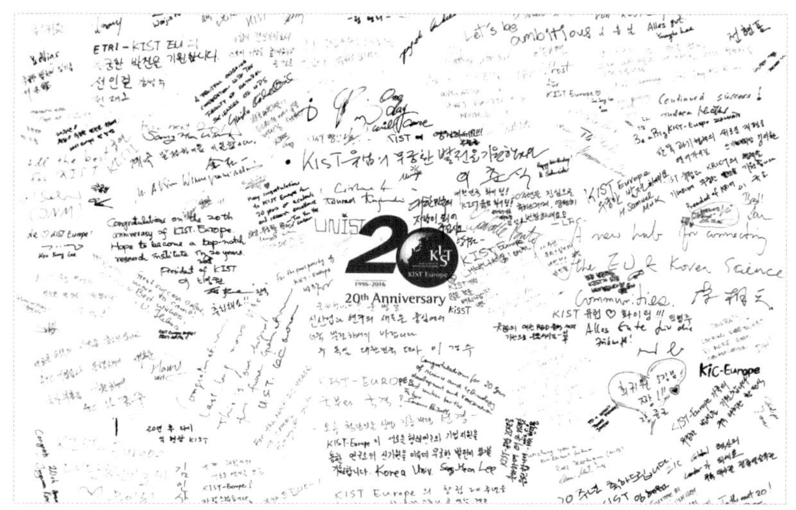

20주년 기념식 방문 외빈들의 서명을 받은 사인 보드

를 체결했고, 20주년 기념식에 이어 한국화학연구원(KRICT)과의 공동연구실 설립을 위한 업무협약 및 개소식을 개최했다.

2장

대한민국 KIST,
유럽을 택하다

1. 선진기술 획득과 글로벌 전진기지의 필요성

프라운호퍼 연구협회와 협력각서 체결

세계는 점점 더 가까워지고, 빨리 변화하고 있다. 이것은 비단 경제 활동에 국한된 이야기가 아니다. 국가 발전의 핵심을 이루는 과학기술 활동 또한 세계화의 필요성이 증대됨에 따라 다양한 형태의 국제 기술 협력 사업이 추진되고 있다. 현재도 그렇지만 20년 전의 대한민국은 더더욱 과학기술의 협력과 접근에 목말라 있었다.

1993년 김영삼 정부 출범 후, 2000년대 과학기술 선진 7개국권 진입이라는 국가 목표 달성을 위해 과학기술의 세계화 전략이 추진됐다. 당시는 세계무역기구(WTO) 체제와 자유 무역 질서를 중심으로 한 경제의 글로벌화의 진전에도 불구하고, 각 국가별 기술보호주의는 더욱 심화되고 있었다. 하지만 이런 현실 속에서도 선진국을 중심으로 하는 상호 보완적 분야에서의 기술 분업은 활발하게 전개됐다. 때문에 우리나라는 국내 연구개발 능력의 한계를 극복하고 세계 일류 수준의 과학기술력 확보가 절실히 필요했다.

그러나 당시의 공공연구 사업은 단기간의 해외 전문가 초청, 해외 연수 및 훈련 등 비교적 지엽적이고 소극적인 방식이 주를 이루었으며, 국제 공동연구, 해외 위탁연구 등에 있어서도 실질적인 성과 확보가 미흡한 실정이었다. 이에 따라 과학기술 개발 활동의 국제 경쟁력 확보를 위한 과감한 국제 기술 협력 전략이 요구됐고, 그 일환으로 세계 주요 과학단지, 첨단기술 보유 원천지, 고급 두뇌 집적지 등에 현지 연구 거점을 마련하는 전방위적인 연구개발 체제의 구축에 대한 논의가 활발하게 이뤄지기 시작했다.

KIST유럽의 개소는 세계화 전략의 일환으로 선진기술 현장에 직접 진출하여 선진국의 기술, 인력, 정보를 현지에서 활용하는 연구개발 활동이 요청되던 적기에 이루어졌다. 특히 유럽이라는 공간은 첨단기술을 주도하는 미국, 일본 중심의 기술패권주의에 대응할 수 있는 전략적 요충지였고 오늘날 최고의 과학 강국인 미국을 만든 원천기술지였다. 게다가 정치, 경제, 사회, 문화적으로 블록화되는 EU라는 상징성을 가진 지역에 현지 연구 법인을 설립한다는 것은 선진국 기반 기술에 당당하게 접근할 수 있는 기반을 구축한다는 뜻이어서 의미도 남달랐다.

이러한 분위기가 무르익던 1995년 3월, 김영삼 대통령의 유럽 순방 계획이 잡혔고 대통령의 '방독 기술 협력'과 관련된 안건으로 과기처 산하의 연구소 기획부장들이 모두 모이게 됐다. 이 과정에서 튀어나온 것이 '독일과 연구소'라는 키워드였다. 이번 순방이 의례적인 행사가 아니라 국가 이익에 실질적으로 이바지할 수 있는 '무엇'이 있어야 한다는 의견 속에서 정리된 방향이었다.

이후 한-독 양국 과학기술 장관 회담 직전인 1995년 2월 14일, KIST의 이춘식 박사는 독일 뮌헨 소재의 프라운호퍼 연구협회(이하 FhG) 본부를 방문하여 바르네케 총재와 KIST 현지 연구소 설치 지원 및 기술 협력 활성화에 대한 기본원칙에 합의하고, 'FhG와 KIST 간의 상호협력각서'를 체결했다. 주요 협력사항은 다음과 같았다.

- 독일의 환경기술 분야에서 연구개발 활동을 전담할 KIST 현지 연구소를 독일에 설치 운영한다.

- KIST 현지 연구소는 한국과 독일의 연구원으로 구성되며, 기타 국가의 연구원들도 포함될 수 있다.
- FhG는 KIST 현지 연구소의 기능이 제대로 발휘될 수 있도록 지원한다.
- KIST 현지 연구소는 환경기술 분야의 연구를 주로 수행하고 한-독 과학기술 협력 사업을 중개, 관리 및 수행한다.
  - 환경기술 관련 정보 데이터베이스의 운영 관리
  - 한-독 과학기술 인력의 교류 촉진
  - FhG 산하 연구소와 한국 연구기관 및 산업계와의 공동연구 주선 및 지원
  - 공동연구를 위해 필요시 여타 독일 연구기관 주선 및 지원
- KIST 현지 연구소의 예산 확보 노력을 FhG가 지원한다.
- 양국의 현지 연구소 설치 운영에 대하여는 상호 호혜원칙에 따라 협력한다.
- 본 계약서 작성을 위한 관련자를 조속히 지명한다.

한-독 양국 장관, 한국연구센터 설립 합의

1995년 3월 6일, 김영삼 대통령을 수행하여 독일을 방문한 정근모 과기처 장관은 독일 유르겐 루트거스(Jürgen Rüttgers) 교육과학연구기술부 장관과 본에서 회담을 갖고 양국 간 과학기술 협력증진을 위한 공동 관심사에 관하여 합의했다. 이 자리에서 양국 정부는 독일 FhG 내 한국연구센터 설치에 대하여 적극 지원키로 했다.

그러나 한-독 양국 과학기술 장관 회담에서는 KIST유럽 설립의 근거가 되는 주요한 문서나 서명을 나누지 못했고, 다만 양국 간의 전통적인 과학기술 협력과 지원이라는 합의정신만을 확인했다. 그렇게 된 이유는 독일의 관행상 양국

장관 간의 합의 서명은 독일 현지 협력기관에 대한 독일 정부의 재정적 부담을 전제하기 때문이었다. 그러나 실제로는 KIST유럽의 1, 2차 연구소 준공에 주정부의 재정 지원을 받았으며 현재는 연방정부로부터 많은 부분에서 협력과 지원을 받고 있다. 어떤 식으로 이뤄진 약속이든 상관없이 약속은 반드시 이행된다고 믿어도 좋은 곳이 독일이다. 당시 양국 장관의 주요 토의 내용은 다음과 같다.

"이번 회담에서 양 장관은 1986년 4월 체결된 한-독 과학기술 협력 협정에 의한 평등과 호혜원칙의 기본정신에 따라 양국 간 과학기술 협력이 원만히 이루어지고 있다는 데 인식을 같이하고 앞으로 양국 간 협력을 더 한층 촉진시키기 위한 노력을 강화해나가기로 의견을 같이했다. …… 이를 위해 양국 정부는…… 한국과학기술연구원과 프라운호퍼 간에 합의한 독일 프라운호퍼 내 한국연구센터 설치에 대하여 적극 지원키로 했다."

여기서 언급된 한-독 양국 장관이 적극 지원키로 한 '한국연구센터'의 설립 개요는 다음과 같다.

[설립 목적 및 필요성]

- 독일의 연구 설비와 인력을 활용할 수 있도록 현지 연구센터를 설치, 축적된 연구성과의 응용·활용·이전 추진
- 기존의 독일 연구기관에 한국 측 연구팀 파견을 통한 공동연구
- 협력기관
  - 한국 측 : 관련 분야의 출연연구소
  - 독일 측 : FhG

〔 **협력 주요 내용** 〕

- FhG für Koreanisch Technologie Zentrum(가칭)으로 환경, 복지, 원천기술 연구센터
- System Engineering을 구성하는 요소기술(예 :도시형 자기부상열차의 요소기술)
- 구 동독 지역의 강점 분야로서 상호 보완적인 협력이 가능한 분야(예 : 광학, 레이저 등)
- 대상 지역 : 프라운호퍼의 지역 연구실이 있는 곳에 설치
- 기능 : 1) 한국이 필요로 하는 기술 분야 연구

  2) 현지 연구자들과 연구 과제 공동도출 및 공동연구 수행
- 재원 : 1) 현지 FhG Korea에서 수행되는 연구비는 전액 아국 부담

  2) 양국 정부에 의해 공동으로 수행되는 연구는 공동부담

  3) 독일 측은 연구시설 및 연구인력 공급
- 기타 운영방안 : 1) 현지 연구소에 국내 연구원 파견(1차 10명 규모로 시작하여 최대 60명 수준의 연구센터로 확대)

  2) FhG의 한국연구소 설치

  3) 프로젝트는 수탁 과제 형식으로 상호 합의하에 수행

〔 **소요 예산 및 조달** 〕

- 소요예산 : 설립시 1,000만 달러(1996년 착수) 연간 100만 달러씩 투입(1996년부터)
- 조달방법 : 정부재원

이처럼 김영삼 대통령 유럽 순방 시 한-독 공동협력 차원에서 합의된 독일 내 한국연구센터 설치가 KIST유럽연구소 설립의 단초가 됐다.

뮌헨 소재의 프라운호퍼 본부

2. KIST Germany 설립을 위한 첫걸음

유럽연구소, 현지 법인화를 선택하다

한국과 독일 양국의 협의에 따라 독일 내 KIST 현지 연구소(KIST Germany) 설립 추진과 관련한 조사연구가 이루어졌다. 이 조사연구는 1995년 3월 한-독 양국 과학기술 장관 간의 독일 내 KIST 현지 연구소를 FhG와 협력하여 설치키로 한 합의에 의한 것이었다. 독일 내에 KIST 현지 연구소 설립을 목적으로 설립 준비 작업과 설립 타당성 및 기본운영 계획 수립 등이 복합적으로 동시에 이루어졌다.

'KIST Germany 설립을 위한 조사연구 보고서'는 이춘식 박사가 연구 책임자로서 총괄 주도했으며 FhM의 협조로 만들어졌다. 본 조사연구를 통하여 독일이 우리의 사업 목적 달성에 적합한 잠재력을 보유하고 있다는 사실과, 대한민국 관련 산업계의 상당한 기술 수요와 적극적인 참여의사를 확인할 수 있었다.

KIST Germany 사업 준비를 위한 조사연구의 주요 내용은 연구 분야 및 과제 선정, 연구소 입지 선정 및 시설 규모 설정, 연구소 조직 및 운영방안 작성, 투자 계획 및 재원조달 계획 수립, 독일 현지 제반 법규 및 인프라 조사, 파견 연구팀의 구성, FhG와 관계 정립, 예산확보 등이었다. 핵심 내용은 다음과 같이 정리할 수 있다.

〔 사업 목적 〕

독일 FhG의 협력하에 KIST 현지 연구소를 설립하여, 현지 연구를 통한 과학기술의 국제수준화를 촉진하고, 독일, EU, 동구권과의 기술 교류 및 공동연구의 거점을 확보하며, 한국 기업들의 기술 개발 활동 전진기지로서의 역할을 수행함으로써 과학기술의 세계화, 정보화 및 현지 거점 확보의 목적을 달성한다.

〔 사업 내용 〕

환경·원천기술 연구, 전략기술 연구개발, 과학기술 협력, 전문인력 교류 및 연구인력 교육훈련 등의 사업을 중점 수행한다.

〔 운영 계획 〕

- 법인의 형태는 공익유한책임회사가 가장 적합하다. KIST 현지 연구소 소장은 공익유한책임회사의 이사로서 회사를 대표하고, KIST 원장은 KIST 현지 연구소의 단독사원으로서 사원총회의 기능을 수행하며, 자문회는 모든 과학적, 경제적 사안에 관하여 이사(소장)와 단독사원(KIST 원장)에 조언 기능을 수행한다.
- 연구소의 소재지는 독일 자르브뤼켄(자를란트 주 주도)이 최적의 조건이다. 후보지 선정 기준에 따라 종합적으로 평가하여 최적지로 선정됐다.
- 인원은 중장기적으로 정직원 60명 규모(현지인 45~50명)로 운영하고, 독일 현지의 유동인력을 최대한 활용한다.
- 예산은 초기 5년간의 기본 운영비 및 인프라 투자비용은 정부가 지원하고, 5년 이후는 운영비의 50%는 정부 부담, 나머지 50%는 독일 정부 및 산업계 부담으로 한다.
- 조직은 환경원천기술연구부, 전략기술연구부, 기술협력팀을 둔다.
- 건설 사업은 자를란트 대학 인접 국유지 10,000m^{2}에 건평 약 2,500m^{2}로 건설하며, 건설비는 약 94억 원(토지매입비 포함)으로 추정하고, 건설기간은 1997년부터 3년이 소요된다.

'운영 계획'에서 현지 법인 등록을 선택하게 된 까닭은 현지 법인으로 등록하지 않을 경우의 문제점이 너무나 많고 제약이 심했기 때문이다. 무엇보다 독일 정부 및 EU의 공동연구 프로그램 참여가 불가능했고 현지 대학교수 및 전문인력의 확보 및 활용에도 어려움이 컸다. 아울러 독일 연방정부, 주정부 및 EU의 지원금 혜택이 불가능했으며 세무당국에서 사업의 공익성을 인정하지 않으면 신뢰성이 떨어져 독일 현지의 협력을 얻기 어렵다는 판단이었다. 또한 주정부 소유의 토지를 양호한 조건으로 양도받을 수 없는 것은 물론 현지 연구소 설치 후 다시 법인으로 전환할 경우 절차가 복잡하며 취득 자산에 대해서도 상당한 양도세가 부과될 것이었다.

물론 현지 법인화에 따른 단점도 있었다. 현지 법인 철수 시 타 법인 등에게 기증은 가능하나 투자한 자본의 전액 환수는 불가했고, 엄격한 회계감사와 세무보고의 부담이라는 어려움도 감수해야 했다.

현지 법인의 형태를 '공익유한책임회사(gemeinnützige Gesellschaft mit beschränkter Haftung, 이하 'gGmbH')'로 한 까닭은 한국계 법인으로서 신뢰성 확보 및 운영방향에 대한 주도권 확보를 고려한 것으로, 당시 독일의 법인 및 회사 형태에 대한 면밀한 검토 끝에 이루어진 결정이었다.

KIST Germany 후보지 선정 기준 세 가지

유럽 현지 연구소의 설립을 준비하기 위하여 'KIST유럽 추진사업단'이 1995년 11월 4일 한시 조직으로 설치됐다. KIST유럽 추진사업단은 KIST 원장 직속 조직으로 유럽 현지 연구소 설립 준비와 동 연구소의 사업 계획 및 운영 계획의 수립 등 연구소 설립에 수반되는 제반 준비를 담당했는데, 단장에는 이춘식 박사가 임명됐다. 또한 설립 추진이 조사 단계에서 설립 운영 단계로 진척됨에 따라 KIST 차원에서 정관 작성 등 각종 법률적 검토가 진행됐으며, 현지 법인의 운영예산 및 연구 과제 관리방안, 각종 협약 및 정보 시스템 구축, 건설 계획 및 운영관리 시스템 정비 등에 대한 관계 부서의 검토와 지원도 병행됐다.

1995년 12월 21일, 마침내 KIST 원장(김은영 박사)은 'KIST Germany의 설립(안)'을 제39회 정기이사회에 상정했고 원안대로 승인 의결됐다. 당시 설립(안)에는 제안 사유가 "전통적 과학기술 강국인 독일에서 현지 기반기술을 활용하는 연구를 수행하며, 독일과 EU의 공동연구 프로그램 참여 및 과학기술 교류의 거점을 확보하기 위하여 현지 법인으로 KIST Germany을 설립코자 한다"고 쓰여 있었다.

앞서 기술한 바와 같이 KIST Germany의 법인 형태는 성격상 공익 법인이 적합했으며 한국계 공익 법인으로서 신뢰성 확보와 운영에 대한 주도적 위치 확보를 위하여 gGmbH로 정했다. 독일법 체계에서 gGmbH는 연구, 교육 등의 일정한 공익 사업 수행 시 각종 세제상의 혜택이 부여되고, 설립 절차의 용이성으로 독일 내에서 자본 증식을 전제로 하지 않는 외국 투자업체들에게는 투자한 자본만으로 활동의 안정성을 보장받을 수 있는 가장 이상적인 법인 형태였다.

사업 내용은 환경기술 및 국가적인 수요에 의한 원천기술 개발과 기술정보, 인력 교류 및 공동연구 지원 등의 과학기술 협력 사업으로 정했다. 설립년도인 1996년도 예산은 과기처 특정연구사업비 중 KIST Germany 예산(연구소 설치 8억 원, 연구비 5억 4,200만 원)을 KIST가 KIST Germany에 출자하는 것으로 정리됐다.

조사연구 보고서에서 가장 핵심이 된 부분은 결국 KIST Germany를 어디에 뿌리내리도록 할 것인가의 문제였다. 이미 독일이라는 국가가 정해진 상태에서 과연 독일의 어디에 자리 잡는 것이 가장 옳은 판단일까에 대해 많은 시간 동안 고민을 거듭했다. KIST Germany 후보지 선정 기준은 크게 세 가지였다.

첫째, 환경공학 산업기반 및 기술 수준이 높고 진흥 정책이 강한 곳
둘째, 독일 연방정부 및 주정부의 지원이 많은 곳
셋째, 환경기술 관련 FhG가 소재하여 초창기 설립과 운영에 도움을 줄 수 있는 곳

이런 기준을 근거로 하여 FhM와 KIST Germany 추진 팀은 위 조건에 충족되는 후보지로 8개 지역을 선정했고 이후 8개 후보지별 입지 조건을 실사를 통해 평가했다. 평가 기준은 R&D 사회기반 시설, 산업계 사회기반 시설, 사회 및 지리적 환경, 정부 정책 및 제안, 임대 및 건립 조건 등 다섯 가지 항목이었다.

항목별 산정 점수에 따라 유력 후보지 2곳이 선정됐고, KIST Germany의 중점 연구개발 분야와의 연계성, 토지 및 임대 공간, 정부 및 관련 기관과의 지원 정책, 유럽 지역의 과학기술정보센터로서의 기능 수행 등을 종합적으로 평가했는데, 최종 낙점을 받은 곳은 자를란트 주의 주도 자르브뤼켄이었다.

자르브뤼켄은 프랑스, 룩셈브루크, 벨기에와 인접하여 유럽 본부로서 최적

의 입지 조건을 갖추었으며, 여기에 더해 자를란트 주정부, 대학 및 연구기관의 적극적인 지원과 함께 전통적인 환경산업 진흥 정책 및 중견 기업체의 강력한 협력 의지가 있었다. 또한 대학 및 관련 연구기관과 인접한 입지여서 국내 기업 진출 시 확장 가능성이 높은 곳으로 평가됐다. 이에 따라 자를란트 대학 단지 내에 연구시설의 신축을 추진하되, 우선 대학 건물에 임시 사무실을 임대하는 조건으로 역사적인 'KIST Germany'이 정식 출범하게 됐다.

자르브뤼켄(Saarbrücken) 시

입지 선정 항목 중에서 가장 큰 비중을 차지했던 '수준 높은 연구기반과 협력 의지'에 대한 부분을 잠시 살펴보자. 당시 연구소 후보지 평가에 참여했던 독일연방원자력안전심의회 위원 21명 중 한 명이었던 FZK 김재일 박사는 "해당 지역과 같은 입지 조건(특히 자를란트 대학 내)은 독일 내에서 다시 찾기 어려운 좋은 조건"이라고 했다. 세계적 수준의 연구소가 대학 내에 모두 모여 있다는 장점도 장점이려니와, 대도시에 위치한 다른 대학의 경우 대학 구내에 마땅한 입지를 얻기 어렵다고 했다. 참고로 당시 자를란트 대학 및 인근에 이미 위치했던 연구기관의 특징과 이들의 호응도는 다음과 같다.

자를란트 대학교

KIST유럽 설립 유력 후보지 비교

평가항목	베를린 아들러스호프 (Berlin Adlershof)	자르브뤼켄 (Saarbrücken)
위 치	독일 내 기술정보 활동에 유리, 동구권과의 교류 유리	EU 지역 내 전체 및 환경연구를 위한 위치 조건으로 유리
연구개발 인프라	• 독일 최대 연구개발단지로 개발 • 다양한 연구소 및 대학과 연계 • 타국 기관과 공동진출로 현지 지원 및 위상에 다소 약점	• 선도적인 환경연구센터 보유 • 다양한 연구기관 및 대학과의 직접적인 연계 가능 • 한국인 과학자 장학기금 지급 및 초기 기본 장비 공동활용
토지 및 임대 공간	• 제안 : 환경연구센터 옆 (20,000qm)토지 장기임대 : 26년, 약 26마르크/qm (면적 표기:qm은 Quadratmeter 약자로 평방미터인 m^2과 동일) • 임시임대 : 1,000qm, 16~20마르크/qm • 토지매입비 절약으로 오히려 비효율적이며 위상 문제 우려	• 제안 : 자를란트 대학 내 국유지 당시 국유지는 10.000m^2받음 • 토지 : 30마르크/qm • 단기임대 : 10마르크/qm • 초기 투자비용은 불리하나 타 대안에 비하여 장기적으로 가장 효과적임
산업 환경	환경산업 및 다양한 산업 구조	세계 첨단 환경 기업체 및 인근 타 산업계 연계 가능
정치 / 지역 진흥 정책	• 독일 정치권력 및 의사결정 중심 지역 • 산업 및 연구개발 인프라의 구조 변화를 위한 지원 가능성 • 다양한 연구개발 프로그램	• 지방 정부의 적극적인 직접 지원 • 서독 지역 중 개발 우선권, EU 특별 보조금 • 독일 및 EU 연구 프로그램 참여 지원

프라운호퍼 생의공학연구소 생의학 및 센서, 마이크로 시스템 기술에 강함 → 환경측정 및 감지장치 분야 적극 참여 희망

라이프니츠 신소재연구소 고분자, 세라믹, 복합재료에 강함 → 환경설비용 소재기술 지원 제안

프라운호퍼 비파괴시험연구소 비파괴검사 기술 , 생산에 있어서 감시기술 및 안전기술에 강점

막스플랑크 정보공학연구소 기술정보 처리 등 지원 가능

GEMITEC 마이크로 시스템 및 전자공학 분야의 자를란트 기업 연합(연구기관과 연계)

이런 모든 조건 등을 감안, KIST유럽은 프랑스, 룩셈부르크, 벨기에와 인접한 유럽 교통의 중심지인 자를란트 주의 주도인 자르브뤼켄에 자리를 잡게 됐다.

3. 역사적인 KIST유럽의 개소

자를란트 대학 창업센터 34번

연구소 설립을 위한 제반 준비와 절차가 완료되자 1996년 2월 16일 설립의 모체인 KIST는 'KIST유럽'의 설립을 대내외에 발표하고, 독일 현지에서 개소식을 거행했다.

개소식에는 독일 사민당 당수인 오스카 라퐁텐(Oskar Lafontaine) 자를란트 주지사, 한스 유르겐 바르네케 FhG 총재, 자를란트 대학 총장 등과 임창열 과기처 차관, 김은영 KIST 원장, 이춘식 KIST유럽 소장, 이수혁 주독 한국대사, 배순훈 대우전자 회장 등 각계의 인사가 다수 참석한 가운데 거행됐다.

가장 먼저 자를란트 주정부 회의실에서 제1차 KIST유럽 자문회의가 개최

1996.02.16 연구소 사무실 개소식(Office openning ceremony)

됐다. 한국 측에서는 김은영 KIST 원장, 유희열 과기부 국장, 강신호 동아제약 회장, 배순훈 대우전자 회장, 조성락 산기협 부회장이 위원으로 참석했고, 독일 측 위원으로는 콘라트 크라예프스키(Konrad Krajewski) 자일란트 주정부 국장, 귄터 휀(Günther Hönn) 자를란트 대학 총장, 한스 유르겐 바르네케 FhG 총재, 파울 게르하르트 마우러(Paul-Gerhard Maurer) 자르베르크사장이 참석했다.

이어서 자를란트 주 공회당으로 자리를 옮겨 공식적인 KIST유럽 개소식 행사가 진행됐다. 주지사인 오스카 라퐁텐, 임창열 차관, BMBF 대표, 김은영 KIST 원장의 축사와 함께 바르네케 FhG 총재의 축하연설이 이어졌다. 오후에는 KIST유럽 현판식(자를란트 대학 캠퍼스 창업센터 34번 건물)이 진행됐다.

"오늘 역사적인 KIST유럽의 개소식을 축하하기 위해 각계각층의 세계적인 저명인사들이 참석하여주셨습니다. 대단히 감사합니다. 오늘 이 자리가 있기까지 한-독 양국의 여러분들이 헌신적으로 노력하여주신 것을 잘 알고 있으며 관계자 여러분들의 노력과 협조를 치하하는 바입니다. (중략)
오늘 이곳 자르브뤼켄에 설립되는 KIST유럽은 한국 공공연구기관으로서는 최초로 현지 법인으로 등록된 연구소입니다. 이 자리는 한국 과학기술 역사에 있어서 새로운 역사로 기록될 것입니다. 특히 KIST유럽이 중점적으로 추진하고자 하는 환경기술 개발은 인류 공동의 과제이며, 21세기에 더욱 중요성이 부각될 것으로 기대되고 있습니다. KIST유럽을 통한 환경기술 분야에서의 양국의 협력은 한국, EU만이 아니라 아시아 등 세계 환경 문제 해결 및 개선에 커다란 기여를 하게 될 것입니다.

KIST유럽은 이제 한국 연구소가 아닌 독일에 등록된 연구소로서 대부분 구성원이 독일인으로 충원되어 운영될 것입니다. 이 사업을 통하여 독일의 우수한 과학 기술력이 세계적으로 더욱 빛을 발하게 될 것을 기대하고 있습니다. 독일의 우수한 과학기술 전통과 저력은 한국인의 창의성, 추진력과 결합하여 양국뿐만 아니라 세계를 무대로 상호 호혜적인 성과를 많이 창출해낼 것을 믿습니다. 다시 한 번 이 사업을 위하여 협력하고 지원하여 주신 자를란트 주, 양국 정부, 프라운호퍼 연구협회, 대학 및 양국 산업계 여러분들께 감사드리며, 지속적인 관심과 성원을 부탁드립니다."

〈KIST 김은영 원장 개소식 축사 주요 내용〉

연구소 설립과 함께 KIST유럽의 정관에 당시 김은영 KIST 원장이 서명하고, 초대소장에 이춘식 박사를 임명(1996. 4. 15)했으며, 곧 이어서 1996년 5월 8일 부로 독일에서 법인 등록을 완료함으로써 KIST유럽은 정식으로 완전한 조건을 갖추고 발족하게 됐다.

KIST유럽 설립 정관과 사업 목적

"KIST 원장은 KIST유럽의 단독사원으로서 사원총회 의장의 역할을 수행하고, KIST유럽 소장은 이사로서 법인을 대표한다. 통상의 사원총회는 연말 결산의 확인, 전년도 사업실적, 차기년도 사업 및 재정 계획, 이사의 임명 및 해임 등 중요한 사항을 의결하며, 사원총회의 의결은 내부 관계에 있어서 구속력을 갖는다.

또한 이사는 사원총회에서 최고 5년간 임명될 수 있으며, 사원총회는 이사를 위한 업무 분담을 포함한 업무규정을 제정할 수 있다. 이사는 KIST유럽의 업무와 그 결과에 대하여 총괄책임을 지며, 이사는 정관에서 달리 규정하지 않는 한 모든 업무를 처리한다.

또한 자문회의는 최소 9명, 최대 13명으로 구성되며, KIST 원장은 당연직 위원으로서 자문회의 의장이 되고, 그 외의 위원은 이사가 임명한다. 자문회의는 모든 과학적 및 경제적 사안에 관하여 이사와 사원총회에 자문 기능을 수행한다."

당시 정관은 독일 현지 공증 과정에서 KIST가 출자한 기본자본금에 대한 내용을 명확히 언급하기 위하여 정관 제4조 제1항을 일부 변경하여 "한국과학기술연구원(KIST)이 기본자본금 5만 마르크를 지불한다. 기본자본금은 현금으로 출자해야 한다"로 수정했다.

〔 KIST유럽의 설립 목적 〕

현지 연구를 통한 과학기술의 국제화 촉진이 가장 중요한 목적이다. 기존 협력연구 방식의 한계를 인식하고, 특히 한국의 중소기업 등 산업체에 신속히 첨단 핵심기술을 이전하기 위한 교두보 역할을 수행할 조직이 절실히 필요하다. 이를 통해 독일, EU, 동구권과의 기술 교류 및 공동연구 거점을 확보하고 선진국 수준의 소형·정예 연구소 운영을 통한 국가 과학기술 위상 제고에 대한 요구에 대응한다.

〔 KIST유럽의 필요성 〕

국가 과학기술 수준의 도약을 위하여 선진기술의 원천지인 EU 현지에 직접 진출할 필요가 있다. 21세기 환경기술의 전략화 대비에 따라 국내 산업기술의 장애를 타파해야 하는 과제도 있다. 이를 위해 미·일에 편중된 기술 협력 체계 다변화를 통해 기술 습득에 유리한 고지를 점령하고 특히 중소기업의 중간진입 기술 개발의 거점(현지 기술정보 및 R&D)과 기술 및 전문인력 교류의 교두보 역할을 수행한다.

〔 KIST유럽의 의의 〕

원천기술의 본산지인 유럽에 본격적인 자체 연구시설을 확보한 최초의 모델로서 현지의 첨단기술 현장에 직접 동참하여 연구를 수행할 수 있게 된다. 이는 독특한 세계화 모델로서 국가 과학기술 위상 제고에도 도움이 된다.

〔 KIST유럽의 주요 기능 〕

서구 선진기술을 토대로 접목기술 R&D로 환경 및 전략 분야 원천기술을 개발하고, 미·일 위주의 국가 과학기술 협력 채널을 다원화하고, 국내 기업의 애로기술 타개를 위한 기술정보 및 개발 지원이 주요 기능이다.

〔 KIST유럽의 연구 분야 및 과제 〕

연구 분야 폐기물 / 폐수 처리, 리사이클링, 환경 친화 등

연구 과제 병원 폐기물 처리 시스템에 관한 연구 / 폐기물 소각로에 관한 연구 / 마이크로 시스템 생산기술 개발 / 매립지 침출수 처리기술에 관한 연구

KIST유럽의 프라운호퍼 매니지먼트 활용

KIST유럽은 설립 과정에서부터 FhG와 깊은 유대 관계를 가지고 있었다. 전통적인 한-독 양국의 과학기술 협력의 토대 위에 FhG와 KIST는 협력각서(1995. 2)를 교환하여 KIST 현지 연구소의 설립을 지원했다.

프라운호퍼 매니지먼트(이하 FhM) 용역의 장점은 연구개발 프로젝트 개발, 과제관리, 연구소 운영에 있어 전문기관의 도움을 받을 수 있고 최소의 비용으로 각 분야별 전문가 활용도 가능(자체 인력 고용 불가능)하다는 것이었다. 아울러 KIST유럽을 홍보하고 사업의 신뢰도를 높이는 데도 기여할 수 있었다.

KIST유럽은 1996년 2월 16일, '설립 및 운영에 관한 사업관리 계약'을 FhG 산하의 FhM와 체결하여, 연구소 설립 초기의 제반 운영 지원을 받았는데 당시 계약서의 주요 내용은 다음과 같다.

1. KIST유럽은 자체 연구 활동, 인사, 재정에 대하여 책임을 지고 자신의 사업을 운영한다. KIST유럽은 자신의 직원, 후원자, 사업위탁자 및 다른 사업자들에 대해 계약 상대자가 된다. 또한 KIST유럽은 그 사업 운영에 대해 책임진다.

2. KIST유럽은 FhM에게 사업의 준비와 각각의 진행 과정에 대한 별도 허가에 의거하여 다음과 같은 분야에 대하여 합법적인 사업 진행을 위탁한다.
   - 재정 문제, 인사 문제, 부동산 문제와 그 조성, 사업 계약과 허가 및 법률 문제, 운영 계획
3. FhM은 KIST유럽의 명칭과 비용으로 대외 관계를 처리한다. KIST유럽은 서류에 FhM의 지원임을 언급한다.
4. FhM의 역할 범위와 관련하여 의견 차이가 있을 경우, KIST유럽과 FhM은 개별사항에 대해 상호 납득시키도록 한다. FhM은 FhG의 관리 기준에 상응되는 원칙하에서 과업을 수행한다.
5. KIST유럽은 협력할 의무를 진다. 이를 위하여 FhM은 KIST유럽과 합의를 거쳐 구속력 있는 조직 규정을 만들 수 있다.
6. FhM은 일괄보수로서 운영비와 투자비(건축비 제외)를 위한 KIST유럽 지출의 15%+소득세(현재 7%)를 받는다. 1998년 1월 1일부터는 운영비와 투자비(건축비 제외) 지출의 8%로 감소된다. 총 보수는 FhM 활동 분야에 따라 다음과 같이 구성되어 있다.
   - 재정 및 인사 분야(약 50%), 부동산과 그 조성(약 17.5%), 계약, 허가, 법률 문제(약 17.5%), 운영 계획(약 15%)
7. FhM과 KIST유럽은 신중하게 사업을 진행한다. FhM은 KIST유럽이 구상하거나 추구하는 목표 달성에 관여하지 않는다.
8. 본 계약은 1996년 2월 15일부터 서명 후에 발효되고, 우선 1997년 12월 31일까지 진행된다. 1997년 6월 30일까지 해약되지 않으면, 매 1년씩 연장된다.

한스 유르겐 바르네케 FhG 총재

KIST유럽은 설립 시부터 1997년까지는 해당 계약으로 FhG의 중앙 시스템을 통한 모든 행정 지원을 받았으며,

1998년 이후부터는 FhG의 일반적 기준 및 절차를 존중하면서 KIST유럽의 독자적인 행정 체제로 운영됐다.

사실 설립 초기에 현지의 연구소 운영 전문기관을 활용한 FhM의 행정 지원 체제는 KIST유럽의 홍보 및 사업의 신뢰도를 높이는 강력한 효과를 가져왔다. 그러나 모든 자료 및 데이터를 FhM에 의존해야 하고, 양국 간 회계 및 관리제도 차이로 행정 처리가 지연되는 문제점이 있고, 용역비(24만 마르크, 약 1억 5,000만 원)의 부담도 있어, 1998년부터는 년 2회의 회계 및 세무 업무의 적법성 검토와 인사 관련 계약서 및 연구 계약서 작성 등에 관한 법률 자문만 지원받았다.

KIST유럽의 국내 업무 수행 및 협력 지원

KIST유럽이 개소된 후 동 연구소의 운영에 필요한 국내 업무 수행 및 협력 사업의 지원을 위하여 KIST유럽지원센터를 본원에 설치 운영했으며 센터장에는 황경엽 박사가 임명됐다. 당시 KIST유럽지원센터의 주요 기능은 유럽 현지 정보의 국내 공급, 국내 산업계에 대한 수탁 활동 지원, 정부출연 예산 및 연구비 지원, 전문인력 교류 및 협력 사업 지원, 기타 동 연구소 운영 및 사업 수행에 수반되는 사항의 수행에 있었으며, KIST유럽지원센터의 설치 운영과 동시에 기존에 있던 KIST유럽 추진사업단은 그 기능과 업무를 이관하고 폐지됐다. 이후 KIST유럽지원센터장의 보좌 업무를 수행하던 유럽 담당을 폐지하고, 기존 유럽 담당의 관리 및 협력 업무를 대외협력실로 이관했다.

또한 KIST유럽과 본원과의 관계를 정립하기 위하여 KIST유럽 운영지침을 2000년 12월 8일 부로 제정했다. 운영지침의 기본 구도는 과거 KIST 산하의 한국기술진흥주식회사(K-TAC) 관리지침과 유사하다. 운영지침 제정 당시에는 KIST유럽의 총괄 관리 업무를 현지 연구소의 체계적 관리를 위하여 경영기획부서에서 담당했으나, 조직이 안정된 이후부터는 업무의 효율을 기하기 위하여 국제협력부서에서 담당하게 됐다.

3장

KIST 유럽,
보금자리를 키워가다

1. 글로벌 연구소를 향한 전진기지

선진 연구의 터전과 경쟁력 강화

1996년 2월 문을 연 KIST유럽은 초기 독일을 중심으로 과학기술 협력 체제를 구축하며 중소형 소각로, 병원 폐기물 처리 등의 환경 설비기술 개발 과제와 환경 친화적 생산기술 개발을 추진했다. 하지만 당시에는 연구소라는 이름에 걸맞은 연구 공간을 확보하지 못한 채 자를란트 대학 내 창업센터 건물의 일부를 임대해 사용하는 실정이었다. 연구소로서의 위상을 갖추지 못했던 것이다.

연구소 건물 신축의 필요성이 절실했다. 독일 내에서 환경기술 실험을 하려면 배출오염물 처리시설을 반드시 갖추어야 했으며 실험 여건에 따라 정부 허가를 얻어야 하는 까다로움도 있었다. 때문에 임대 건물에서 환경 분야를 연구하는 데에는 어려움이 많았으며, 그 임대도 한시적으로만(통상 3~4년) 가능했다.

연구소 건물 신축의 목적은 분명했다. 독일-EU와의 기술협력을 통한 과학기술 세계화, 정보화를 위한 현지 거점 확보를 위해서 건물 신축은 필수적이었다. 또한 한국 기업의 중간 진입기술 개발 활동의 전진기지로 사용되기 위해서도 반드시 필요한 일이 건물 신축이었다.

건물 신축에 따른 기대효과도 컸다. 종합 환경 연구 공간 확보로 연구 결과의 수율이 향상되고, 국제 환경 정보망 구축으로 국제 경쟁력 강화를 촉진할 수 있었다. 환경 연구 기술 개발에 대한 산·학·연 협동연구 구심점 확보와 함께 기존 환경기술 개발 인력 및 시설 활용도 극대화할 수 있었다.

이런 당위성을 가지고 KIST유럽은 곧바로 연구소 건설 사업에 착수했다. 1997년부터 사업기간 3년의 구체적 목표가 설정됐으며, 1996년 당시 이미 연구소 건설을 목적으로 매입한 자를란트 대학 인접 국유지 10,000m^2에 건평 2,500m^2 규모의 연구소 건설 사업이 시작됐다.

당시 기존 연구소 건립에 많은 경험을 가지고 있던 자를란트 주정부는 추후 부대건물의 건설에 이용될 공간을 감안하여 대지 10,000m^2를 제의했고, 역시나 연구소 설립에 많은 노하우를 가진 프라운호퍼 매니지먼트(이하 FhM)에서는 단일 연구소 최소 단위라고 할 수 있는 정직원 60명의 공간을 역으로 추정하여 건평 2,500m^2를 도출해 건설 계획을 수립하는 데 도움을 주었다.

이후 FhM와의 협력하에 LEG와 건축 감리 계약 체결, 건축설계사무실(KSP, 프랑크푸르트) 선정과 자를란트 주정부와 건설보조금 협상 진행 건(290만 마르크, 약 16억 원)이 차례로 진행됐다. IMF 금융 위기라는 당시 국내 사정을 감안, 중장기 재원 확보의 불확실성과 건설비용 절감 및 효율적 집행을 위하여 사업 진행이 다소 지연되기도 했지만, 내외부 환경의 어려움에도 불구하고 1998년 4월 18일(土), 한국과 독일의 주요 인사가 참석한 가운데 기공식이 진행됐다. 연구소 건물 신축과 관련해 가장 반가운 소식은 건설비 총 1,890만 마르크 중 자를란트 주정부가 건설보조금 290만 마르크를 지원한 부분일 것이다.

역사적인 연구소 준공

우여곡절을 거치며 2000년 4월 7일, 마침내 KIST유럽의 실체라고 할 수 있는 연구소(실험실, 공작실, 소강당 등을 갖춘 750평 규모의 3층 건물)가 준공됐다. 사업기간 총 4년(1997~2000년)에 걸쳐 완성된 연구소는 향후 독일에서의 본격적인 연구개발은 물론 한국 산·학·연의 유럽 진출과 현지 첨단기술을 활용하는 전략 연구개발의 교두보로서의 역할을 충실히 수행했다.

준공식 하루 전날인 4월 6일에는 2건의 세미나(식수 처리기술 세미나, 빌딩 및 열공조 환경 세미나)가 열려서 대한민국 관계자들의 축하와 인적 네트워크가 보다 풍성해지는 계기가 됐다. 준공식 날 아침에는 공식 행사가 있기 전 자문회의가 개최됐다. 의장인 KIST 박호군 원장의 환영사 다음으로, KIST유럽 경영보고(이춘식 소장), 건설보고(슐테(Schulte-Middelich) 박사), 연구 프로젝트 진행 현황보고(귀도 팔크(Guido Falk) 박사), 기타 현안 토의로 이어진 회의는 과거 회의 공간의 부재로 주정부 회의실, 인근 호텔 세미나 룸을 빌려 진행하던 것을 처음으로 신축 건물 회의실에서 개최해 그 의미가 더욱 깊었다.

한편 준공식에는 연방건설교통부 장관인 크림트 장관을 비롯하여 쉬레겔 프리드리히 자를란트 주 정부대표, 바르네케 프라운호퍼 연구협회 총재, 브렌너 독일 연방 교육 과학성 대표, 귄터 휀 자를란트 대학 총장을 비롯한 독일의 각계 지명인사들과 이기주 주독 한국대사, 한정길 과학기술부 차관, 채영복 기초기술이사회 이사장, KIST 박호군 원장을 비롯한 한국 측 정부와 산업계 인사를 비롯한 많은 사람들이 참여하여 KIST유럽의 건설 사업을 치하했다. 또한 연구소 건립이 한국의 재도약과 한국과 독일의 경제 및 과학기술 협력의 새로운 전환점이 될 것이라며 각오를 다졌다.

특별히 마련된 행사로는 장승 제막식, 현판식, 건물 입장식, 준공 기념판 제막식, 준공 기념 소헌 정도준 서예전 개막식 등이 마련되어, 한국의 고유한 행사로 사람들의 흥미와 KIST유럽에 대한 관심을 끌었다. 특히, 이날 행사의 귀빈으로 초대된 독일 연방 건설교통부 크림트 장관은 장승 제막식에 앞서 연구소 건물의 준공을 치하 격려하며, 건물 앞에 장승을 세워 그 이름을 과학대장군과 환경여장군이라고 붙인 것처럼 KIST유럽을 통하여 한국인의 정신이 과학의 발전에 기여하고 환경을 위하여 연구하는 모습으로 독일과 세계에 널리 전파되기를 기원한다는 덕담을 전했다.

행사 후에는 식사를 함께 하며 한독 상호 간의 우의를 돈독하게 했으며, KIST유럽 자문회의를 대표하여 강신호 산기협 회장, 한국 측 세미나 참석자를 대표하여 김효경 교수의 축배사가 있었다. 연이어 건물 순례를 통하여 참석자들은 새로 지어진 건물을 구석구석 돌아보며 저비용으로 아주 훌륭하게 지어진 건물이라고 찬사를 보냈다.

KIST유럽의 신축 건물은 기존의 연구소 형식은 아니었다. 음양, 강약과 명암, 동양과 서양은 KIST유럽을 드러내는 건축 메타포라고 할 수 있다. 이 원리는 건물 어느 곳에서나 발견되며 가장 실감나는 공간이 바로 계단이다. 중앙 사무실 영역 동쪽 입면에 있는 개방된 일자형 계단은 전체 시설의 회전축이 되는 중심 시설로서 모든 3개 층과 개별적인 각각의 기능들을 연계한다. 계단을 반쯤 올라간 곳이 가장 이상적인 지점인데, 그곳에서 사람들은 위로는 벽의 황금빛과 바닥의 검은 색이 서로 맞물려 있는 사무실의 개방된 복도를 볼 수 있고, 밖으로는 유리와 금속 너머 반원형으로 굽은 늙은 소나무와 2개의 지킴이

나무 '장승'을 보며 음과 양, 동양과 서양의 조화를 생각하게 된다. 신축 건물 전면에 세워진 높이 4미터의 거대한 2개의 장승에는 한글로 과학대장군, 환경여장군이라고 쓰여 있어, 환경과 첨단기술 연구소로서 환경을 보호하고 과학을 발전시키려는 KIST유럽의 의지가 조형적으로 상징화되어 한국의 가치를 드높이고 있다.

KIST유럽 연구동 준공식

특히 눈에 뜨이는 것은 기능성과 실용성을 바탕으로 건물의 주 기능인 사무실, 실험실 등이 평면에서부터 색다른 조형을 가지는 입면으로 명쾌하게 분리되어 있으며 독일 건물에서는 좀처럼 보기 힘든 전-중-후정을 가지는 외부공간과 맞물려 어우러져 있다. 흰색과 검은색을 바탕으로, 특히 내부에서 찾아볼 수 있는 대담한 한국 전통색채(5방) 구성과 곳곳에서 엿볼 수 있는 연못, 격자 창호 등 한국적인 조형 요소들을 통하여 독일 건물의 논리성에 깃든 한국의 정서를 엿볼 수 있다.

아울러 1996년부터 추진되어온 KIST유럽 운영 사업이 준공식이 있었던 2000년 예산부터는 과기부에서 KIST(기관 고유 사업)로 이관됨에 따라 KIST 차원에서 연구소의 운영을 보다 전략적인 차원에서 활성화시켜나갈 계획을 세우게 됐다.

과학대장군, 환경여장군 장승

KIST유럽 건설 사업 추진 체계

과학기술부 (MOST)

한국과학기술연구원 (KIST)

사업추진자 (KIST유럽) - 사업 책임 이춘식 소장

프로젝트 매니지먼트(KIST유럽) - 변재선

프로젝트 운영 (사업)	프로젝트 운영 (건설)	
프로젝트 추진	계획 업무	시공 업무
사업체 대변인 : KIST유럽	건축가 : KSP Frankfurt	시공 담당 전문가 각 분야 감리사
이춘식 소장, 김승남	Jürgen Engel Werner Dindorf	
연구실 자문 : KIST유럽	구조 전문가 : WPW Ingenieure	시공 담당 회사 (분야 1)
신구철 박사	Werner Backes	
사업 계획 및 추진자 : FhM	설비 및 실험실 전문가 : Zibell. Willner & Partner	시공 담당 회사 (분야 2)
Dr. Schulte-Middelich	Wilfried Willner	
협 조 BPS (슈토셀 건축사무소)	조경가 : Büro Hegelmann und Dutt	시공 담당 회사 (분야 3)
Hr. Nieβen	Hanno Dutt	
협 조 LEG (자를란트지역개발회사)	토지감정사 : WPW Geoconsult GmbH	자재공급 및 운반회사
Joachim Conrad		
	측량사 : Vermessungsbüro Engler	
	Engler	
	건축물리 전문가 : Rekowski und Partner	
	Rekowski	
	기타 전문가	
	구조 검사관 R. Müller	

2. KIST 유럽 10년의 발자취

KIST유럽 개소 10주년 기념사

안녕하십니까? KIST 원장 금동화입니다.

우선 바쁘신 중에도 이렇게 KIST유럽 개소 10주년 행사의 뜻 깊은 자리에 참석하시기 위하여 먼 곳까지 와주신 김우식 과기부 총리님, 배순훈 전 장관님, 이수혁 주독 대사님, KOSEF 권오갑 이사장님, 백홍렬 항우연 원장님, 그리고 자를란트 주지사님을 대신하여 참석해주신 게오르기 자를란트 주정부 장관님, 이춘식 KIST유럽 초대소장님을 비롯한 많은 내외 귀빈들께 KIST 원장으로서 감사의 인사를 드립니다.

존경하는 김우식 부총리님, 그리고 내외 귀빈 여러분.

저는 오늘 김우식 부총리님을 비롯한 여러 내외 귀빈 여러분들과 함께 KIST 유럽의 개소 10주년을 축하할 수 있게 된 것을 진심으로 기쁘게 생각합니다. KIST유럽은 1996년 2월에 "현지 연구를 통한 원천기술의 조기 확보" 및 "EU 및 동구권과의 기술 교류 및 공동연구를 통한 과학기술 국제화 촉진"이라는 취지로 개소식을 한 이후 올해로 개소 10주년을 맞이했습니다. 과학기술 국제 협력의 중요성이 점점 더 부각되고 있는 지금 KIST유럽의 개소 10주년은 남다른 의미를 가지고 있다고 할 수 있겠습니다.

10년 전 과학기술의 국제 교류라는 말 자체가 생소하던 시기부터 KIST유럽은 자체 연구 능력을 갖춘 대한민국 최초, 유일의 출연연구소로서 그 위상을 다져오고 있습니다. 예를 들어 설립 원년 3억의 연구계약고로 시작한 KIST 유럽은 2005년도 약 20억의 계약고를 달성했고, 올해는 25억을 목표로 매진하고 있습니다. 그리고 설립 원년에 단 3명의 직원으로 시작한 인력은 이제 7개 국적 42명의 직원으로 성장하게 됐습니다.

또한 정부기관, 지자체, 출연연구기관, 기업, 대학 등에서 연간 100여 명의 중요 인사들이 KIST유럽을 방문 또는 연수교육을 받음으로써, 선진 과학기술 벤치마킹을 위한 교두보 역할을 공고히 하고 있습니다.

그리고 얼마 전에는 EU의 대표적인 연구 사업인 FP에 KIST유럽의 연구 과제가 연간 15만 유로 규모로 선정되어 현지 연구기관으로서의 역할에 부합하는 실적을 올리게 됐다는 반가운 소식을 들었습니다.

또한 그 동안 여러 차례의 국제 심포지엄 및 세미나 등을 통하여 다져온 국제 협력 네트워크를 기반으로 7과제에 약 100만 유로 규모의 연구 과제를 신청 또는 기획 중에 있어 조만간 그 성과가 가시화될 것으로 생각합니다.

존경하는 김우식 부총리님, 그리고 내외 귀빈 여러분.

흔히들 10년이면 강산도 변한다 했습니다. 그동안 KIST유럽에도 많은 어려움이 있었습니다. IMF 금융 위기 때는 연구소 설립 자체가 어려움에 처하기도 했습니다. 그리고 2002년과 2003년에는 유로화의 급등으로 연구소 운영이 환차손 등으로 어려움에 직면하기도 했습니다. 그러나 이 모든 역경들을 한국 및 독일의 여러 관계자분들의 도움으로 헤쳐 나갈 수 있었습니다.

이제, 한국과 독일을 비롯한 EU 국가들과의 협력을 위하여 10년 전 뿌려두었던 작은 씨앗, KIST유럽이 또 다른 10년의 도약을 준비하고 있습니다. 저는 KIST유럽이 또 다른 10년 후에는 자타가 공인하는 EU COE로 발전해 있을 것이라는 것을 의심치 않습니다.

마지막으로 이 자리를 빌려 KIST유럽 초대소장을 지내신 이춘식 소장님을 비롯하여 세 분의 전임 소장님들에게 깊이 감사드리며, 김창호 현KIST유럽 소장님 이하 직원 여러분들에게는 축하의 말을 전합니다.

KIST유럽의 앞날에 발전이 있으시기를 기원합니다. 감사합니다.

2006년 4월 27일 금동화

"이공계 연구의 유럽 거점으로 키워야 한다"

대한한국에서 흔히 사용하는 수사학적(修辭學的) 표현으로 "10년이면 강산도 변한다"는 옛말이 있다. 이 말의 유래는 고구려를 세운 주몽에게서 나왔다고 한다. 주몽이 고구려를 건국하고 10년 만에 부여로 돌아와 어린 시절 자신이 자주 올랐던 산을 보니 황량했던 산자락에 어느새 풀과 나무가 무성하게 변한 것을 보고 이런 말을 했다는 것이다.

인간이 십진법을 가장 보편적인 기수법으로 사용하면서 처음으로 오는 10주년에 대한 의미는 훨씬 더 각별해졌다. 그래서인지 10년이 들어간 속담이 또 있다. "10년 세도(勢道) 없고 열흘 붉은 꽃 없다", "10년 공부 도로아미타불"이 바로 그것이나. 영어에는 아예 10년을 지칭하는 라틴 기원의 '데케이드(decade)'라는 단어가 있다. 10년이란 세월, 시간이 지나면 너무나 많은 것들이 변하고 사라진다. 더구나 하루가 멀다 하고 급변하는 현대사회에서 10년간 존재하고 살아남았다는 것 자체가 큰 의미일 수 있다. 대한민국에서 비행기로

12시간 이상을 날아가야 도착할 수 있는 곳인 독일 자르브뤼켄에 1996년 첫 발을 내디딘 KIST유럽의 10년은 그래서 의미가 남다를 수밖에 없다.

2006년 4월 27일, 독일 자를란트 주 자르브뤼켄 시에 위치한 KIST유럽에서 김우식 부총리 겸 과학기술부 장관, 금동화 KIST 원장, 배순훈 전 정보통신부 장관, 권오갑 한국과학재단 이사장, 백홍열 한국항공우주연구원 원장, 이수혁 주독 대사, 게오르기(Hanspeter Georgi) 자를란트 경제성 장관, 바르네케 FhG 전 총재를 비롯한 현지 산·학·연 관계자 및 KIST유럽 직원 등 80여 명이 참석한 가운데 KIST유럽 개소 10주년 기념식(소장 김창호)이 열렸다. 또한 이날에는 한-독 양국의 석학들이 '환경 분야', '로봇 분야', '뇌과학 분야'에 대한 서로의 연구정보를 교류하는 국제 심포지엄을 비롯하여, KIST유럽과 자를란트 대학과의 학생연구원 교류 협력 협정과 KIST 신경과학센터와 율리히 연구센터(Forschungszentrum Juelich) 간의 뇌과학 분야 연구협력 협정 체결식이 부속 행사로 개최됐다.

KIST유럽이 설립 10년 만에 빛을 보기 시작했다고 보아도 좋다. 왜냐하면 1996년 개소식을 했지만 연구소 건물이 완공된 것이 2000년, 그리고 연구를 위한 장비가 설치된 것이 2002~2003년이었기 때문이다. 따라서 1996년 당시 한국과 독일 양국의 공동협약에 의해서 세워진 것은 맞으나 그동안 정부의 지원이나 관심이 적기도 했고, 빈약한 환경에서 현상 유지에 급급했던 것도 사실이다. 그러나 10년의 시간이 흘러 연구 성과가 잇따라 나오고, EU의 비중이 갈수록 높아짐에 따라 KIST유럽의 존재 가치가 빛을 보기 시작한 것이다.

당시 이곳을 방문한 김우식 부총리 겸 과기부 장관은 "KIST유럽을 이공계 연구의 유럽 거점으로 키워야 한다"는 의견을 밝혔다. 2006년 4월 26일(수)

부터 7박 9일 일정으로 '한-독 과학기술협력 증진', '한-스웨덴 과학기술협력 증진' 건으로 독일과 스웨덴을 방문한 김우식 과학기술부총리는 독일 방문 첫날 일정으로 KIST유럽 개소 10주년 기념식에 참석했고, 현재의 KIST유럽의 중요성과 향후 KIST유럽의 방향성에 대해서 다음과 같이 언급했다.

"KIST유럽의 국내 기관 및 EU 기관과의 네트워크 및 클러스터가 대단히 중요하다."

(주독 대사 만찬 : 4월 26일)

"최근 증대되고 있는 한국과 EU 간 과학기술 협력에 있어서 KIST유럽의 역할이 중요하며, KIST유럽이 가지고 있는 비교우위 분야를 바탕으로 '연구개발의 특성화'를 추진하여 KIST유럽만의 특성화된 세계적인 기술을 확보해 나가기를 당부한다."

(10주년 기념사 中 : 4월 27일)

"KIST유럽을 독일뿐만 아니라 유럽의 거점 연구소로 육성할 계획을 가지고 있음을 분명히 밝히며, 자르브뤼켄 시에서도 각별한 관심과 지원을 당부 드린다."

(자르브뤼켄 시장 초청 오찬 : 4월 27일)

"개소 10주년을 맞이한 KIST유럽은 아직 가시적인 성과는 내지 못하고 있지만, 바이오칩, MEMS 등 몇몇 분야에서는 가능성이 있다고 보고 있으며, 향후 KIST유럽이 한-독 및 한-EU 간 거점 연구소로 발전할 수 있도록 BMBF에서도 많은 지원과 관심을 가져줄 것을 부탁드린다."

(BMBF 방문 시 : 4월 28일)

"개소 10주년을 맞이한 KIST유럽이 유럽 지역에서 한국의 거점 연구소로 발전할 수 있도록 적극적인 관심과 지원을 과학관들에게 당부드린다."

(구주 지역 과학관 회의 : 4월 29일)

당시 김창호 KIST유럽 소장이 "한 해 수십 명에 불과하던 대한민국 관계자들의 방문이 10년을 맞는 시점을 지나면서 300명을 넘어섰다"고 말한 것은 단순히 양적인 증가를 이야기하는 것이 아니라 대학과 연구소들이 어떻게 유럽에 진출할 수 있는지를 탐색하기 위해 반드시 거쳐야 하는 자문의 역할을 KIST유럽이 본격적으로 해내기 시작했다는 의미이다.

2006년 이후 추진력을 얻은 연구소는 이후 한국과 자를란트 주정부의 지원을 받아 582평 규모의 제2연구동 건설에 착수했다. 또한 대외적 신뢰도와 양적, 질적 팽창을 가지게 된 독일에 설립된 독립 연구소의 기능이 순항하면서 EU에서 발주하는 연구 과제에 대해서 활발한 진입이 가능해졌다. 대학이나 건물의 한 공간을 빌려 간판만 걸고 호지부지하다가 철수하거나 유명무실해지는 공간이 아니라는 사실을 본격적인 연

KIST유럽 10주년 기념식

구동의 건설과 10년의 세월로 인정받은 것이다. 연구동 앞 잔디밭에 세워진 '과학대장군'과 '환경여장군'은 그런 KIST유럽의 의지를 대변하듯 현재도 의연하게 자리를 지키고 있다.

3. 제2연구동을 마련하다

잔여부지와 증축의 필요성

제2연구동의 건설은 자를란트 대학 내 부지 3,025평 중 KIST유럽 건물을 준공하고 남은 잔여부지 1,133평 중 283평(잔여부지의 약 25%)의 처분(안)에서 출발했다. 1996년 KIST유럽 설립 당시 자를란트 주정부와 연구소 부지 매매 계약에는, 공증일로부터 7년간 즉 2005년 9월 14일까지 잔여부지에 건축을 하지 않을 경우 매입 가격에 반환한다는 조건이 있었다. 2005년 4월 29일 개최한 KIST유럽 자문회의에서 자문위원으로 참석한 자를란트 주정부 경제성 게오르기 장관이 3년 연장에 동의하여 제반 절차를 진행했다. 그러던 중 FhG에서 자를란트 주정부에 KIST유럽에 인접해 있는 FhG 산하 비파괴시험 연구소가 확장을 위하여 KIST유럽 잔여부지의 일부 사용을 요청하면서, 자를란트 주정부에서는 KIST유럽 잔여부지 중 25%에 대해 반환을 요청했다. 당시 부지의 활용 현황은 다음과 같았다.

1997년 KIST유럽 건물 신축 당시 처음에는 부지 3,025평 규모에 맞추어

연구소 부지 활용 현황

구 분		총 면적	사용면적	잔여면적
면적		10,000m^2 (3,025평)	6,254m^2 (1,892평)	3,746m^2 (1,133평)
구입가	마르크	300,000	187,620	112,380
	유로	153,387	95,928	57,459
	원 (천원)	196,795	123,075	73,720

※ 연구소 좌측에 위치한 잔여부지는 대부분 산림이며, 도로에 접한 일부 부지는 임시주차장으로 사용하고 있음

건설 사업비 430억 원을 요구했다. 그러나 예산 편성 과정에서 부지 1,892평, 연면적 756평의 건설 사업비 102억 원으로 조정되어 잔여부지가 발생하게 됐다. 그 후 2004~2005년이 되어 한국 내 EU 여러 국가들과의 연구협력 활동이 활발해짐에 따라 KIST유럽 내 건물 증축의 필요성이 대두되게 된다.

2005년 5월 17일, KIST유럽에서 자문회의 의결사항에 근거하여 건물 신축기간 연장 요청 문서를 자를란트 주정부 재정성 및 경제성에 제출했고, 이 연장 요청문서가 접수된 후 FhG에서 산하 비파괴시험연구소 확장을 위한 부지 사용을 자를란트 주정부 재정성에 요청한 것이다. 이에 2005년 9월 7일 자를란트 주정부에서는 KIST유럽의 잔여부지 중 25%의 부지 반환을 주정부 경제성 장관 명의의 서한을 통해 요청함과 동시에 KIST유럽의 잔여부지 활용 계획(제2건물 신축 계획(안))을 2005년 12월까지 요구했다.

이후 주정부, FhG, KIST유럽 간 수차례 협상이 이어졌고, 주정부 및 연구기관들과의 우호적인 협력 관계를 유지하기 위하여 잔여부지 중 25%가

아닌 19% 726m²를 자를란트 주정부에 반환하기로 했다. 그리고 잔여부지 3,020m²은 제2연구동 건설 사업을 추진하여 국내 기관의 유럽 진출 및 한-독 과학기술 협력 창구로 공동활용할 계획을 세웠다. 부지 매각 대금은 11,136.84유로(약 1,500만 원)였다(공증 2007년 12월 28일). FhG 산하 비파괴시험연구소와는 공동진입로를 건설하고 도로 중간을 경계선으로 결정하여 잔여부지의 효율적 활용을 도모했으며, 토지반납의 조건으로 인근 대학교 신설 주차장의 20개 주차공간을 할애받을 수 있었다.

산·학·연을 위한 과학기술 현지 거점

2008년 5월 7일, 제2연구동 기공식이 개최됐다. 기공식에는 ASEM 과기장관회의 참석차 독일을 방문 중이었던 교육과학기술부 박종구 차관을 비롯해 금동화 KIST 원장, 이재도 화학연구원 원장, 김창호 KIST유럽 소장과 요아힘 리펠(Joachim Rippel) 자를란트 주 경제성 장관, 폴커 린네베버(Volker Linneweber) 자를란트 대학교 총장 등 100여 명이 참석했다.

제2연구동은 한국 정부 67억 2,000만 원과 자를란트 주정부를 통한 유럽연합지역개발지원금 65만 유로를 지원받아 건설됐으며, 연면적 3,020m²(1차 부지 6,300m²의 약 48%), 연면적 2,069m²(1차 건물 5,275m²의 약 39%) 규모로 사무실동과 실험실동 2개 동을 건설했다.

제2연구동 건설 추진 일정은 다음과 같았다.

- 2008. 2. 기본 건설 계획 완성
- 2008. 3. 28. 자를란트 주정부 보조금 신청
- 2008. 3. 31 인허가 계획 제출
- 2008. 5. 27 기공식 (EU 보조금 승인 이전이라 상징적 행사로 시행)
- 2008. 6. 27 건축 인허가 완료
- 2008. 7. 건설 시공사 공시(9. 16. 4개 시공사 제안서 접수)
- 2008. 11. 7. Arge Schneider Fertigbau GmbH 시공 위탁(조경 제외)
- 2008. 11~12. 벌목 및 대지 정비
- 2009. 2. 골조 공사 착수(강추위로 당초 계획 1개월 지연)
- 2009. 3. 30. 자를란트 주정부를 통한 EU 건설보조금 승인 통보
  (건설비 기준 예산 15%, 652,412.03유로)
- 2009. 9. 조경 공사 추진
- 2010. 4. 준공식
- 2010. 8. 사무실 입주
- 2011~2013 건물 하자보수 및 추가 실험실 구축 공사

2010년 4월 30일 제2연구동 준공식이 열렸다. 준공식에는 크리스토프 하트만(Christoph Hartmann) 자를란트 주 경제성 장관, 알렉산더 바우마이스터(Alexander Baumeister) 자를란트 대학 부총장, 문태영 주독 한국대사, 송기동 교육과학기술부 국제협력국장, 한홍택 KIST 원장, 김광호 KIST유럽 소장, 바르네케 전 FhG 총재, 이춘식 전 KIST

제2연구동 기공식

제2연구동 건설 추진 일정

구 분	추진 일정										
	2007년		2008년				2009년				2010년 이후
	상반기	하반기	1분기	2분기	3분기	4분기	1분기	2분기	3분기	4분기	
1. 설계 및 인허가	■	■									
1-1 내·외부 수요 조사, 마케팅, 부지확정	■										
1-2 프로젝트 관리자, 설계사무소 계약	■										
1-3 기본설계		■	■								
1-4 본 설계, 인허가				■	■						
1-5 허가 신청, 승인			■	■							
2. 시공			■	■	■	■	■	■	■	■	■
2-1 대지정비					■	■					
2-2 골조공사							■	■	■		
2-3 지붕, 입면, 바닥 등								■	■	■	
2-4 시설, 설비									■	■	■
2-5 조경										■	■
3. 건물준공 (2010.04) 하자보수 및 실험실 구축											■

유럽 초대소장 등 국내외 인사들 100여 명이 참석한 가운데 성대하게 개최됐다. 이에 앞서 29일에는 에너지·환경 및 나노·바이오 분야를 주제로 KEST-CAP 포럼을 성황리에 개최하기도 했다.

제2연구동은 개소 이후 연세대, 고려대, 포항공대 등이 온 사이트 랩을 설치했으며, 한-EU 건설기술 분야 연구협력 네트워크 구축(2013. 7~2015. 6), 에너지시설 분야 미래기술 동향 조사연구(2013. 11~2014. 5) 등으로 건기연(建技硏)이 유럽사무소 개설 및 공동연구를 수행했고, 혼합독성 평가 공동연구 수행과 관련하여 롯데정밀화학 기술센터가 입주했다. 또한 2015년 3월 3일에는 KIST유럽-자를란트 대 전기화학 분야 공동 랩이 오픈했고, 2015년 3월 23일에 ATCA Global Hub-Lab의 개소식이 열리는 등 본격적인 현지 거점 연구기관으로서 역할과 공간을 제공하고 있다.

제2연구동 사진

KIST Europe

Section 2

뿌리 깊은 연구소를 향하여

KIST KIST Europe

1장

20년 연구소, 7명의 소장

1. 연구소장의 임기 보장

KIST유럽의 발전을 위한 제1의 조건

좋은 경영이 없으면 조직은 혼돈에 빠져 위험에 처하게 된다. 반대로 좋은 경영이 있으면 조직이 안정되고 구성원들은 일할 동기와 자신감을 얻게 된다. 또한 상품의 품질과 수익성도 좋아진다. 즉, 리더십이 좋은 방향으로 작동하면 조직을 긍정적으로 변화시킨다는 말이다.

세계는 점점 더 경쟁적이고 치열한 공간으로 변해가고 있다. 이런 세계에서 조직을 유지하는 것은 물론 갈등을 잠재워 화합과 소통을 이루는 것, 그리고 각 구성원들에게 능력에 따라 적절한 역할이 주어지도록 하는 것은 조직의 수장이 해야 할 고유의 임무다. 그런데 이런 중요한 역할을 하는 수장이 자주 교체된다면 어떻게 될까? KIST유럽의 초대소장을 지냈으며, 현재 고문으로 있는 이춘식 박사는 이렇게 말한다.

"KIST유럽의 발전을 위한 중요한 문제 중 하나가 소장의 임기를 5년으로 보장하고, 별다른 사유가 없다면 연임시키며 책임과 권한을 일임하는 일이다. 다만 소장의 선발은 독일식으로 철저하게 검증하도록 한다. 이것은 연구원 및 현지인들에게 연구소에 대한 신뢰를 보여주는 근본이다."

이춘식 박사가 말하는 핵심은 분명하다. 국내 연구소와 달리 KIST유럽의 경우 적응에만 적어도 2년 이상이 소요되기 때문에 최소 5년 임기제가 바람직하다는 의견이다. 그리고 이렇게 긴 시간을 소장으로 있어야 하기 때문에 애초에 선발 자체를 철저하게 하자는 것이다. 독일의 연구소들은 관행상 연구소장의 임기를 사실상 은퇴 시까지 영년직으로 운영하고 있다. 잦은 기관장 교체가 연구소 운영방향에 혼란을 줄 우려가 높다는 이유 때문이다.

이춘식 박사는 또한 KIST유럽 소장의 전제조건으로 외국어(독일어 또는 최소한 영어 의사소통)는 기본이고, 중점 연구 분야에서 현지 대학교수로 인정될 수 있는 정도의 전문지식이 있어야 한다고 말한다. 또한 연구소를 경영하는 자리인 만큼 연구소 관리 경험 및 능력이 있어야 하는 것이 당연하지만, 만약 그 조건이 힘들다면 최소한 연구 관리자로서의 자질이 검증되어야 한다고 말한다. 여기에 현지에서 구축한 기존 네트워크 및 경험을 선임자에게서 무리 없이 인수인계받아 지속적인 협력이 가능한 인물이라면 더할 나위 없이 좋은 자격을 갖추었다고 할 수 있다고 보았다.

이 문제에 대해서는 KIST유럽 설립부터 자문위원으로 활동한 배순훈 박사 역시 비슷한 의견을 가지고 있었는데, 그는 과기부 장관에게 비공식적으로 이러한 의견을 전달하기도 했다. 배순훈 박사는 능력 있는 연구소장이 파견되어야 하며, 그 기준은 대략 다음과 같다고 했다.

첫째, 독일어(혹은 영어)로 연구소 내의 독일 연구원 또는 독일, 유럽의 여러 연구소 소장 및 관리와 자유롭게 대화할 수 있는 사람.

둘째, KIST유럽에 현재 있거나 앞으로 올 박사과정 인력의 지도교수가 될 자격이 있거나 논문을 지도할 수 있는 사람.

셋째, 한국의 주요기관(과기부, 환경부, 보건복지부 또는 여러 연구소)과 밀접한 연결 관계를 갖고 있거나 앞으로 이러한 연결 관계를 만들 수 있는 사람.

대한민국 유일의 현지 연구소인 만큼 소장의 중요성이 큰 것이 사실이다. 이와 관련해 'KIST 해외 거점 모형 및 발전방안 연구'(장용석, 2012. 12)에서 지적한 문제점은 다음과 같다.

관리(Management) 혼선

연구소장의 짧은 임기와 잦은 교체는 KIST유럽의 핵심역량 구축, 임계 규모 형성 노력, 현지화, 지속성 확보에 심각한 영향을 미쳤으며, 현지 네트워크의 단절, 리더십 부족 등을 야기함

지속가능 운영 체계의 수립

〔 연속성 확보를 위한 인사 운영 〕

- 해외 거점은 연속성이 확보될 때 그 본래의 기능을 제대로 수행할 수 있음
- 이를 위해 소장 및 파견인력의 장기체류가 보장되어야 할 것임
- 이러한 맥락에서 소장 및 파견인력의 임기를 5년으로 하고 연임이 가능하도록 해야 함
- 또한 차기 소장을 부소장으로 1년 이상 근무케 하여 KIST유럽의 운영 노하우와 구축된 네트워크의 인수인계를 철저히 하는 장치를 마련함
- 그러나 5년 임기는 감독 기관장의 3년 임기와 충돌하고, 부소장으로 1년 이상 겹치게 인사 발령을 낸다는 것은 쉽지 않은 사안임
- 그럼에도 불구하고 해외 거점의 효과적 운영을 위해서는 꼭 필요한 요건이기 때문에 모든 가능한 방법을 강구하여야 할 것임

〔 현지 사정에 정통한 소장 및 파견인력 양성 〕

- KIST유럽의 소장 및 파견인력은 현지 사정에 어느 정도 정통한 인사를 선발하는 것을 필요로 함
- 정통하지 않은 인사의 경우 초기 정착비용이 큼

- 따라서 선발요건에 명시하여 초기 비용을 줄이고 문화적 차이에 기인한 혼선 및 실수를 최소화하여야 할 것임
- 보다 장기적으로는 이러한 후계인력에 대한 교육, 훈련 및 경력관리 노력을 경주하여야 할 것임

〔 **KIST유럽 소장** 〕

- KIST유럽의 소장은 KIST를 포함하여 출연연 및 대학 소속 연구자 및 교수를 대상으로 운영이사회에서 선발 임명함
- 지속성 확보를 위해 연구소장의 임기는 5년으로 하고 연임 가능
- 후임 소장은 취임 최소 1년 전 부소장으로 임명하여 업무의 연속성 확보 및 네트워크의 인수인계를 충실히 함

선진국 연구소들의 예

KIST유럽이 있는 독일, 그리고 KIST유럽이 자리 잡은 자를란트 대학 내의 연구소들은 소장 임기, 권한 등과 관련하여 어떤 시스템으로 움직이고 있을까? 독일의 공공연구소는 탁월한 과학자를 소장으로 임용하여, 법과 사전에 합의된 규정의 틀 안에서 소장의 자율과 책임하에 모든 연구와 기관 운영이 이루어지도록 하고 있다. 또한 소장의 임기는 보통 5~6년이지만 통상적으로 연임이 가능하여 실제적으로는 취임 후 15~25년간 연구소를 자율 운영하는 경우가 대부분이다. 소장은 사실상 본인의 영역 범위에서 연구 계획 및 운영에 관한 결정권을 지니고 있으며 동시에 연구 성과와 평가 결과 및 기관 운영 전

반에 대한 책임을 감당하고 있다.

참고로 독일 4대 연구협회 중 헬름홀츠 연구협회(Helmholtz Gemeinschaft Deutscher Forschungszentren, HGF)와 막스플랑크 연구협회(Max Planck Gesellschaft, 이하 'MPG')의 운영지침을 비교해보면 소장 관련 부분이 중요하게 언급되고 있음을 알 수 있다.

린네베버 현 자를란트 대학 총장

결국 독일 대표 연구소의 '연구조직 책임자의 장기보직(약 20년) 추세'와 '연구 자율성 인정'은 KIST유럽이 좋은 연구소로 가는 방향과 동일선상에서 해결해야 할 문제라고 볼 수 있다.

한스페터 게오르기 자문위원

뮌헨 대학교 교수였으며 전 칼스루헤 연구센터(Forschungszentrum Karlsruhe, FZK) 핵폐기물연구소 소장을 지낸 김재일 교수, KIST유럽 설립 시 자를란트(Saarland) 주지사였으며, 독일 사민당의 중진이자 슈뢰더 총리 시절 연방재무장관을 역임한 오스카 라퐁텐(Oskar Lafontaine), 자를란트 주 경제성 장관을 지내고 자문위원으로 많은 도움을 준 한스페터 게오르기(Hanspeter Georgi), 린네베버(Linneweber) 현 자를란트 대학 총장, 마우러(Maurer) 전 자르베르그 사장, 크라예프스키(Krajewski) 전 자를란트 주 부지사 겸 재무

마우러 전 자르베르그 사장

헬름홀츠 연구협회와 막스플랑크 연구협회의 기본 특성 비교

	헬름홀츠 연구협회(HGF)	막스플랑크 연구협회(MPG)
임무	국가 임무 지향적 연구(Big Science)	기초과학 분야의 자유롭고 독립된 연구 수행을 통한 과학(Science)의 진흥
설립철학	에너지, 환경, 보건, 교통 등 인류사회의 주요 문제들을 해결하기 위한 과학기술	지식은 응용을 앞서야 한다
연구특성	응용을 전제로 한 목적기초연구 위주 (예외 : 고에너지물리학)	순수 기초과학 분야 연구에서 세계적 수월성 추구
경쟁력 원천	대형 장비, 네트워크, 국가적 어젠더	책임 / 자율(Autonomy), 탁월한 연구자의 호기심(Curiosity), 창의성(Creativity)
법인	연구협회 본부 : 협회 산하 연구센터 : 공공유한회사	연구협회 : 협회(Verein) 산하 연구소 : 법인격이 없음
정부 재정지원	연방정부 90%, 주정부 10% (총예산 80% 이상 기본사업비)	연방정부, 주정부 각기 50% (총예산 80% 이상 기본사업비)
소장	공개모집 (많은 경우 대학과 공동임용)	학술위원회 추천을 통해 임용
연구	대형 인프라를 기반으로 하는 연구	일반연구대학의 운용 능력을 초과하는 중간 규모 실험실 인프라를 필요로 하는 연구
행정	각 센터에서 주요 의사결정 실행 (POF 제도 도입 후 변화)	중앙집중형 행정 체제 주요 결정사항 본부 승인 필요
개혁방식	전략적 연구 프로그램의 기획, 평가 피드백 과정을 통해 산하 연구센터의 자율개혁 유도	새로운 연구 영역을 위한 신규 연구소 설립 및 폐쇄를 통한 개혁 추진
공통점	• 학문후속세대 양성 및 대학과의 교류 역점 • 전문인력 공급 및 인적 유동성 중시, 연구직의 영년 계약 비율 제한적 • 원장급 및 소장급 연구조직 책임자의 장기보직(약 25년) 추세 • 연구 자율성 인정	

장관, 샤롯테 브릿츠(Charlotte Britz) 현 자르브뤼켄 시장, 크람프 카렌바우어(Kramp-Karrenbauer) 현 자를란트 주지사 등 연구소와 인연을 맺고 있는 독일인들뿐만 아니라, KIST 전임 원장들, KIST유럽의 역대소장들, 전 과학기술부 총리, 전 과학기술부 장관, 차관, 국장 등 모두가 20주년을 맞은 시점의 인터뷰에서 소장 임기에 대한 수정을 언급했다. 과거 KIST 본원 원장의 임기와의 형평성 때문에 제도적 기반을 갖추기 힘들었으나 이제는 3년이라는 공통 임기를 모든 사람들이 바꿀 때라고 입을 모았다.

2. 성공적인 연구소장의 조건

역대 소장들의 발자취

제1대 이춘식 소장(1996년 5월 15일~2001년 7월 31일)

제2대 권오관 소장(2001년 8월 1일~2003년 2월 28일)

제3대 이준근 소장(2003년 3월 1일~2005년 12월 31일)

제4대 김창호 소장(2006년 1월 1일~ 2009년 8월 31일)

제5대 김광호 소장(2009년 9월 1일~ 2012년 8월 31일)

제6대 이호성 소장(2012년 9월 1일~ 2014년 12월 5일)

제7대 최귀원 소장(2014년 12월 6일~)

1대 **이춘식**
Chun-Sik Lee

2대 **권오관**
Oh-Kwan Kwon

3대 **이준근**
June-Gunn Lee

4대 **김창호**
Chang-Ho Kim

5대 **김광호**
Kwang Ho Kim

6대 **이호성**
Lee Ho Seong

제1대 이춘식 소장은 독일 베를린 공대에서 기계공학 박사학위를 취득하고 KIST에 입소, 기계공학부장과 연구기획조정부장을 역임했으며, 지난 1996년 독일 자르브뤼켄(Saarbrücken)에 설립된 KIST유럽의 초대소장을 맡아 2001년까지 한독 과학기술 협력 활성화를 위해 힘썼다. 또한 이 박사는 재독한국과학기술자협회를 설립하여 2, 3대 회장으로 활동했으며 독일의 프라운호퍼 연구협회(Fraunhofer Gesellschaft, 이하 'FhG') 등이 한국과 밀접한 관계를 맺도록 기여한 바가 크다. 그는 한독 과학기술 협력 증진에 기여한 공로로 2007년 2월 27일 독일 연방정부가 수여하는 십자공로훈장을 받았다. 십자공로훈장은 독일 대통령이 국내외 민간인에게 수여하는 최고 등급의 훈장이다.

제2대 권오관 소장은 서울대 화학과를 졸업한 후 영국 웨일즈 대학에서 기계공학으로 박사학위를 받았으며, 1967년부터 KIST에 몸담으면서 한-소 과학기술협력센터장, KIST-2000 연구사업단장, KIST 부원장 등을 역임했다.

제3대 이준근 소장은 미국 유타 대학에서 공학박사 학위를 받았으며, 1978년 KIST에 들어와 구조세라믹스연구실장, 세라믹스연구부장, 미래기술연구본부장 등을 역임했다.

제4대 김창호 소장은 취임 전에는 KIST 시스템연구부장, 기술산업단장, 산학협력단장 등의 보직을 맡아 연구원들의 연구개발을 돕는 데 주력하다가, 당시 IMF 등을 거치면서 기반 형성에 어려움을 겪고 있던 KIST유럽의 정상화를 위해 고민하던 경영진의 어려움을 함께 나누겠다며 부임했다.

제5대 김광호 소장은 1981년에 UNDP(United Nations Development Programme) 장학생으로 독일 아헨 공대를 졸업했다. 이춘식 초대소장이

KIST 기계공학부 부장이던 시절 함께 일했던 경험이 있었고, 독일을 잘 아는 사람이 연구소장으로 가는 것이 좋겠다는 이야기를 듣고 지원해서 소장을 맡은 경우다.

김 소장은 박사과정까지 포함해 6년 가까이 독일에 거주한 탓에 의사소통에 아무런 불편이 없었다. 당시 김광호 소장은 부임해서 만난 독일 관계자들이 자신을 대단히 어색한 시선으로 바라보는 것을 느꼈다고 했다. 나중에 알게 된 이유는 바로 연구소 운영의 문제 때문이었다. 그들에게는 소장이 자주 바뀌는 것이 굉장히 이상하게 보였던 것이다. 부임 후 자신들과 얼굴을 좀 익힐 만하면 떠나고, 금세 새로운 사람이 인사하러 오고 그 사람도 돌아보면 떠나고 없는 식이었던 것이다.

실제로 소장들은 독일에서 첫 6개월은 적응하는 데 시간을 보내고 퇴임 전 6개월은 한국으로 돌아가서 할 프로젝트를 구상하느라 시간을 보냈다. 결국 연구소에서 제대로 일하는 시간은 1년 반에서 2년이니 연구소의 연구 연속성과 대외적 신용도가 떨어지는 것은 당연했다. 한편 김 소장은 R&D 담당 소장으로 채용된 안드레아스 만츠 박사(Andreas Manz, 당시 52세) 영입(2009년 9. 28)에 따라 취임 후 새로운 연구 담당 소장 제도도 바로 운영해야만 했다.

제6대 이호성 소장은 한국표준과학연구원 광기술표준부장, 정책연구실장, 미래융합기술부장 등을 역임했으며, 한국연구재단 나노융합연구단장, 미국 국립표준기술원 객원연구원 등을 지냈다. 이 소장 이전까지는 소장 임명이 사실상 KIST 본원의 직원 파견 형태로 이루어졌던 것이 사실이다. 하지만 이 소장은 소장 선발을 원외로 개방하여 산·학·연·관 각계 인사들로 구성된 추천위원회를 통해 후보군을 발굴하고, 선정위원회(외부 전문가, KIST, 교과부 등

8인 내외 구성)의 심의 결과 선임됐다.

이 소장은 KIST 본원 출신이 아닌 최초의 KIST유럽 소장이다. 그는 1986년 한국표준과학연구원에 입원하여 17년간 한국 표준시를 정하는 세슘원자시계를 개발하는 연구를 해왔으며 2003년부터는 직접 연구를 수행하기보다는 보직을 맡아서 연구자들을 지원하는 일을 해왔다. 그러다 2012년에 KIST 유럽 소장 선임을 위한 추천위원회로부터 제안을 받고 소장에 응모하게 되어 독일로 부임한 것이다.

대한민국을 대표하여 유럽에 나가 있는 연구소를 크게 활성화시켜보겠다는 포부를 갖고 취임한 그였지만 현실은 결코 녹록하지 않았다고 한다. 이 소장은 양국의 시스템과 속도에서 상당한 괴리감을 느꼈다. 독일에 위치한 연구소이므로 독일의 법과 규칙을 따라야 하지만, 한편으로 예산의 많은 부분이 한국에서 오기 때문에 한국 정부와 국민을 설득해야만 했다. 그런데 이 두 가지가 상충되는 부분이 많았던 것이다.

한국은 모든 것이 빠르게 움직인다. 연구비를 지원한 후에 연구 결과도 빨리 내기를 바란다. 반면 독일은 'Langsam aber sicher(천천히, 하지만 확실하게)'를 어릴 적부터 가르치는 나라다. 결국 연구소의 책임자는 이 괴리감을 극복하고 그것을 장점으로 변화시킬 수 있는 능력을 갖춰야 했다.

제7대 최귀원 소장

제7대 최귀원 소장은 서울대 기계설계학 학·석사, 미시간대 공학 박사로서 국가과학기술위원회 전문위원, KIST 의과학연구센터장, 의공학연구소장, 국제의공학회(IBEC 2014) 조직위원장 등을 역임했다.

그는 2011년부터 KIST 초대 의공학연구소 소장을 맡아 2013년 5월 아산병원과 협력해 임상중개센터를 설치하는 등 혁신을 주도해 의공학연구소를 세계적 수준의 강소형 연구소로 육성시켜 경영 능력을 인정받았다. 때문에 KIST유럽 관계자들이 언급한 소장의 조건에 가장 가까운 인물이었다.

최귀원 소장은 부임하면서 "집중된 연구역량과 기술 정책 연구를 통해 미래기술을 발굴하고 KIST유럽이 출연연과 산업계의 유럽연합(European Union, 이하 'EU') 진출을 지원하는 개방형 연구와 협력 거점으로 발전할 수 있도록 노력하겠다"고 밝혔다. '열고 손잡다'라는 개방형 시스템은 연구소 분위기를 많이 바꾸어놓았다. 조용히 연구하던 이전의 분위기와 달리 기업들과 활발히 교류하고 협력하면서 활기가 넘치는 공간이 된 것이다.

새로운 KIST유럽을 만들기 위한 최 소장의 선택은 비전과 목표의 재설정이었다. 또한 체계적인 기업지원 시스템도 갖춰가고 있는데, 유럽에 진출해 있는 정부기관과 손잡고 KIST유럽을 중심으로 하는 '원스톱 기업지원 시스템'을 구축한 것이다.

KIST유럽 소장으로 부임하기 전에 기계·전자·의학 등 여러 분야의 연구자들이 모인 의공학연구소의 소장으로 일했던 경험을 살려 최 소장은 소통을 위해서도 힘썼다. 의공학 분야는 과학자들의 실험 결과가 의사들의 임상실험을 통해서 활용되는 융합 학문이기 때문에, 좋은 성과를 내려면 반드시 의료 현장의 의사와 연구 현장의 공학자 사이에 신뢰를 기반으로 한 소통이 반드시 이뤄져야 했다.

최귀원 소장은 전문가들이 서로 소통하는 가운데 신뢰가 쌓이면 반드시 좋은 성과가 창출된다는 사실을 유럽에서 다시 한 번 확인하고 싶다고 말했다. 사실 그는 KIST유럽이 다양한 색깔을 지닌 전문가들로 구성되어 있으니 서로 신뢰가 쌓이고 소통이 잘 된다면 탁월한 성과가 나올 것이란 믿음을 가지고 있다. 그래서 그 믿음을 실현하기 위해 조직 운영과 관련하여 예산, 성과 평가, 인사 등 연구지원 시스템을 선진화하여 연구자들이 보다 편안하게 연구에 집중할 수 있는 환경을 조성하는 데 신경을 썼다.

"KIST유럽이 기업지원과 유럽 환경규제 대응 연구기관으로 자리매김하고 3년 뒤에는 정부나 국민으로부터 독일에 꼭 있어야 하는 기관이라는 평가를 받게 하고 싶습니다."

최귀원 소장이 취임하면서 했던 인터뷰다. 부디 3년이란 임기 동안 좋은 결과를 거두어 다시 소장으로 연임되어 연속성을 획득할 수 있기를, 그래서 그의 바람이 반드시 이뤄질 수 있기를 바란다.

2장

국경을 뛰어넘는 조언자

1. 한국과 EU의 가교, 자문위원단

편견을 깬 든든한 우군

우리가 흔히 사용하는 '자문을 구하다'라는 말은 잘못된 표현이다. '자문(諮問)'이란 물을 자(諮), 물을 문(問) 자를 써서, 글자 그대로 좋은 결과를 얻기 위해서 묻고 또 묻는 것이다. 그래서 자문의 뜻을 풀면 어떤 일을 올바르고 현명하게 처리하기 위해서 학식과 경험이 풍부한 전문가에게 의견을 묻는 것을 말한다. 나아가서 전문가들로 이루어진 기구나 단체 등에 의견을 묻기도 한다.

그런데 간혹 사람들이 자문 혹은 자문위원에 대해 부정적인 편견을 가지고 있는 것을 보게 되는데 이는 자문위원이 대단히 형식적인 '제도'에 불과하다고 여기기 때문이다. 이런 부정적인 편견을 깰 수 있는 자문위원이 있다면 그것은 아마도 KIST유럽의 자문위원일 것이다. KIST유럽의 자문위원 및 자문회는 실제로 대한민국과 유럽을 잇는 가교 역할과 함께 현지 거점을 형성한다는 목적의 첫 단추이자 성공적인 사례로 보아도 좋다. 한국, 독일, 과학이라는 관심사 아래 모인 강력한 외교 채널이며 동시에 간부급 직원, 국제적 홍보단, 마케팅 지원군 등으로 보아도 부족함이 없다. KIST유럽 정관 중 자문회 관련 조항은 다음과 같다.

제13조 (자문회의 구성)

① 자문회는 최소한 9명, 최대한 13명으로 구성된다. KIST 원장은 당연직 위원이다.

그 외의 위원은 정관 제12조 제2항 e)에 의하여 이사가 임명한다.

② 자문위원의 임기는 취임일로부터 4년이며 연임될 수 있다.

③ 임기 이전에 자문위원이 사임하면 잔여임기에 대하여 제1항에 따라 후임자가 선임된다.

④ 자문위원은 무상으로 직무를 수행한다. 그러나 회사의 이익을 위한 출장에 대하여는 사원총회의 결의에 따라 회사로부터 지출비용과 경비를 받는다.

⑤ KIST 원장은 자문회의 의장이다. 자문회는 내부에서 1인 또는 수인의 의장 대리를 선임한다.

제14조 (자문회의 임무, 위원회의 구성)

① 자문회는 정관 제2조에 따른 회사의 업무 분담을 고려하여 모든 과학적 및 경제적 사안에 관하여 이사와 사원총회에 조언을 한다.

② 자문회는 다음의 사항들에 대하여 이사에게 조언하고 추천한다.

a) 연구 정책의 요강

b) 연구 프로그램의 정의

c) 학문적인 이익공동체 또는 협회에의 가입

d) 연구소 및 기타 회사 조직에의 과학적 장비의 조달

e) 전략적 및 경제적인 문제 제기와 기업 정책의 요강

③ 자문회는 이사가 희망할 경우, 상응하는 직위의 수당 및 승진에 관한 사항에 대하여도 이사를 지원하고 조언한다.

④ 조언과 추천을 준비하기 위하여 자문회는 각종 위원회를 구성할 수 있다. 자문회는 개개의 임무의 최종적인 처리를 위하여 해당 위원회에 위임할 수 있다.

⑤ 회의의 소집과 결의 및 회의록 등에 관하여 준수하여야 할 형식은 사원총회에 관하여 정관 제10조가 정한 규칙들을 유추하여 준수하여야 한다.

형식이 아닌 실제로서의 자문회의

자문회의(Advisory Board)는 KIST 원장을 의장으로 하여 한-독 양측 위원 9~13명으로 구성하며, KIST유럽이 당면한 연구 및 운영에 관한 사안들에 대해 자문을 제공한다. 정관에 보이는 것처럼 연구 정책의 기본방향 설정, 학문적인 이익공동체 또는 협회에의 가입, 전략적 및 경제적인 정책방향 설정 등을 소장에게 조언하고 추천하는 것이다. 이를 위해 적극적으로는 각종 위원회 구성까지 가능하다.

자문회의에는 KIST 원장, 담당 부처 국장, 자를란트 주경제성 장관 및 자를란트 대학 총장은 당연직으로 참석한다. 사실 매년 4월 말에 1회 개최로 한정되어 있어 구성이나 운영이 형식에 불과한 것 아니냐는 지적도 있으나 과거 자문위원들의 활동과 영향력을 보면 그렇게 단정하기는 힘들다.

이론적 근거에서 찾아보니 '과학 출연연구소 해외 거점의 동기'(KIST 해외 거점 모형 및 발전방안 연구, 장용석)로는 선진 지식(advanced knowledge), 보완적 과학기술 자원(complementary S&T resources), 시장(market), 영향력(influence) 네 가지가 있다. 이 가운데 KIST유럽의 자문위원들은 시장과 영향력에 관련되어 있다고 볼 수 있다. 사실 시장 혹은 시장 개척이란 용어는 기업에서 사용하는 것들이다. 그런데 공공연구기관인 KIST유럽에서 기업의 시장 개척에 해당하는 노력을 누가 하고 있는가를 생각해보면 자문회가 단순한 형식이 아니라는 사실을 알 수 있다. 실제로 영업 마케팅을 위한 인력을 갖추고 있지 못했던 연구소에서 이 역할을 담당한 것이 바로 자문위원들이었다.

기업의 글로벌 시장 경쟁력은 기업의 제품 및 서비스의 우수성, 국가 브랜드 인지도, 외교적 영향력, 문화적 인식 등 다양한 요인이 복합적으로 작용하여 결정된다고 한다. 그런데 연구소의 경쟁력을 높이기 위해 측면에서 지원하며 영향력을 행사할 수 있는 사람은 다름 아닌 자문위원들이다.

영향력이란 어떤 사회적 행위자가 그의 기대에 따라 다른 행위자가 행동하리라고 확신하는 권력 행사의 가능성을 말한다. 당연히 영향력이 클수록 가능성도 커진다. 또한 영향력은 일반적으로 강제력과 달리 자발적으로 권위를 받아들이는 경우에 사용하는 용어이다. 따라서 KIST유럽이라는 울타리 안에 모여서 활동하는 자문위원들은 독일, 크게 보면 유럽이라는 거대한 연합체 국가를 대상으로 과학기술 기반의 공공외교를 펼치는 외교관과도 같다. 이들은 또한 KIST유럽을 운영하는 데 있어 발생하는 문제를 해결하기 위한 노력과 재정적 지원도 하고 있다.

2. KIST유럽이 기억해야 할 자문위원들

KIST유럽의 빛나는 후원자들

KIST유럽 설립 시 자문위원이었던 강신호 동아제약 회장은 당시 산업기술진흥협회 회장을 맡고 있었다. 강 회장은 서울대 의대를 졸업하고 1959년 독일 프라이부르크 대학에서 의학박사를 받고 동아제약 상무로 입사했다. 그가 개발한 동아제약의 히트상품인 박카스는 독일 유학 시절 함부르크 시청의 바쿠스 상을 보고 이름을 붙인 것으로 유명하다.

또한 강 회장은 그 무렵 독일에서 최신 제약기기 설비를 들여와 페니실린, 스트렙토마이신 등의 의약품을 생산할 만큼 독일과 인연이 깊었다. 그리고 37년이 지나서 독일에 현지 연구소가 생기자 그는 독일 과학의 우수성을 연구소가 잘 흡수하기를 바라는 마음에서 흔쾌히 자문위원을 맡았을 뿐만 아니라 동아제약에서 생산 및 시판 중인 효소면역분석법(이하 'EIA') 키트에 적용 가능한 전자동 EIA 분석기기 개발까지 수탁 과제로 맡기는 등 물심양면으로 도움을 주었다.

역시 KIST유럽 설립 시 자문위원이었던 배순훈 박사는 대우전자 사장으로, 국내에서는 탱크주의 광고에 직접 나와서 일반인들에게도 잘 알려진 인물이다. 이춘식 박사의 연구소 설립 취지를 들은 그는 대한민국을 위해 중요한 사업이라고 생각하여 초기에 어려운 점을 극복할 수 있도록 산업체 입장에서 협조를 자청했다. 또한 KIST유럽 초기에 대우전자 프랑스와 산업계 연구 프로젝트를 많이 연결해주었다.

배순훈 박사는 그즈음이 대우전자가 유럽에서 대대적으로 확장해나가던 시기여서 더더욱 지원하기 좋았다고 했다. 그는 상품의 구매에는 소비자의 선입관(Perception)이 매우 큰 영향을 미치는데 당시 유럽시장에서 알려지지 않은 브랜드로 상품을 수출하던 대우전자로서는 KIST유럽을 돕는 것이 곧 한국의 브랜드 경쟁력을 높이는 길이라고 생각했다고 말했다. 당연히 대우전자에게도 도움이 되는 일이었다.

배 박사는 대우전자 프랑스 지사장으로 있던 시절 '마이크로오븐 생산라인에서 로딩 시스템의 자동화에 관한 연구', '마이크로오븐 생산라인에서 전자파 측정 시스템의 자동화', '마이크로오븐 조립 자동화', '마이크로오븐용 저전압 크리실론 오실레이터 개발'등 대우전자 프랑스 롱위 공장의 전자레인지 생산과 관련하여 KIST유럽에 독일 현지 산업계 수탁 과제를 많이 주어서 정착 초기 힘든 시간을 이겨내는 데 큰 도움을 주었다.

특히 배순훈 박사는 설립 때부터 계속 자문위원을 하다가 1998년 정보통신부 장관으로 임명되면서 위원직을 계속할 수 없게 됐는데, KAIST 경영대학원 초빙교수로 재직하게 되자 다시 자문위원직을 맡을 정도로 남다른 애정을 보여주었다.

또 한 명 빼놓을 수 없는 사람이 바로 FhG 전 총재인 한스 유르겐 바르네케(Hans-Jürgen Warnecke)이다. 그는 독일이 자랑하는 4대 연구협회 중 하나인 FhG의 총재를 1993년부터 2002년까지 역임한 인물로, 이춘식 초대소장과 함께 오늘날의 KIST유럽을 만드는 데 결정적인 기여를 한 사람이다. 그와 그가 총재로 있었던 FhG가 가진 영향력은 참으로 대단한 것이었다.

FhG는 독일의 대표적인 응용연구협회를 주관하는 연구 중심 조직으로 산하에 1만 2,600명의 연구원을 가진 58개의 연구소가 있으며, 연간 연구 예산으로 약 10억 유로를 집행하고 있다. 58개 연구소는 연구 분야별로 7개의 연합체(Information and Communication Technology, Life Sciences, Materials and Components,

97.02.17 제2차 Advisory board meeting

Microelectronics, Production, Surface Technology and Photonics, Defense and Security)를 구성하여 운영되고 있으며 독일 40개 지역에 걸쳐 80여 개의 단위 연구조직으로 넓게 분산되어 연구를 수행하고 있다. 이런 방대한 조직의 수장이 발 벗고 나서 KIST유럽의 탄생부터 현재까지를 함께 해주었던 것이다.

크라예프스키 부부도 기억해야 할 인물이다. KIST유럽 설립 당시 남편은 자를란트 주정부 과학 담당 실장으로 자를란트 대학과 관련된 행정적 편의를 제공했고, 부인은 오스카 라퐁텐 주지사의 오른팔이자 부주지사 겸 재무 장관으로서 KIST유럽의 후원자 역할을 담당했다. 당시 연구소 건설과 관련하여 6개월도 안 되어서 총 295만 4,536마르크(약 19억 원)의 주정부 건설보조금을 받을 수 있었던 것도 이들의 적극적인 협조가 도움이 된 것이 사실이다.

클라우스 게어존대(Klaus Gersonde) 자를란트 대학 교수는 프라운호퍼 비파괴시험연구소(Fraunhofer Institute for Non-Destructive Testing, 이하 'Fh-IzfP') 부소장으로 있다가 1991년 프라운호퍼 의공학연구소(Fraunhofer Institute for Biomedical Engineering, Fh-IBMT)를 설립했고 1996년 연구소 설립 5년차에는 200만 마르크의 연구 용역을 의뢰받을 만큼 연구소를 성장시켰다. 그는 자문위원은 아니었지만 KIST유럽을 자를란트에 유치하는 데 크게 기여했고, 연구소 운영에도 적극적인 자문을 아끼지 않았다. KIST유럽의 유치를 위하여 2명의 박사과정 학생에게 장학금을 주고, 이들이 학위를 끝낸 후에는 KIST유럽에서 2년간 연구원으로 일할 수 있도록 했다. 무엇보다 독일 연구소 운영에 필요한 세부사항, 노하우 특히 인사사항(채용·계약서 작성에 유의할 점) 등 연구소 운영 제반 규정 등을 항시 자문해

주고, 연구 부문 소장의 채용 시부터 2009년 사망하기 1개월 전까지 채용계약 조건을 검토하는 등 애정을 가지고 연구소 운영에 크게 기여했다.

한스페터 게오르기 전 자를란트 주경제성 장관은 제2연구동 건설 당시 주정부의 건설매칭펀드를 확보하는 데 큰 도움을 주었고 또한 자를란트 대와의 공동연구를 위한 매칭연구비를 주정부 예산으로 지원해주었다. 또 2006년 당시 연구소를 짓고 남은 잔여부지의 처분 문제를 해결하는 데 도움을 주기도 했다. 예를 들어 제2연구동을 건설하던 중 가까이 있던 Fh-IzfP와의 도로 공유에 따른 경계선 문제를 주정부와 두 연구소의 연석회의를 통해 원만한 합의가 도출될 수 있도록 도왔고, 터파기 공사 도중 로마시대 유적이 발견되어 공사가 중단 혹은 연기될 수도 있는 상황이었는데 주정부의 신속한 발굴 대응으로 일정에 큰 지장을 주지 않고 원만하게 처리되도록 애써주었다.

"남 같지 않았다."

한국 측 자문위원들이야 최초의 해외 연구소라는 뿌듯함과 책임감 등이 결합하여 관심과 애정을 보이게 된 것이라지만, 독일 측 자문위원들의 관심과 애정의 출발점은 어디일까. 크라에프스키 부부가 말한 "남 같지 않았다"는 말에서 어쩌면 그 답을 찾을 수 있지 않을까.

독일 남서쪽에 위치한 자를란트 주는 북쪽과 동쪽으로 라인란트팔츠(Rheinland-Pfalz) 주, 남쪽과 서쪽으로는 프랑스, 그리고 북서쪽으로는 베네룩스와 접해 있다. 그리고 이 지역은 과거 전형적인 광산지역이다.

1950년대 한국전쟁 이후부터 현재에 이르기까지 격변의 시대를 관통하며 살아온 우리 시대 아버지의 이야기를 담은 영화 〈국제시장〉의 주인공은 파독 광부(派獨 鑛夫)로 독일에 간다. 그리고 나중에 아내가 될 파독 간호사도 만난다. 파독 광부는 1963년부터 1980년까지 실업 문제 해소와 외화 획득을 위해 한국 정부에서 독일(서독)에 파견한 7,900여 명의 광부를 말한다. 당시 독일은 제2차 세계대전 이후 '라인 강의 기적'으로 불리는 놀라운 경제성장으로 인해 노동력 부족 사태를 겪고 있었고, 많은 취업의 기회가 보장되다 보니 독일인들은 상대적으로 힘든 육체노동인 광부직 등을 외면했다. 그 부족한 인력을 채우기 위해 외국인 노동자들을 받아들이기 시작했는데 당시 한국은 파독 광부 500명 모집에 4만 6,000여 명이 지원할 정도로 실업난이 심각했다. 파독 광부는 높은 수입이 보장되기는 했으나 광산 노동 경험이 없던 초심자가 대부분이어서 크고 작은 부상과 위험에 노출될 수밖에 없었다. 간호사들 역시 처음에는 시체를 닦는 일 등 간호사 업무보다는 병원에서 독일인들이 기피하는 힘든 일만 도맡아 했다.

크라예프스키 부부

그들이 번 돈으로 한국의 경제가 성장했다면 독일의 경제성장도 마찬가지로 이들의 노력이 바탕이 됐다고 보아도 좋다. 이런 이유 때문인지 한국인에 대한 독일인들의 평가는 대단히 좋다. 그때 자리 잡은 파독 광부와 간호사들은 지금 독일 한인 사회의 중심을 이루고 있다.

천연자원이 부족하지만 자동차, 기계, 정밀화학 등 기술에 기반한 제품을 생산, 수출하는 세계 3위(2012년 기준)의 무역 국가인 독일. 전 세계 소비자들에게 'Made in Germany' 제품을 우수한 품질의 대명사로 받아들이도록 만든 독일. 민족 분단의 경험을 가진 나라 독일. 이 모든 것을 두고 보면 독일은 한국과 공유 가능한 유대감을 만들어내기가 어렵지 않을 것이다. 그것이 함축된 말이 바로 "남 같지 않았다"가 아닐까.

이밖에도 많은 한국·독일 측 자문위원들이 KIST유럽을 알게 모르게 도와주었다. 사실 자문은 강제성을 가질 수 없다. 그러나 때로는 강제성보다 강한 힘을 발휘하는 것이 자문이고 충고이다. 그 충고에 진심까지 담겨 있다면 그 힘은 더 강할 것이다.

다만 앞으로 자문회가 더 큰 시장을 개척하고 영향력을 행사하는 방향으로 발전하기 위해서는, 유럽 현지 우수 연구자, 연구소장, 지역 관계자, 한인 과학기술자 등 다양한 스펙트럼의 영향력 있는 인물들의 숫자를 확대하고, 현재 연 1회 개최하는 회의를 1회 이상으로 늘리는 것이 바람직할 것이다. 이 두 가지 사항은 소장의 권한에 속하는 것이기에 무리 없이 변경 가능할 것으로 보이며, 이렇게 하는 것은 현지 유수 과학기술자 및 관계자들과의 네트워크 형성을 더 크게 만들어줄 것이다.

3장

실패는 시작의 또 다른 이름이다

1. 지속되지 못한 R&D 담당 소장 제도

좋은 의도로 출발한 제도

2014년 9월 30일은 KIST유럽에게는 다소 씁쓸한 날이었다. KIST유럽이 지난 5년간 시행했던 'R&D 담당 소장(연구 담당 소장)' 제도가 '실패'라는 이름으로 정리됐기 때문이다. 유럽이라는 환경 속에서 발전을 위한 획기적 방법론이라고 평가를 받으며 좋은 의도로 출발한 KIST유럽의 '현지인 R&D 담당 소장 영입 건'은 설립 13주년을 맞이하는 시점(2009년)에서 본격적인 개방 연구 확대를 위한 프로젝트로 추진됐다. R&D 담당 소장이 현지 수탁 연구 과제 수주, 우수 연구 성과 창출을 통한 연구소의 위상 제고와 함께 우수 연구 인력 확보에 나섬으로써 설립 20주년을 맞는 2016년까지 KIST유럽을 FhG와 같은 우수 연구소로 도약시킨다는 목표를 갖고 출발한 시도였다.

당시 KIST유럽은 이런 목표를 위해서 대한민국 산학연과의 협력 거점 역할을 담당할 제2연구동을 건설 중에 있었으며 다음 해인 2010년 4월에 준공을 앞두고 있었다. R&D 담당 소장 영입은 본격적인 EU 내 연구협력을 위한 발판을 마련하는 것은 물론 KIST유럽이 '세계 수준의 연구소'로 도약하는 데 주요한 역할을 담당할 것으로 기대됐다.

R&D 담당 소장 공모에 응모한 총 36명의 유럽 현지 연구자 중 한국 및 독일 인사로 구성된 선발위원회가 수차례의 R&D 담당 소장 후보군 서류심사(20명) 및 면접심사 과정을 거쳐 임용계약을 맺은 사람은 안드레아스 만츠 박사였다.

안드레아스 만츠 박사는 '랩온어칩(Lab on a Chip)'기술의 선구자로 세계적으로 명망 있는 과학자였다. 그 자신도 R&D 담당 소장 취임과 관련해서 "한국과 유럽의 나노, 바이오 멤스(micro electro mechanical systems, MEMS) 등의 요소기술과 나의 연구 성과가 성공적으로 결합한다면 화학, 생명, 환경, 제약 및 의료 보건 등 광범위한 산업 전반에 큰 영향을 미칠 수 있는 혁신적인 성과를 창출할 수 있을 것이다"라고 기대감을 표현했다.

독일 분석과학연구소장을 역임한 만츠 박사의 영입은 혁신적인 성과를 창출하고 KIST유럽의 존재감을 단번에 상승시킬 것으로 기대됐다.

기대가 컸던 안드레아스 만츠 박사

당시 만츠 박사를 매력적이게 만든 것은 바로 '랩온어칩'란 단어였다. 이것은 손톱 크기만 한 칩에 회로를 그린 장치로 모든 실험이 가능하다는 의미에서 '칩 위의 연구실'이라 불렸다. 예를 들자면 칩 위에 혈액이나 타액 등을 올려놓으면 자신의 건강 상태가 어떤지 알려주는 칩으로 헬스케어 산업의 급격한 성장과 유비쿼터스 시대를 맞아 매우 유망한 분야로 꼽혔다. 시장성이 큰 만큼 당연히 경쟁도 치열했다.

만츠 R&D 담당 소장은 생체모사기술을 이용한 초소형 가공기술 협력연구 추진을 위하여 2011년 6월 9일 서울 KIST 본원에 브랜치 랩(Branch Lab)을 설치, 연중 2개월 정도를 연구실에서 머물며 KIST 본원 연구진들에게 자신이 보유한 미량화학(Micro Chemistry) 및 바이오 멤스 분야 연구 노하우를 전수했다. 생체모사방법에 의한 초소형 구조물 제작을 위한 공동연구 수행으로 만츠 소장 등 EU의 바이오기술과 본원의 연구 인프라를 융합하여 실질적 협력연구를 통한 시너지 효과를 기대했으나 결과는 기대에 미치지 못했다. 이러한 결과가 더욱 안타까웠던 이유는 2010년이 KIST유럽에게는 너무나 중요한 도약기였다는 사실 때문이다.

그래프에 보이는 것처럼 발전기(2007~2009)에는 제2연구동 건설 추진과 기공식 등이 있었고 이와 함께 조금씩 예산이 증가하던 시기였다. 그리고 도약기(2010 이후)로 잡힌 시기에는 2010년 4월에 제2연구동(한-EU 협력관)의 준공과 함께 예산이 급격히 증가하면서 연구조직의 신설 및 연구인력의 증가가 이뤄지고 있었다.

사실 KIST유럽은 설립 초기 우리나라가 IMF 외환 위기를 겪으면서 제대로

KIST유럽 발전단계

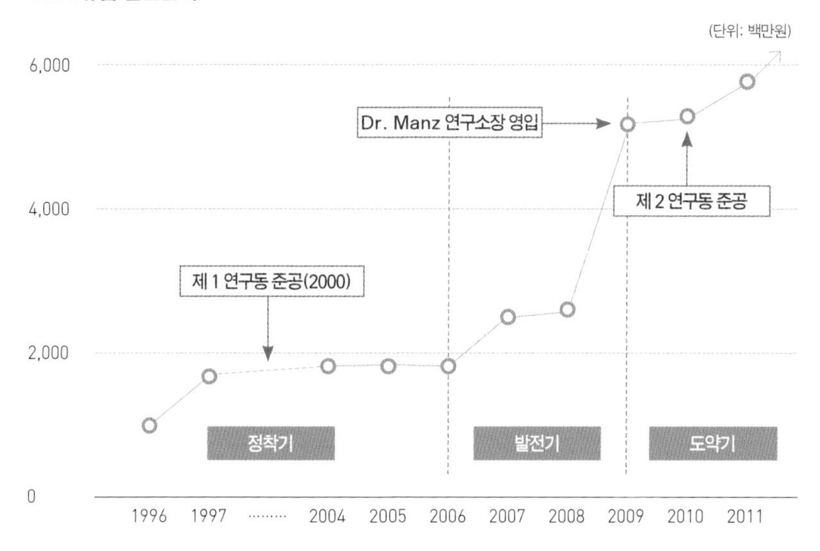

꽃을 피워보기도 전에 꺾일 위기에 처했으나 이를 극복하고 꽃망울을 터트릴 준비를 하고 있었다. 실제로 2006년까지 10년간 발표한 논문 수는 8편에 불과했지만 2007~2010년에는 총 56편으로 급격히 증가했다.

기술 사업화 성과도 서서히 나타나고 있었다. 16만 유로(약 2억 5,600만 원) 규모의 독일 연방정부의 연구 과제를 수주하는 한편 강직성 척추염을 진단하는 기술을 개발, 선급기술료를 받고 기술 이전을 시행했다. 생존을 위한 사투의 시간을 극복하고 괄목할 만한 성과를 내면서 연구원들 사이에서 이제 해볼 만하다는 의욕이 충만하던 시기였다.

사실 연구 시스템의 변화를 꾀했던 의도나 선택 자체가 나빴던 것은 아니었다. 아니, 반대로 대단히 훌륭한 발상이며 참신한 시도였다고 할 수 있다. 2008년 추진 전략으로 삼은 '유럽 현지 연구소로서 FhG 수준의 전문 연구기관으로 도약을 위한 R&D 담당 소장 및 우수 연구인력 확보를 통한 우수연구기관(Center of Excellence, 이하 'COE') 육성'이란 비전은 KIST유럽이 가진 약점을 극복하는 가장 적절한 해결책이었기 때문이다.

실제로 'KIST유럽 SWOT 분석 자료'를 보면 WO전략(약점 보완 및 기회 활용)으로 '교수급 연구 담당 소장을 활용한 현지 연구 사업 참여 확대, 중점 분야 고급 연구인력 확보를 통한 우수 연구 성과 창출 및 위상 제고'가 언급되어 있다. 또한 WT전략(약점 보완 및 위협 극복)으로는 우수 인력 확충 및 자브뤼지(Saarbridge) 프로그램 확대로 대외 학술활동을 강화함으로써 개방적 연구 환경으로 전환하는 것과 아울러 KIST 포함 한국의 산학연과의 교류 강화 및 공동연구실, 현지 랩 운영 추진 등 국가적인 현지 연구 개발 및 협력 수요를 흡수하는 개방 운영의 중요성에 주목하고 있었다.

2. 시련과 실패를 극복하라

시급했던 내부 조직의 재정비

담대한 목표를 가지고 추진된 R&D 담당 소장 영입은 기대했던 만큼의 결과를 얻지 못한 채 정리됐다. 전체적으로는 연구소 소장과 R&D 담당 소장 간의 역할 분담이 처음부터 확실하게 정립되지 못했던 것으로 평가됐다. 제5대 김광호 소장(2009년 9월 1일~ 2012년 8월 31일) 부임 한 달 뒤에 만츠 R&D 담당 소장이 오면서 책임과 지휘 체계에 다소간의 혼선이 빚어지는 문제도 도출됐다. 조직을 정리하고 장악한 상태에서 융합한 것이 아니라 각자의 역할에 따른 기계적인 구성이 이루어진 것은 대단히 아쉬운 일이었다. 연구소 소장이 연구소 전반의 운영을 책임 관리하는 CEO라면 R&D 담당 소장은 연구소 내 R&D 수행을 실질적으로 총괄하는 CTO로서의 역할을 해야 했지만 그런 역할 분담이 제대로 이뤄지지 못했다. 또한 현지 출신 R&D 담당 소장 임명으로 유럽 현지 연구 과제 수탁 비율이 늘어날 것으로 예상했지만 이 역시 기대했던 것만큼의 성과를 내지 못했다. 만츠 박사는 R&D 담당 소장 직위를 잃었지만 영년직을 명시한 채용 계약에 따라 KIST 유럽에 잔류하기를 원했다. 그리고 자브릿지 프로그램을 수행하던 연구팀을 그룹으로 전환, 지금까지 나온 연구 결과 중 일부를 실용화하려고 계획 중이다.

이로 인해 내부 조직을 재정비해야 했다. 기존 R&D 담당 소장 체제를 정리하고, 새롭게 3개 연구그룹, 기획조정부 산하 3개실로 개편됐다. 이런 변화는

2014년 10월 1일 부로 연구관리 체계의 일원화가 추진되어 연구소장(Institute Director)이 전체 연구 사업을 총괄하게 되면서 가능해졌다. 그리고 자브릿지 프로그램의 종료에 따른 R&D 담당 소장의 직위가 폐지되면서 2015년부터는 기관 고유 사업과 기존 자브릿지 프로그램 예산이 통합 운영되게 됐다.

그런데 R&D 담당 소장에서 유체역학 연구 그룹장으로 자리를 옮긴 만츠 박

2014년 조직도(9.30 이전)

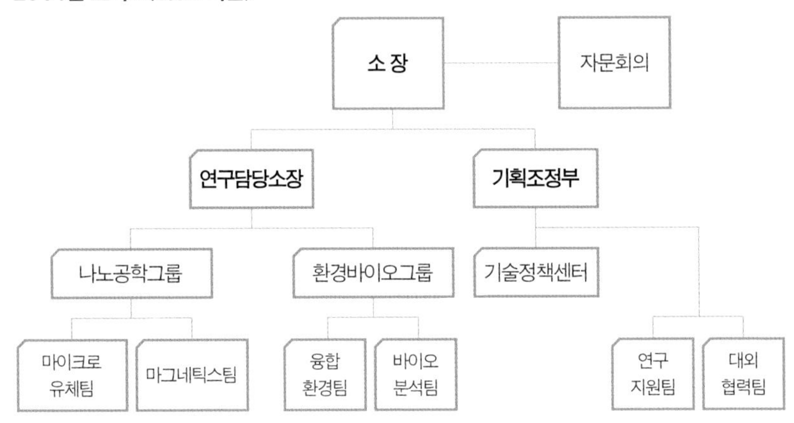

2014년 조직도(10.1 이후)

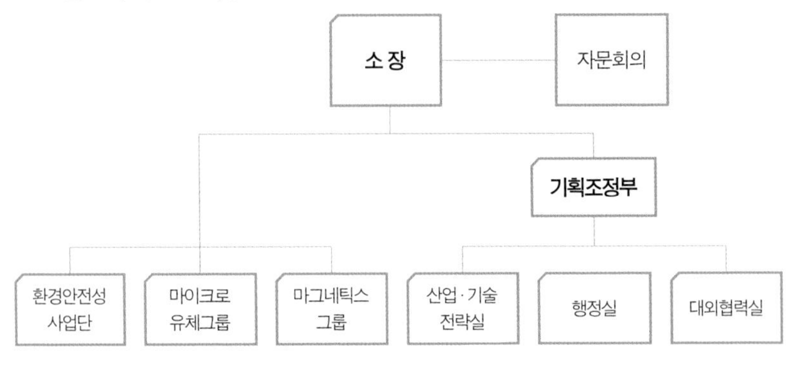

사는 2015년 3월 3일, 이란 대통령으로부터 국제 크와리즈미 상 1등상을 수상했다. 또한 같은 해 6월 11일, 프랑스 파리에서 열린 유럽발명자어워드 시상식에서는 유럽특허청이 해마다 유럽의 혁신과 경제 사회에 기여한 발명품을 기리기 위해 주는 '평생업적상'을 받았다. 이 상은 헌신과 끊임없는 노력으로 자신의 연구 분야와 사회에 기여한 발명가에게 주어진다. 만츠 박사는 시상 직후 "독일에 진출한 한국 연구소에서 연구를 수행하는 중 성과를 인정받아 기쁘다"고 말했지만 KIST유럽의 입장은 씁쓸할 뿐이었다. "좋은 의도가 항상 좋은 결과를 가져오지 않는다"는 세상사의 이치도 떠오른다. 나쁘지 않은 인력, 좋은 의도의 결합이 항상 좋은 결과를 가져오지는 않는 법이다.

GE를 세계 최고 기업으로 성장시키며 '경영의 달인', '세기의 경영인'으로 불렸던 잭 웰치(Jack Welch)는 이런 말을 한 적이 있다. "인생은 실수를 하면서 살아가는 과정이다. 실수를 통해 얻은 지식만큼 값진 것은 없다. 경영이란 일련의 과정일 뿐 완전한 것이 아니다." 입에 쓴 약이 몸에 좋은 법이듯 한편으로는 혹독한 시련과 실험의 실패가 KIST유럽을 더 단련시킬 것이며 더 의연하게 만들 것이다. 실패에서 배우지 못하면 우리의 삶은 매번 제자리걸음일 것이지만, 제대로 배운다면 그것은 최고의 보약이 되어 내달릴 수 있는 힘이 되어줄 것이다.

4장

연구소의 영혼은 결국 사람이다

1. 우수 핵심인력을 확보하라

天時와 지역, 그리고 사람

맹자는 적에게 포위당하여 위기에 빠진 성(城)을 지키는 중요한 요소로 세 가지를 제시했다. 첫째는 천시(天時)로 오늘날로 치면 기상 조건이나 하늘이 얼마나 나를 도와주는가 하는 일종의 운(運) 같은 것이다. 둘째는 지리로 전쟁을 벌이는 공간의 지형적 이점이다. 높은 언덕 위에 성이 있다거나, 성 안에 우물이 있는 등도 이에 해당할 것이다. 마지막은 인화(人和)다. 제아무리 하늘의 뜻으로 운도 따라주고 지형적으로도 유리한 공간을 점하고 있다고 하더라도 결정적으로 성을 지키고자 하는 사람들의 의지가 없다면 만사 무용지물일 것이다.

> 天時不如地利地利不如人和.
> 천시가 지리만 못하고, 지리가 인화만 못하다.

《맹자》〈공손추(公孫丑)〉 하(下)에 나오는 첫 문장인 이 말의 다음 설명을 들으면 사람의 역할과 의지가 정말 중요하다는 것을 알 수 있다.

"3리의 내성(內城)과 7리의 외곽(外廓)을 에워싸고 공격하지만 이기지 못한다. 에워싸고 공격을 하는 데는 반드시 하늘의 때(天時)를 얻은 점이 있기 마련이다. 그러고도 이기지 못하는 것은 하늘의 때가 땅의 이로움(地利)만 못하기 때문이다. 그러나 성(城)이 높지 않은 것도 아니고, 못(澤)이 깊지 않은 것도 아니며, 병기와 갑옷이 단단하고 굳세며 이롭지 않은 것도 아니고, 군량이 많은 데도 불구하고 성을 버린다. 이것은 땅의 이로움이 사람의 화합(人和)만 못하기 때문이다."

맹자의 이 말을 KIST유럽에 빗대어본다면 어떨까? 1993년 김영삼 정부 출범 후, 2000년대 과학기술 선진 7개국 진입이라는 국가 목표 달성을 위해 과학기술의 세계화 전략이 추진되지 않았다면 어떠했을까? 당시 대한민국의 공공연구 사업과 해외 전문가, 해외 연수 및 훈련 등이 잘 이루어지고 있었다면 또 어떠했을까? 여기에 유럽이라는 공간이 독일, 프랑스, 영국, 아일랜드, 벨기에, 네덜란드, 룩셈부르크, 덴마크, 스웨덴, 핀란드, 오스트리아, 이탈리아, 스페인, 포르투갈, 그리스, 체코, 헝가리, 폴란드, 슬로바키아, 리투아니아, 라트비아, 에스토니아, 슬로베니아, 키프로스, 몰타, 불가리아, 루마니아, 크로아티아 등 28개국을 회원국으로 하여, EU를 이루지 않았다면 어떠했을까? 그래서 종내 김영삼 대통령의 유럽순방 계획이 1995년 3월에 잡히지 않았다면 어떠했을까? 이것은 모두 하늘의 때, 곧 천시(天時)에 가깝다.

다음은 땅의 이로움이다. 프라운호퍼 매니지먼트(Fraunhofer Management, FhM)와 KIST유럽 추진팀이 1995년 6월에 KIST유럽(당시의 KIST Germany)을 어디에 뿌리내리도록 할 것인가를 고민하면서 1차적으로 선택한 독일이란 나라 안에는 후보지가 무수히 많았다. 그러나 결국 선택의 기준은 지리(地利)였다. 환경공학산업 기반 및 기술 수준이 높고 진흥 정책이 탁월하며, 독일 연방 및 주정부의 지원이 흡족하고, 환경기술 관련한 세계적 연구소가 소재하고 있어서 초창기 설립과 운영에 도움을 받을 수 있는 곳을 찾은 것이다.

이런 기준을 근거로 하여 R&D 사회 기반 시설, 산업계 사회 기반 시설, 사회 및 지리적 환경, 정부 정책 및 제안, 임대 및 건립 조건의 다섯 가지 항목으로 8개 후보지에 대한 입지조건 평가가 이루어졌다. 그리고 최종적으로 선택받은 곳이 바로 자를란트의 주도인 자르브뤼켄(Saarbrücken)이었다. KIST유럽의 지리적 이로움을 설명할 때에는 단 한 장의 지도면 충분하다. KIST유럽을 중심으로 원을 그리면 프랑스, 룩셈부르크, 벨기에와 인접하여 유럽 본부로서 최적의 조건이기 때문이다. 여기에 자를란트 대학 내에 이미 세계적인 COE가 포진하고 있어 적극적인 지원을 받는 것도 가능했다. 그야말로 다시 찾기 어려운 좋은 자리였다.

2010년 6월 17일, Betriebsausflug Bitche 직원원족

2013년 5월 29일, Betriebsausflug 직원원족

그리고 마지막으로 남은 문제는 결국 사람이다. 지금 KIST유럽이 겪고 있는 대부분의 문제는 사람과 연관된다. 더 정확하게는 인적 자원이다. 인적 자원이란 물자와 마찬가지로 사람을 생산 자원의 하나로 보는 것을 말한다. 인간의 창의적 생각, 기술, 능력, 에너지, 시간 그리고 인간관계에서 생겨나는 협동심, 유대감, 결속력 등도 모두 자원이 되기 때문이다. 인적 자원의 양과 질은 크게는 국가의 경쟁력을 좌우하고 작게는 한 연구소의 미래를 좌우할 만큼 중요하다.

핵심역량 확보의 어려움

KIST유럽의 2008년 목표는 'COE으로의 도약'이었다. 그런데 이런 도약이 이루어지기 위해서는 전제조건이 필요했다. 바로 임계 규모의 충족이다. KIST 유럽은 설립 초기부터 단순 연락사무소가 아닌 연구 기능을 가진 출연연구소 최초의 해외 연구소로 계획됐으나 2008년까지도 연구소로서의 최소한의 '임계 규모'를 형성하지 못했다.

임계 규모를 형성하지 못한 가장 큰 원인은 바로 예산에 있었다. 연구소 건설비와 연구 장비 구입을 제외하면 2008년까지 연간 예산은 10억 수준이었다. 사실 이 정도의 예산은 KIST 본원의 한 센터보다도 적은 수준이었고 FhG 산하 단위연구소의 1/10 수준이었다. 그 다음의 원인은 바로 연구인력이었다. 이 두 가지 문제는 닭과 달걀의 관계처럼 누가 먼저랄 것도 없이 꼬리에 꼬리를 물고 제자리를 맴도는 수준의 연구소로 운영되도록 만들었다.

임계 규모 미달의 문제점은 곧 '우수 핵심역량'의 미흡으로 이어졌다. 투수는 공으로 말하고, 작가는 펜으로 말하며, 연구원은 연구 성과로 말하는 것이다. KIST유럽은 초기에 환경 분야를 중점 연구 분야로 선정하고 일정한 성과를 이루었으나 그 성과가 결코 대단하거나 대한민국에서 이룰 수 없는 정도의 것은 아니었다. 여기에 치명적인 문제가 더해졌다. 바로 고용 관련 제약이었다.

2007년 4월 제정된 '독일 학술기관 한시 고용법'에 의하면 독일 정부의 예산지원을 받는 대학, MPG, FhG 등 연구기관은 박사학위 과정 이전 6년과 박사학위 이후 6년, 최장 12년까지 연구원의 한시 고용계약이 가능했다. 이런 적용을 받는 대상기관은 동법 제5조에 의해 독일 헌법 91조 b항 해당기관(연방정부와 주정부의 재정 지원을 받는 대학이나 연구기관)에 한정됐다.

헌법 91조 b 공공기관

(1) 연방 및 주정부는 합의에 근거하여 범지역적인 의미를 지닌 경우 다음에 대한 지원을 공동으로 협조한다.

1. 대학 외 학술 연구소의 시설 및 목적(활동)
2. 대학의 학술 및 연구 목적(활동)
3. 대형설비를 포함한 대학 연구시설

(2) 연방 및 주정부는 합의에 따라 국제적인 교육 성과를 확인하는 것과 이와 관련된 보고서 및 권고에 공동으로 협력할 수 있다.

KIST유럽은 1995년 한독 과학기술장관 합의(구두)에 의해 1996년 한국 정부의 예산 지원으로 설립된 연구소이자 독일 세법상으로는 공익성이 인정된 공익유한회사였다. 하지만 노동법의 잣대를 들이대면 이야기가 달라졌다. 독일 정부의 재정지원을 받지 않는 기관이라는 이유로 일반 사기업으로 인정되는 모순이 발생한 것이다. 독일 일반 노동법에 의하면 박사학위 소지자는 물론 석박사과정의 연구원도 동일 직장에서 2년 이상 근무한 자는 2년 후에는 영년직 직원으로 전환, 일방적 계약 해지가 불가능했다. 인력 운영상의 법적 제약을 정리하면 다음과 같다.

[독일 기간제 및 시간제고용법(TzBfG)]

적용범위 일반 사기업, 사설연구소, 비영리기관 등

기간제 허용범위 정당한 사유가 없는 한 최대 2년까지 기간제 가능 / 2년 이상 고용시 정

규직으로 전환됨 / 정당한 사유 시, 2년 초과 기간제 운영이 가능하지만 각종 제약 존재

〔 독일 학술 분야 한시고용법(WissZeitVG) 〕

적용범위 독일 연방 및 주 법상으로 재정지원(출연금)을 받는 대학교 및 연구소(독일 대학교, FhG, MPG 등에 적용)

기간제 허용범위 전체 12년까지 가능(학위과정 6년+학위 후 6년) 의학 분야는 15년까지 가능(학위이전 6년+학위 후 9년)

※ 연구인력을 최대 12년까지 기간제 고용으로 활용 가능함

이런 이유로 KIST유럽은 2년이 넘기 전에 그 사람을 정규직으로 전환시킬 것인지 내보낼 것인지를 결정해야 했다. 그런데 정규직은 불법적인 잘못을 저

KIST유럽의 인력 이동 현황

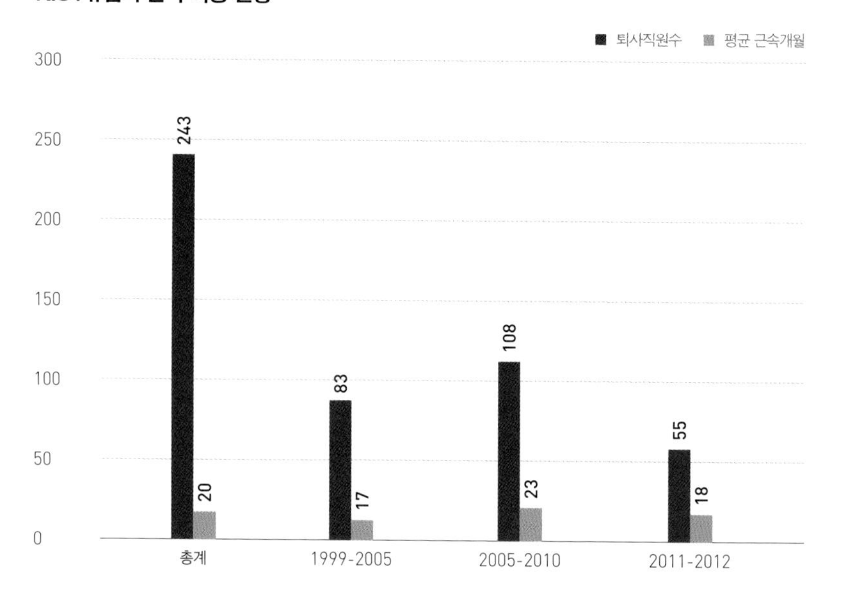

지르지 않는 이상 업무 실적이 나쁘다는 이유만으로 내보낼 수 없기 때문에 정규직을 뽑는 조건이 까다로울 수밖에 없었다. 그 결과 KIST유럽의 2012년까지 통계자료를 보면 지난 16년 동안 근무하다가 나간 사람들의 평균 근무 기간이 약 20개월이었다.

한국의 출연연구기관과 달리 인력의 유동성이 너무 컸다. 이런 짧은 기간 동안에 우수한 연구 성과를 내는 것은 거의 불가능했다. 2년만 한시고용 계약을 할 수 있다는 구조적인 취약점이 우수 연구원 발굴과 탄력적인 연구개발 및 기관 운영에 막대한 부담이 됐다. 경쟁력이 떨어지는 것은 어쩔 수 없는 결과였다. 이것이 KIST유럽이 인력 활용에서 겪는 어려움이다.

2. 탄력적 인력운영을 위한 협력 모델 개발

새로운 아이디어들

독일법상 KIST유럽은 '독일 기간제 및 시간제고용법' 적용을 받는 공익유한책임회사(법인격)로 분류되어 있어서 탄력적인 인력운영에 많은 어려움을 겪고 있었다. 2년 이상 고용을 유지할 경우, 정규직(영년직)으로 의무채용 규정이 있기 때문에 이를 피하기 위해 우수 연구원 등 필요 인력들을 2년이 경과하기 전에 계약 해지할 수밖에 없었다. 결국 연구실적을 지속적으로 축적하기 어려운 실정이었다. KIST유럽이 안고 있는 인력운영상의 근본적인 문제점을 해결하기 위하여 KIST본원과 KIST유럽은 독일 주정부와 대학총장회의, 연방정부 및 양국 협력위원회 등에 기회 있을 때마다 협의 안건을 올려서 방법을 찾기 위해 노력하였다. 이와 관련한 주요 진행 내용을 정리하면 다음과 같다.

〔자를란트 경제성 차관, 대학 총장 회의(2008년 2월 25일)〕

정부 지원 기관 인정은 주정부 차원이 아닌 연방정부 합의 및 연방 주정부 협의기구 동의 필요, 현실적으로 불가능

〔독일 독일연방교육과학성(BMBF) 업무협의(2009년 2월 20일)〕

한시고용법 법 적용, 개정은 비현실적. KIST유럽은 민간연구기관이나 사립대학 벤치마킹 권고

〔한-독 과학 산업기술 협력 위원회(2009년 4월 21일)〕

법률 적용에 어려움, 추가 스터디 필요

〔자를란트 주정부 경제성 및 변호사 검토(2010년)〕

법 적용 불가, KIST유럽의 아이덴티티와 거버넌스에 대한 근본적인 검토 필요(경제성 차관)

〔 향후 추진방안 〕

제1안 : 독일 라이프니츠 연구소 모델처럼 주정부 / 연방정부 재정지원을 받는 기관으로 전환

제2안 : 주정부 / 대학 합의하에 자를란트 대학 연구소 간판을 병행하고 한국과 독일기관 Dual Identity 체제 구축(한-독 간 관련 주체 간 공동협의 운영)

제3안 : 인근 대학 및 연구소와 협력하여 특수대학원 전환 (교수와 석박사과정, 박사후과정 중심 운영)

2015년에는 헬름홀츠 신약연구소(Helmholtz Institute for ceutical Reserch Saarland, 이하 'HIPS')와 협력 강화방안을 논의하면서 이 문제를 협의하기 시작했다. KIST유럽의 정체성은 유지하면서 특정분야에서 공동연구소를 설립한다는 KIST유럽과 HIPS 간 Dual Identity 협력 모델이 그것이다.

Dual Identity 협력 모델의 장점은 KIST유럽의 입장에서 본다면 한시적 계약 문제 해결, 독일이나 EU 과제 신청시 현지 연구소로서 정체성 강화, 한국기관으로서 불이익 해소 가능성이 있을 것이며, HIPS로서는 연구의 외연확대, 연구인력, 성과, 시설 등의 협력확대 등이 가능할 수 있다. 물론 이것이 가시화되기 위해서는 전략적 중점 연구 분야, 법적 지위, 지적재산권, 재정 모델 등이 먼저 검토되어야 한다.

실제로 독일 연구기관 중에는 Dual Identity를 활용하는 사례가 있다. 바로 슈투트가르트 대학 단지 내 프라운호퍼 노동경제및조직관리연구소(Fraunhofer-Institut für Arbeitswirtschaft und Organisation, 이하 'Fh-IAO')와 슈투트가르트 대학 기술경영연구소(Institut für Arbeitswissenschaft und Technologiemanagement, 이하 'IAT')가 그것이다. Fh-IAO와 IAT는 대학과 연구소 간 협약에 따른 학연 통합 협력 모델이다. 물론 직원 간 계약주체나 소속은 상이하지만 통합된 한 기관으로 운영되고 있다. 유사한 예로 인텔 사와 자를란트 대학, 독일 인공지능 연구센터, 막스플랑크(Max-Planck)

연구소가 밀접하게 협력하여 Intel Visual Computing Institute를 설립하여 공동운영하는 방식을 들 수 있다.

SCHOTT
start date

5장

뿌리 깊은 연구소를 향하여

1. KIST유럽의 정체성은 무엇인가?

뿌리가 튼튼한 나무를 만들자

'뿌리'라는 단어는 사물이나 현상을 이루는 근본을 비유적으로 이를 때 자주 사용된다. 즉, 가장 최초의 원인이며 근본인 셈이다. "뿌리가 다르면 줄기가 다르고 줄기가 다르면 가지가 다르다"는 말은 곧 될성부른 나무인지 아닌지의 판별 기준이 된다. 땅속 깊이 뿌리 내린 나무는 가뭄에 말라 죽는 일이 없다. 무엇이든 그 근원이 깊고 튼튼하면 어떤 시련도 견뎌낼 수 있는 것이다.

식물의 뿌리는 자기 몸을 지탱할 수 있다고 판단이 되어야만 새싹을 피우지만 단순히 넘어지지 않도록 고정하고 지지하는 역할만 하는 것은 아니다. 뿌리의 진정한 역할은 물과 영양분을 빨아들이는 것이다. 식물의 뿌리는 물과 영양분을 빨아들이고 빨아들인 물과 영양분은 줄기와 가지를 따라 열매와 잎으로 보내진다. 물과 땅속의 3대 영양소를 비롯해서 미량원소까지 물관을 통해 잎으로 전달하는 것이다. 그러면 잎에서는 뿌리에서 올려준 물과 대기의 탄소를 가지고 햇빛을 이용하여 만든 당분을 뿌리로 내려 보낸다. 뿌리가 물과 영양분을 올려주면 줄기와 가지는 더 튼튼하게 자라고 잎은 더 풍성해진다. 그리고 잎에서 생산한 영양분으로 마침내 다음 세대를 위한 열매를 맺는다. 더 큰 나무로 자라는 과정이다. 이 모든 현상은 튼튼한 뿌리에서 출발한다.

KIST유럽이 첫발을 내디딘 이후 오랜 시간 동안 방황했던 부분이 바로 정체성 문제였다. 정체성이란 자신 내부에서 일관된 동일성을 유지하는 것을 말한다. KIST유럽의 정체성은 무엇인가, 라는 질문은 곧 KIST유럽이 연구 기능 중심이냐, 아니면 정책 기능 중심이냐를 묻는 질문이기도 하다. 이것은 KIST유럽이 당연히 해외 진출 1호 '연구소'인 만큼 연구 기능에 보다 중점을 두고 발전해야 한다는 입장과 '해외 거점'으로서 정책 및 기술 모니터링, 한국 연구기관 및 기업의 유럽 진출 지원 등 정책 지원 기능에 초점을 맞추는 것이 보다 적절하다는 입장이 공존하기 때문이다.

그러나 사실 이 두 가지 모두 KIST유럽이 수행해야 할 고유의 기능이다. 다만 현실적인 예산 및 인력 규모의 제약으로 인해 매번 선택을 해야 하는 입장이기 때문에, 그래서 결국 죽이든 밥이든 어느 하나로 완성되려면 어느 한쪽에 중점을 둘지 선택을 강요받을 수밖에 없는 것이다. 결국 이런 정체성 혼돈의 문제는 예산의 제약으로 귀결된다.

그런데 KIST유럽의 예산이 아직 국내 연구사업단 규모(연간 100억 원 및 120명 수준의 인력 규모)에 미치지 못하고 있지만, 지난 20년 전과 비교할 때 괄목상대하게 성장한 것은 부인할 수 없는 사실이다(인력의 경우는 1996년 10명에서 2015년 67명으로 증가).

사실 KIST유럽의 설립 목적은 20년 동안 변하지 않았다. 변하지 않았다는 뜻은 '바꾸지 않았다'는 뜻이기도 하지만 동시에 '바뀌지 않았다'는 뜻이기도 하다. 즉, 20년 전 연구소 문을 열 당시의 목적이 혜안을 가지고 선택한 것이라 여전히 옳다는 말이다. 그런데 이 목적 안에 앞서 언급한 정체성 혼란을 가져온 연구와 정책이 모두 들어 있다. 그 말은 이 두 단어가 취사선택이 불가능한 한 쌍으로 사용되는 성격을 가지고 있다는 뜻도 된다.

그러므로 이 둘을 모두 가지는 것은 두 마리의 토끼를 쫓는 것이 아니라, 하

KIST유럽 20년 운영비 내역

연도	KIST유럽 운영비				
	인건비	경상비	기본 연구비	일반 사업비 (Saarbridge)	소계 (단위 : 백만 원)
1996	251	690			941
1997	349	451			800
1998	681	302			983
1999	500	300			800
2000	558	242			800
2001	744	342			1086
2002	819	376			1195
2003	819	376	500		1695
2004	819	376	700		1895
2005	819	376	700		1895
2006	819	376	700		1895
2007	1119	431	850		2400
2008	1269	481	850		2600
2009	1599	481	850	2150	5080
2010	1787	712	850	1935	5284
2011	1787	812	1450	1742	5791
2012	1787	812	1450	1742	5791
2013	1787	812	1450	1742	5791
2014	1787	812	1950	1742	6291
2015	2581	1000	2710		6291

KIST유럽의 새로운 목표와 비전

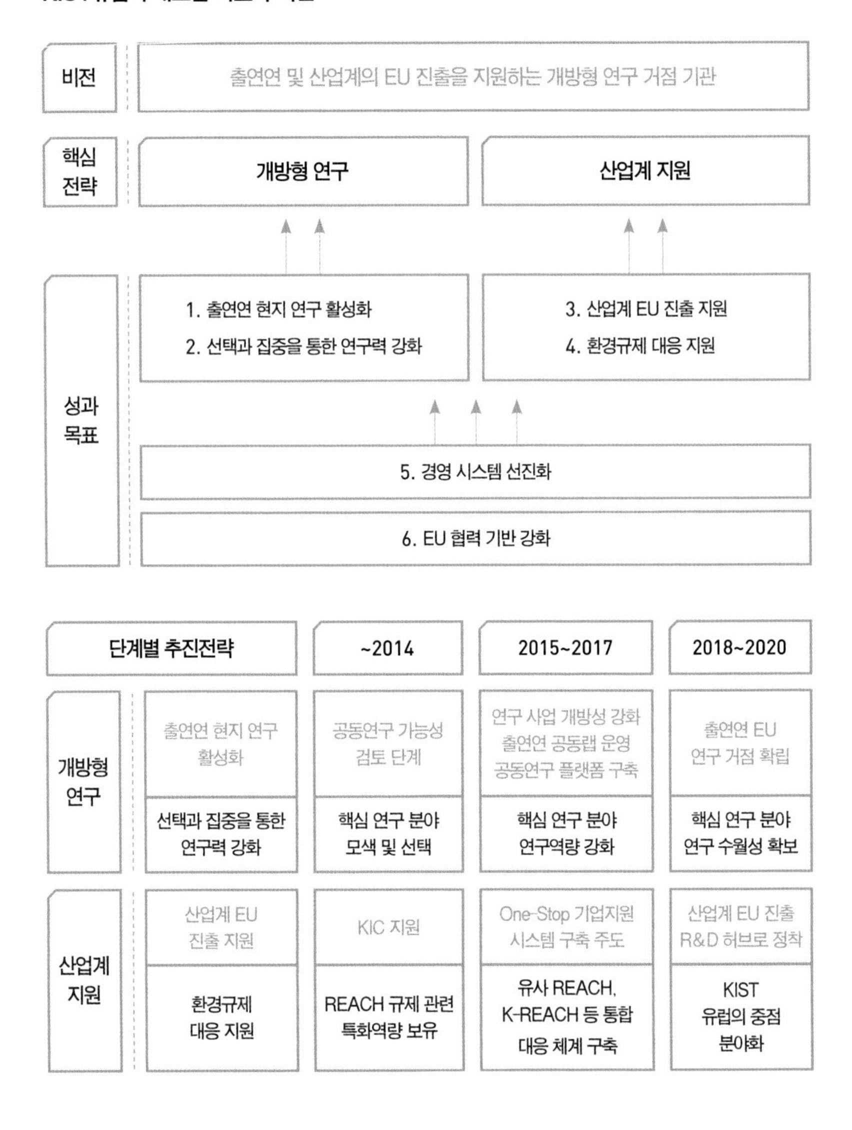

단계별 추진전략	~2014	2015~2017	2018~2020
개방형 연구	공동연구 가능성 검토 단계	연구 사업 개방성 강화 출연연 공동랩 운영 공동연구 플랫폼 구축	출연연 EU 연구 거점 확립
(출연연 현지 연구 활성화 / 선택과 집중을 통한 연구력 강화)	핵심 연구 분야 모색 및 선택	핵심 연구 분야 연구역량 강화	핵심 연구 분야 연구 수월성 확보
산업계 지원	KIC 지원	One-Stop 기업지원 시스템 구축 주도	산업계 EU 진출 R&D 허브로 정착
(산업계 EU 진출 지원 / 환경규제 대응 지원)	REACH 규제 관련 특화역량 보유	유사 REACH, K-REACH 등 통합 대응 체계 구축	KIST 유럽의 중점 분야화

나의 밤송이를 따서 그 속에 든 두 개의 잘 익은 밤을 얻는 것과 같다. 그래서 2015년 이후 KIST유럽의 재정립된 비전이 '출연연 및 산업계의 EU 진출을 지원하는 개방형 연구 거점 기관'이며, 핵심 전략은 개방형 연구와 산업계 지원이란 두 개의 열매인 것이다.

1996년 당시 설립 목적이 '독일 및 EU 현지의 첨단 원천기술 획득 및 활용', '독일, EU, 동구권과의 기술 교류 및 공동연구 거점 확보', '한국 기업들의 중간 진입기술 개발 촉진 지원'등이었다면 2016년 현재에는 'EU 현지 연구 : 현지 연구를 통한 과학기술 국제화 촉진', '한-EU 협력 교두보 : 독일, EU, 동구권과의 기술 교류 및 공동연구 거점 확보', '산업체 지원 : 한국 기업들의 중간 진입 기술 개발 활동의 전진기지 구축'등으로 연구소의 목적이 변화 발전했다.

2. 실패와 도전의 성과들

생존의 한계를 넘어 도약으로

뿌리 깊은 연구소를 향해 가는 와중에 튀어나온 혼돈은 입지(Location)에 대한 부분이었다. 연구 기능에 중점을 둘 경우 자를란트 대학 내의 연구시설 단지는 충분히 매력적이지만, 정책 기능을 생각하면 정책 및 교통의 중심지인 벨기에 브뤼셀(Bruxelles), 프랑스 파리(Paris), 독일 베를린(Berlin) 혹은 프랑크푸르트(Frankfurt) 등지로 이전하여야 한다는 주장이 제기되곤 했다. 그러나 이 문제는 시간이 지나면서 차츰 해결됐다.

먼저 KIST유럽이 위치한 연구단지 내에 나노 / 바이오 / 메디컬 / 정보 기술 분야가 융합된 세계 수준의 연구소가 밀집해 있고, 주정부는 의료, 나노, 바이오, 자동차, 에너지 등 첨단산업 육성 지향의 강력한 정책을 펼치고 있다. 자를란트 주는 인구 약 100만 명에 면적은 2,600km^{2}로 독일에서 가장 작은 주이지만 동시에 독일에서 가장 효율적인 고속도로망과 고도로 발달된 철도망을 가지고 있으며, 자르(Saar) 강과 모젤(Mosel) 강을 통해 서유럽 주요 항구도시들로의 접근성도 우수하다.

또한 네덜란드 로테르담(Rotterdam)과 벨기에 안트베르펜(Antwerpen)으로의 도로 접근성도 우수하다. 여기에 자를란트의 주도이며 KIST유럽이 위치한 자르브뤼켄에서 기차로 출발할 경우 파리까지는 1시간 49분, 프랑크푸르트 1시간 59분이면 도착한다. 자르브뤼켄에서 독일의 관문, 프랑크푸르트 국제공항까지는 불과 163km밖에 떨어져 있지 않다.

산학연 협력 체제와 관련해서는 자르브뤼켄에는 미래산업 기본 인프라가 이미 충분히 만들어져 있다. 인텔 비주얼 컴퓨팅 연구소, 2개의 FhG 산하 연구소, 2개의 라이프니츠 연구협회(Wissenschaftsgemeinschaft Gottfried Wilhelm Leibniz, WGL) 산하 연구소, 2개의 MPG 산하 연구소, 헬름홀츠 연구소, 여기에 KIST유럽과 3개의 산학연 클러스터 등이 활동하고 있다. 이런 기관들에서 최고 수준의 응용 중심 연구가 행해지고 있는 것이다. 자를란트 주에 입지한 국제 기업은 대표적인 국가만 언급해도 프랑스(541개), 룩셈부르크(99개), 스위스(49개), 미국(55개), 네덜란드(23개), 영국(23개), 이탈리아(20개) 등 상당히 많다. 게다가 국제 기업의 수를 보면 인구 100만 명의 소도

시에 주재한다고는 믿기 어려울 정도이다.

관리(Management) 혼선의 주요 이유였던 연구소장의 짧은 임기와 잦은 교체가 KIST유럽의 핵심역량 구축, 임계 규모 형성 노력, 현지화, 지속성 확보에 심각한 영향을 미쳤으며, 현지 네트워크의 단절, 리더십 부족 등을 야기했다는 것을 20년의 경험을 통해 이제 모두 알게 됐다. 그 결과 다양한 방법을 통한 연구조직 책임자의 승계와 연속성은 이제 실현될 시점에 와 있다.

KIST유럽의 연구 성과가 아직 충분치 않다고 보는 시각도 존재하지만, 특정 분야에서 질적으로 세계 수준을 상회하는 논문과 결과물을 만들어내기 시작했음은 인정해야 할 부분이다. 더불어 한-EU 및 국내 산업계 지원 관련해서는 EU의 신화학물질관리제도(REACH)로 대표되는 글로벌 환경규제에 대응할 수 있도록 지원하는 유럽의 대표적인 기업 지원 창구가 되고 있다. 주요 성과들 일부를 정리해보면 다음 표와 같다.

1996년 설립시 대학 내 34번 건물

20년 전, 자를란트 대학 캠퍼스 창업센터 34번 건물 한쪽 공간을 빌어 문을 연 이래 1, 2연구동을 중심으로 연구 및 지원시설을 갖추고 뿌리 깊은 연구소를 향해 나아가는 KIST유럽. 현지 연구 활성화, 선택과 집중을 통한 연구력 강화, 산업계 EU 진출 지원, 환경규제 대응 지

1996년 설립시 대학 내 34번 건물 앞에서

KIST유럽의 주요 성과들

주요 성과	내용
냉방기 없는 냉각 시스템 개발	• 국내 기업과 기술실시 계약 체결하여 상용화
'강직성척추염 특이적 유전자 측정을 통한 질환 진단 키트'기술 개발	• 한국 벤처 제약회사인 (주)렉스바이오에 기술 이전 (선급실시료 1억과 저작권료 연 2.5%)
한-EU 현지 협력 거점 역할	• EU FP 7 협력 과제 수탁 : KORRIDOR 연구책임기관 역할(독일 DLR, 프랑스 CNRS, NRF, KIAT 공동참여), KESTCAP 참여
독일 우사팜 사와 공동연구 및 제품 개발	• 신약 및 용기 개발을 위한 국제 연구-산업-제조 클러스터 (2012. 1~2014. 6) • 국내 제조사에 기술 이전 및 대량생산 예정 (연간 최초 20억, 향후 200억 이상 수출 기대)
REACH 대응 거점 및 '화평법' 도입 지원	• EU 수준의 화학물질 위해성 평가 요소기술 개발과 대응기반을 구축하여, 국내 산업계 글로벌 환경규제대응을 지원하고 유럽 수출경쟁력 강화에 기여 • 국내 '화학물질평가관리법'도입에 있어 하위법령 기준안 마련, 시범 사업 수행 지침서 개발 등을 통하여 실효적 국내 법령안 확립/이행에 기여 • 국내 산업계 글로벌환경규제(REACH) 대응 거점 : 14개 기업, 37.5억, 국내 산업계 대EU 수출 경쟁력 강화에 기여
롯데정밀화학 기술센터 입주 및 공동연구	• 기술센터 설립 협약 및 개소식 • 셀룰로오스 개질 제품에 대한 혼합독성 평가 공동연구 수행 (1억 6,800만 원, 2014. 10~2015. 10)
KIST유럽-자를란트 대학 공동실험실 구축	• 에너지 분야 공동연구를 위한 KIST유럽과 자를란트 대학 간 Joint Electrochemistry Laboratory 개소 • 일시 : 2015. 3. 3.
우수기술연구센터(ATC) 글로벌 허브 랩 개소	• ATC Global Hub Lab 개소 • 현지 기업과의 네트워크 형성 등 글로벌 융합기술 협력기반 조성 • 일시 : 2015. 3. 23.
미래부 EU 나노안전 협력센터 개소	• 유럽 내 나노안전 규제 동향 파악 • 나노물질 REACH 등록 절차 대응 지원 • 국내외 나노안전 관련 연구소 협력기술 지원 • 일시 : 2015. 7. 24.

원, 경영 시스템 선진화, EU 협력기반 강화와 같은 지향점은 하루아침에 만들어진 것이 아니다. 오랜 시간 동안 바위를 뚫고, 가뭄을 이겨낸 튼튼한 뿌리처럼 20년이라는 긴 시간 속에서 시행착오와 실패와 싸우면서 얻은 도전과 고민의 결과물이다.

튼튼한 뿌리는 뽑히지 않기 때문이다.
깊은 뿌리는 흔들리지 않기 때문이다.
혹독한 겨울을 견뎌내고
매서운 태풍을 버텨내고
여기까지 온 뿌리 깊은 나무는 앞으로 좋은 꽃과 결실을 볼 것이다.

KIST Europe

Section 3

KIST유럽의 대표적인 R&D 성과

R&D 1기
(1996~2001)

초대 이춘식 소장 재임 기간

KIST유럽 설립의 핵심 배경은 '해외 원천기술의 전략적 활용'이라고 할 수 있다. 우수한 원천기술 개발 및 획득과 직결된 선진기술의 전략적 이용은 매우 중요한 국가적 과제였지만 기존의 소극적인 방법으로는 이 과제를 효과적으로 달성하는 데 한계가 있었다. 선진기술의 원천지로 직접 진출해 적극적인 국제 협력 시스템을 구축하는 것이 필요했다.
그러나 자국의 기술을 보호하려는 선진국의 견제는 만만치 않았다. 현지 연구소를 '산업 스파이' 정도로 인식하는 날카로운 시선도 존재했다. 특히 연구소 설립 초기에는 인적 물적 자원이 빈약했던 것이 큰 걸림돌이었는데 IMF 등의 국가 비상 상태가 겹치면서 어려움을 더욱 가중시켰다. 이러한 부정적 인식과 어려운 환경을 극복하여 첫걸음을 내딛는 것이 결코 쉬운 일이 아니었다. 설립 초기(1기)의 연구 과제들이 주로 '공공 부문 환경'연구에 집중됐던 것은 이러한 우려를 불식하면서 동시에 환경 친화 생산기술팀을 통해 핵심 기계기술, 자동화기술, 에너지, 의료공학 및 교통 관련 기술 등 독일 및 EU가 가진 비교우위 기술에 대한 접근을 용이하게 하기 위함이었다. 자를란트 대학 내 연구소 건물 준공 당시 '과학대장군'과 '환경여장군'을 세운 것도 KIST유럽을 통해 과학의 발전에 기여하고 환경을 위해 연구하는 한국인의 모습이 독일과 세계에 널리 전파되기를 원했던 전략적 판단 때문이다.

KIST유럽은 1기의 환경 연구 개발 사업을 통해 21세기 환경기술의 전략화에 대응하고 선진국 원천기술을 활용한 한국형 설비기술을 개발해 환경산업의 경쟁력 향상 및 선진화 촉진이라는 구체적인 목표를 수립했다. 이에 따른 주력 연구 분야로는 '폐기물 소각로에 관한 연구', '마이크로 시스템 생산기술 개발', '병원 폐기물 처리 시스템에 관한 연구', '수질, 폐기물 및 환경 친화 공정 기술' 등이 있다.

이러한 연구 과제들은 주로 한국 정부 수탁(환경부/과학기술부, 에너지관리공단 등)과 독일 정부 수탁(자를란트 주정부/환경청)이 중심이 됐는데, '한국형 중소형 소각로 모델 개발(과기부)', '바이오 폐기물과 폐수 슬러지의 동시 처리기술 개발 추진(자를란트 주정부 지원)', '병원 폐기물 관리 시스템 제시(과기부)', '감압 증발 및 탈질탈인 공정에 의한 폐수 처리(환경부)', '중금속 처리용 바이오 흡착제 신청(독일 연방정부)', '폐수의 전자 필터링 과제(자를란트 주정부 지원)', '냉동기 없는 냉방 장치(산자부)' 등이 대표적인 성과들이다. 특히 폐수 처리기술 연구는 KIST 기관 고유 수탁과 기본 연구 등으로 발전 및 전수되어 2기(2002년~2008년)까지 연구가 지속적으로 수행됐으며, 이를 위해 독일의 환경 관련 연구기관 및 기업과 협력하여 단기간 내 실용화가 가능한 기술 발굴을 추진했다.

자동화 및 생산기술 분야에서도 산업계 수탁은 중요한 과제였는데 연구소 설립 초기부터 밀접한 협력 관계를 유지했던 대우전자의 공장 자동화와 발진관 개발 등을 들 수 있다. 1998년 1차 마이크로 오븐 생산라인의 언로딩 시스템 자동화, 2차 1999년 마이크로 오븐 생산라인의 전자파 측정 시스템 자동화 그리고 2001년 3차 마이크로 오븐용 저전압 마이크로크라이스트로드 오실레이터 개발 등이 대표적인 성과들이다. 이후에 기계, 로봇기술을 기반으로 의료기기와 핵심부품 개발 등에서도 과제 수주를 위해 노력함에 따라, 자동화를 시작으로 전자파 발진관 개발, 전자파 발진관을 이용한 국소부위 온열 암 치료법 개발 등으로 발전할 수 있었다.

1장

소형 폐기물 소각로 연구 개발

1. 유럽의 소각기술을 연구하다

중소형 소각로의 연구 배경

대한민국 정부에서는 1990년대 초반부터 폐기물 처리와 관련해 여러 가지 환경 개선책을 수립해 실행해왔다. 매립지에서 발생되는 침출수와 가연성 유독가스의 방출로 인한 공해를 감소시키기 위해서 폐기물 소각설비의 막대한 확장이 예상되던 시기였다.

그런데 당시 미국, 일본 그리고 유럽 회사들의 기술을 도입해 국내에 설치된 소각설비는 한국 폐기물의 특수성을 고려해 개발된 것이 아니었다. 주로 유럽 소각로 업체들의 기술에 의해 설치된 폐기물 소각설비는 유럽 지역 폐기물의 특징인 종이와 플라스틱 포장용기와 같이 발열량이 높은 폐기물의 처리를 전제로 설계된 것이었다. 그러나 당시 국내에서 발생되는 생활 폐기물은 국물을 즐겨먹는 식습관이 그대로 반영되어 평균 60%의 고(高)수분, 1,500kcal/kg 정도로 발열량이 낮은 특징이 있었다. 때문에 유럽 방식의 처리설비는 정상적인 가동 중에도 보조연료를 사용해야 했고, 그 때문에 경제성이 좋지 않았다. 게다가 대형 소각설비를 설치할 부지를 찾는 데에도 어려움을 겪고 있었다.

이런 두 가지 문제점을 해결하기 위해서 KIST유럽은 한국의 상황에 적합한 25~100톤/일 급의 중소형 용량의 폐기물 소각설비를 개발하기로 했다. 이 설비가 하루에 처리할 수 있는 생활 폐기물의 양은 주민 대략 1만 4,000~5만 5,000명이 발생시키는 양 정도로 예상됐다. 결국 해당 연구의 핵심은 개발하는 소각설비가 저발열량 폐기물의 소각에 적합해야 한다는 점, 그리고 정상운영 중에는 보조연료를 사용하지 않도록 해야 한다는 점이었다. 여기에 고형 잔류물과 배출가스를 독일의 엄격한 규제 기준치에 만족하도록 할 것과 처리 폐기물의 단위당 관리비용이 현재와 동일하거나 그보다 적도록 할 것, 그리고 적절한 가격에 소각로를 완성할 것도 염두에 두었다.

선진국의 소각기술

연구팀은 '한국형 폐기물 소각로'의 설계에 앞서 기존의 중소형 폐기물 소각설비와 그에 따르는 독일 등 선진국의 소각기술을 면밀히 조사했다. 그런데 대형 폐기물 소각설비와 중소형 폐기물 소각설비 간의 용량의 구분이 명확하지가 않았다. 다만 일반적으로는 연간 처리용량 10만 톤(250톤/일) 이상의 폐기물 소각설비를 대형이라고 하며, 소형은 보통 소각용량 1톤/시간 미만의 설비를 말했다. 따라서 중형 소각설비의 용량은 대형 소각설비의 하한선과 소형 소각설비의 상한선 사이인 25~100톤/일의 용량이라고 할 수 있었다. 폐기물 처리용량이 25~100톤/일(약 1~4톤/시간)인 중형 소각설비와 기존 소각기술에 관해 KIST유럽에서 조사를 수행한 결과, 이 정도 용량의 생활 폐기물 소각설비는 대용량을 위주로 건설되는 독일 등 유럽 선진국에서는 상용화되어 제작되는 경우가 거의 없다는 것을 알게 됐다. 하지만 플라스틱, 폐목재 그리고 생산 잔류물과 같은 특수한 폐기물을 처리하는 중형 소각설비는 찾아볼 수 있었다.

독일 등에서 중형 생활 폐기물 소각설비가 흔하지 않은 이유는 두 가지로 파악된다. 우선 동일한 기술에 의한 설비인 경우 배출가스 처리시설의 건설 및 운영비용이 대형설비보다 상대적으로 높아지기 때문이다. 그리고 다른 하나는 연구 시점 이전의 10년 동안 독일에서는 설비에 대한 요구 수준이 지속적으로 향상되어 배출가스 세정설비와 배출가스의 온라인(online) 감시설비 부착 등 부대비용이 차지하는 비율이 증가했기 때문이다. 다시 말해 중형용량의 소각설비가 상대적으로 비경제적이라고 여겨졌던 것이다.

유럽을 대표하는 소각설비 회사의 장단점

KIST유럽에서는 중형 소각설비 분야의 주요 기술을 파악하기 위해 독일 리히텐슈타인(Liechtenstein)의 Hoval의 멀티존(MultiZon), 뒤셀도르프(Düsseldorf)의 KIV, 뮌헨의 마틴(Martin), 자르브뤼켄(Saarbrücken)의 클린 콜(Clean Coal) 소각설비에 대해 상세한 조사를 수행했다.

Hoval은 산업 폐기물, 생산 폐기물, 병원 폐기물, 그리고 포장재 등을 처리하는 소형 소각설비를 공급하고 있었다. Hoval의 멀티존 소각설비는 CV와 GG라는 두 가지 형식으로 구분되어 있으며, 이 두 가지 소각설비의 폐기물 적용 한계는 최대 수분 함유량 30%(이하 중량비율), 최대 불연성 분비량 20%, 최대 유리 함유량 3%, 겉보기 밀도 80~120Kg/m^3, 최소 발열량 8MJ/Kg(M은 100만, J(joule)는 열량 단위)이었다.

멀티존 소각설비의 특성은 다단계(Multi Zone) 소각 공정이다. 다양한 공정 단계가 공간적, 시간적으로 분리되어 있기 때문에 각각의 공정들을 별도로 제어할 수 있어서 처리 효율을 향상시킬 수 있었다. 또한 비교적 발열량이 높은 산업 폐기물, 포장재 등의 처리를 위해 설계된 이 설비는 처리비용이 많이 소요되는 이러한 특정 폐기물이 많이 발생하고 공정에 필요한 열 또는 온수 수요가 있는 기업에 설치하면 큰 이점이 있을 것으로 조사됐으며, 특히 신속한 가동 및 작은 소각 능력이 장점이었다.

하지만 연속 투입(feeding)과 재 처리(ash removal)를 위한 예비 장치 및 화격자 위의 폐기물 이송 장치가 없었다. 때문에 24시간 연속 가동으로 수치상 하루 처리용량이 24톤에 달한다고 해도, 발열량이 낮은 생활 폐기물의 연속 소각 처리에는 적합하지 않다고 판단됐다. 또한 최대 폐기물 처리용량이 하루 8톤(가동시간이 8시간일 경우)에 불과해, 이 방식으로는 당시 요구된 하루 25~100톤의 폐기물 처리용량은 불가능할 것으로 예측됐다.

뒤셀도르프에 있는 KIV는 생활 폐기물의 열적 재활용과 특수 합성 폐기물의 처리 및 재활용을 위한 폐기물 열적 처리설비를 생산하고 있었다. KIV의 폐기물 처리설비는 합성수지 폐기물 처리를 고려한 것으로, 이 소각기술의 장점은 합성수지 폐기물의 양호한 소각 보장, 연속 가동, 짧은 정지시간, 폐열의 활용 가능성, 처리비용 절감을 들 수 있다.

독일 뮌헨에 있는 마틴은 산업 폐기물, 생활 폐기물, 재의 양이 많은 고수분의 석탄 그리고 기타 폐기물을 위한 소각설비를 건설했으며, 건설 범위는 연소 시스템에서 총체 설비 엔지니어링까지를 총망라했다. 이는 소각설비의 신축은 물론 설비의 개조 및 부품 구성과 부품 조립까지도 가능하다는 의미다. 마틴의 왕복화격자(reciprocating grate)는 소각설비에서 가장 중요한 부분인데, 폐기물 이송 방향으로 기울어져 있는 여러 개의 계단 형으로 배치되어 있다.

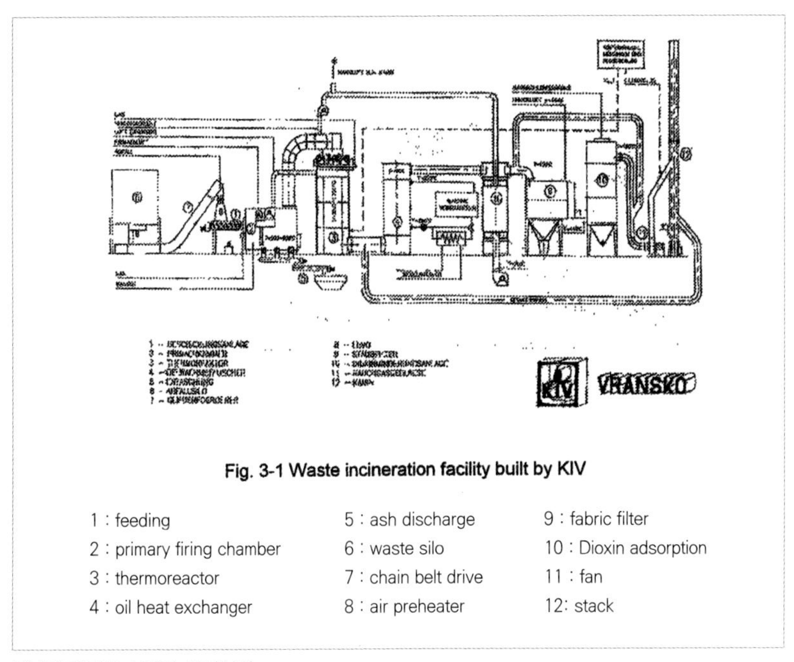

Fig. 3-1 Waste incineration facility built by KIV

KIV의 폐기물 소각장 처리설비

마틴의 왕복화격자는 왕복 운동에 의해 수분이 많은 폐기물을 고온의 폐기물 층에 혼합하므로 건조를 개선시키고 폐기물 착화점을 앞으로 이동시키는 등 특히 고수분 폐기물 처리에 강한 장점을 가지고 있었다. 하지만 이러한 강렬한 연소(stoking)로 인해 배출가스 중의 분진 농도가 증가하는 단점도 있었다. 더 큰 문제점은 소각설비의 용량인데, 50톤/일 이상 용량의 왕복화격자 소각설비가 가능하긴 하지만 50~150톤/일 정도의 설비는 현재 수요가 적으며, 하루 50톤 이하의 소각용량을 위해서는 이 설비가 적절하지 못했다.

자르브뤼켄의 클린 콜에서는 중형급 유동층 소각로(fluidized bed plant)의 소각 실험부터 생활 폐기물, 저급 석탄(low grade coal), 하수 슬러지

(sewage sludge) 그리고 바이오매스(biomass)가 섞인 혼합 폐기물의 소각까지 상당한 연구가 이뤄졌다. 이를 통해 다양한 폐기물들의 다양한 비율의 혼합 소각이 가능했다. 다만 배출가스 중의 분진 농도가 높고 마모(Abrasion) 문제와 소각재의 직접 매립이 불가하다는 것 등은 단점이었다.

2. 한국형 중형 폐기물 소각로의 탄생

한국형 중소형 소각로의 주요 설계 지침

한국형 중형 생활 폐기물 소각설비는 저렴한 폐기물 처리비용을 위해 건설비 및 운영비 절감방법과 최상의 환경규제 기준 준수를 위해 특히 배출가스와 잔류물을 줄이는 방법에 중점을 두고 설계됐다. 그러나 실제로 환경규제 기준을 준수하기 위해서는 설비의 비용이 증가하므로 이 두 가지 주요 설계 지침은 서로 상반되는 것이라고 볼 수 있다. 따라서 연구목표 달성을 위해서는 이 두 가지의 기준 사이에서 적절한 타협점을 찾을 필요가 있었다. 그 결과 대형 소각설비에 적용되는 기술을 그대로 중소형 소각설비에 적용하면 폐기물 처리 단위비용이 크게 상승하기 때문에 대형 소각설비에 사용한 기술들은 가능한 사용하지 않는 쪽으로 방향이 정해졌다.

당시 소각설비의 경제성에 관련된 설계 지침은 다음과 같은 방법으로 충족시킬 수 있었다.

- 산업 표준치에 적합한 정도의 간단한 건축 수행(노출되어도 문제가 없는 부분은 건물 외부에 설치하는 등 적절하게 설비의 소요 면적을 잡는다).
- 표준화한 구조 부품을 사용하고 실증 실험을 거친 공정을 적용한다.
- 인원 수요가 증가하지 않는 범위 내에서 설비의 자동화 비율을 줄이고, 상대적으로 간단한 제어기술을 적용한다.

그리고 환경규제 기준과 관련된 설계 기준 항목은 다음과 같은 방법으로 충족시켰다.

- 충분한 소각 온도와 연소가스 체류 시간을 확보하도록 설계하고, 연소가스 통로에 발생하는 제반 오염물질들을 정기적으로 제거하는 등 첨단 소각기술의 주요 설계 지침을 준수한다.
- 독일 대기오염물질 규제 기준치인 17.BlmSchV를 만족하는 연소가스 세정(flue gas cleaning, FGC)기술을 도입한다.
- 소각 바닥재와 비산재(분진) , 배출가스 세정설비(FGC)에서 발생한 반응 생성물을 분리하여 처리하고, 고형 잔류물의 매립 처리 또는 재활용성의 개선을 위한 후처리 방법을 적용한다.

소각 방식과 화격자 구조를 결정하다

당시 상용화된 소각기술로는 화격자 스토커(Stoker) 방식, 로터리 킬른(rotary-kiln) 방식, 유동층 소각(fluidized-bed incineration) 및 열분해 방식 등이 있었다. 독일을 포함한 유럽에서는 전통적인 화격자 스토커 방식이 고형 폐기물(solid waste)의 소각 처리방법의 표준으로 사용되고 있었으며, 그 역사도 100년에 가까웠다. 당시 독일에서 운전되고 있는 54개의 폐기물 소각 설비는 모두 화격자 방식의 소각로였다.

다른 방식의 소각기술과 비교해 화격자 소각로의 장점은 균일하지 못한 성분의 폐기물을 소각할 때 소각 운전의 안정성이 높고 소각로의 운전 경험이 풍부한 점, 가장 많은 업체가 이 방식을 택하고 있다는 점 등을 꼽을 수 있었다. 반면에 소각재의 잔류 유해물질 농도가 높고 다량의 잔류물이 발생하며, 세정설비에서 발생한 생성물과 비산재(분진)와 고형 잔류물에 중금속 등이 함유되어 특정 폐기물로 별도로 처리해야 하므로 소모적이고 비용이 많이 소요되는 후처리 공정이 필요하다는 점은 단점이었다.

물론 이러한 단점들은 기술 개발을 통해 개선되고 있는데, 특히 화격자 바닥재는 후속 세척 처리 후 도로공사의 재료로 사용하거나 재활용할 수 있는 석고와 염산 또는 식염 등을 생산하는 새로운 공정을 도입하면 소각 잔류물의 양을 감소시킬 수 있을 것으로 판단됐다.

화격자 방식으로 최종 결정 의견이 모아진 가운데 다음은 화격자 구조 형식에 대한 논의가 이뤄졌다. 당시 화격자 구조는 Feeding 화격자, Swinging stage 화격자, Reciprocating 화격자, Roller 화격자, Travelling 화격자, Swirl nozzle 화격자 등이 있었다.

이 가운데서 Feeding 화격자는 가장 많이 사용되는 방식으로, 유럽과 미국의 이름 있는 거의 모든 소각설비 공급업체에 의해 제공되고 있다. Feeding 화격자는 화격자 바(bar)가 폐기물의 이송방향으로 움직인다. Feeding 화격자는 20세기 초반부터 사용해온 경사진 화격자 위에 설치하며, 1단계 및 다단계 Feeding 화격자가 있다.

Swirl nozzle 화격자는 수많은 작은 노즐을 통해 폐기물 층에 공기가 분사되고 폐기물은 고정되어 있는 화격자 단계 위로 정기적으로 움직이는 슬라이더(Slider)에 의해 이송된다. Feeding 화격자에 비해 구조가 간단하고 공기 분배가 균일하며 틈새 재가 전혀 없고, 단계별 재료 교체가 가능하며, 화격자 표면이 세라믹으로 되어 있어 내열성이 우수하다는 점이 장점이다.

연구를 통해 개발하려는 화격자 소각로(fomace)는 폐기물 층의 유동통과 저항에 비해 화격자의 저항을 향상시켜서 공기 분배를 더욱 균일하게 하는 방법, 구조적으로는 새로운 재료의 선택 또는 수냉 방식을 통한 화격자의 내구성 향상, 그리고 제어측정기의 부가 장착을 통한 연소 제어의 가시화, 화격자상의 화염 분배 또는 다양한 배출가스 성분의 가시화 등을 실현시키고자 했다.

사실 본 연구의 핵심인 수분 함량이 높은 폐기물의 소각을 위해 어느 화격자 형식이 가장 적절한가 하는 질문에 대한 대답을 찾아내는 일은 생각보다 어려웠다. 그래서 고민 끝에 가장 적절하다고 판단된 Feeding 화격자와 Swirl nozzle 화격자의 실제 모델에 대한 실험을 실시하기로 했다. 가격 면에서는 Feeding 화격자가 조금 유리했으나 Swirl nozzle 화격자는 내열성이 높고 틈새 재의 발생이 없다는 장점을 가지고 있어 상대적으로 높은 가격적 단점을 상충하고도 남는다는 판단이었다.

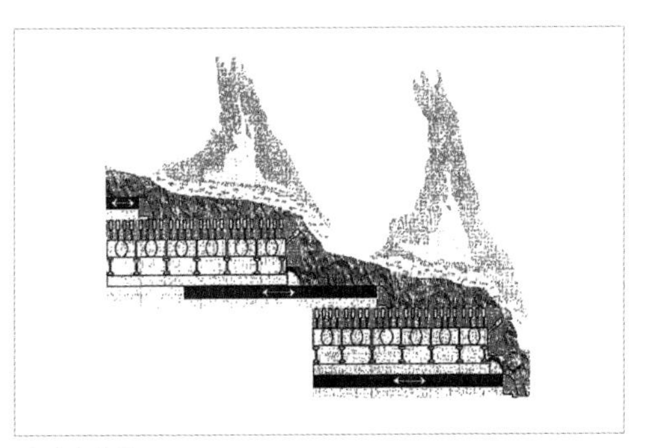
화격자의 구조

이후 독일의 칼스루헤 연구센터(Forschungszentrum Karlsruhe,

FZK)에 위탁해 TAMARA 소각 시험설비를 사용해 본 연구에서 대상으로 하는 고수분 도시 폐기물의 조성 및 연소 조건을 파악하는 실험을 진행했다. 그리고 실험 결과를 바탕으로 하여 '세라믹 노즐 화격자 방식'을 소각설비의 방식으로 채택하게 됐다. 이 방식의 화격자는 일반 화격자 방식과 유동층 소각 방식의 장점을 조합한 것으로 표면을 고온 내열성이 우수한 세라믹으로 처리해 화격자를 냉각할 필요가 없기 때문에 예열 공기의 온도를 기존의 200℃ 정도에서 약 400℃로 상승시켜서 고수분 폐기물의 건조 과정을 단축하고 소각 온도를 높일 수 있었다.

세라믹 노즐 화격자 방식의 소각설비는 현재 독일의 DH-Bioenergie에서 건설해 3~4곳에서 운영하고 있으며 다양한 폐기물을 처리하는 데 상당한 성과를 얻고 있다.

국내 기술로 이룬 성과

본 연구는 환경적으로 안전한 저공해의 중형 폐기물 소각로의 개발을 최종 목표로, 연소 공정을 개선시키고 저비용의 대기오염 제어 장치를 이용해 폐기물의 소각 처리가 환경오염 방지에 실질적으로 도움이 된다는 점을 인식해 저비용의 소각기술과 저공해 소각 후처리기술을 개발하기 위해 시작됐다.

현재도 그렇지만 당시도 우리나라뿐 아니라 전 세계적으로 환경오염에 대한 사회적 관심이 증가하고 있었다. 때문에 폐기물 소각 처리와 관련 여러 종류의 열처리에 대해 활발한 논의가 이뤄졌다. 대부분의 국가들은 폐기물 소각에 대해 더욱 엄격한 규제를 추구했으며, 폐기물 소각로에 관해 활발한 연구를 진행했다. 그 결과 폐기물 소각설비로부터 배출되는 오염물질이 급격히 감소되는 효과를 거두었다. 당시는 언론에서 폐기물 소각로에서 배출되는 '다이옥신'의 문제를 집중적으로 보도해 소각로에 대해 사회적 이목이 집중되던 시점이었다. 또한 전 세계가 폐기물 소각설비를 단순한 소각 장치가 아닌 매우 복잡한 기계, 화학 등이 포함된 종합적인 설비로 인식하기 시작한 시점이었다. 그 결과 설비의 복잡성이 점점 증가해서 역으로 운전의 신뢰성이 감소됐을 뿐만 아니라 높은 건설비 및 유지비가 필요하게 됐다. 결국 일반 시민들이 폐기물 처리를 위해 큰 비용까지 감수해야 하는 상황이었다.

때문에 중형 폐기물 소각로 개발에 있어서 기술적인 부담을 줄이기 위해 소각 공정에서부터 오염물질의 생성을 크게 줄이도록 연소 공정 자체, 즉 화격자

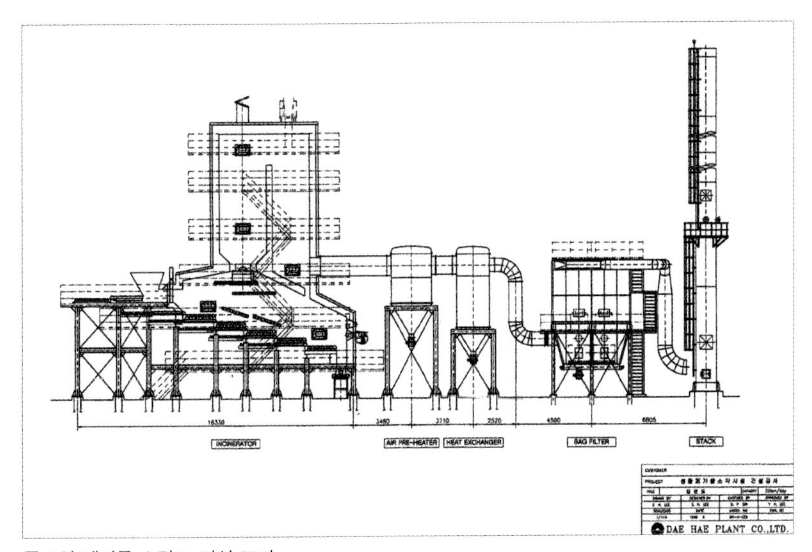

중소형 폐기물 소각로 건설 도면

에서의 연소 상태를 향상시키고 배출가스의 냉각 상태를 제어하는 등의 종합적인 기술을 도입했다. 이것은 배출가스 중의 유해물질을 제거하기 위해 설치하는 후처리 장치를 최소화시켜 건설비 및 유지비를 감소시키고 장치를 간단하게 해 운전의 부담을 줄이고 중형 이하의 소각설비에서도 단위 처리용량당 건설비 및 운영비를 대형 소각설비 수준으로 맞출 수 있게 해주었다. 또한 수분 함유량이 많은 우리나라의 생활 폐기물의 소각 처리에 적합하도록 저발열량 폐기물을 적절하게 소각할 수 있는 연소실을 개발한 것은 큰 의의가 있다고 할 것이다.

1996년 12월 1일부터 1999년 9월 30일까지 3년의 기간 동안 이루어진 '폐기물 소각로에 관한 연구(A Study on a Waste Incinerator)' 결과 세라믹 노즐 화격자 방식을 이용해 생활 폐기물의 소각뿐만 아니라 산업 폐기물의 소각도 가능한, 국내 현실에 가장 적합한 폐기물 소각기술을 개발했다. 또한 습기 또는 염분이 많은 쓰레기 처리기술도 개발했다. 과학기술적으로는 소각설비의 공정 개선으로 다이옥신 배출을 줄였으며, 습기가 많은 쓰레기 처리 시의 에너지 효율을 개선했다는 것이 중요한 결과이다. 또한 경제적 파급효과로는 지방자치단체에서 사용 가능한 중소형 소각로 개발로 운영비 절감이 가능해졌고, 무엇보다도 국내의 기술로 소각로를 제작하고 운영하는 일이 가능해졌다는 사실을 들 수 있다. KIST 본원과의 공동연구로 이루어진 이 연구는 2001년 (주)동방공업과 기술실시 계약을 체결해 2,500만 원의 기술료 수입도 발생시켰다.

2장

냉동기 없는 냉방 시스템 개발

1. 에너지를 줄이는 냉방 시스템 요구

전력수급 불균형의 주범, 냉방 시스템

차갑고 건조한 겨울과 고온다습한 여름이 공존하는 대한민국에서 쾌적한 사무환경 조성을 통한 생산성 향상을 추구하기 위해 뜨겁거나 차가운 공기를 작업장 등 실내에 유입시켜 온도를 조절하는 설비인 '공기조화 시스템'은 이제 필수적인 요소가 됐다. 더불어 공조 시스템에 의한 에너지 소비량도 급증했는데, 에너지 자원의 해외 수입 의존도가 97% 이상이고, 에너지 순 수입액이 연간 200억 달러(대한민국 총수입액의 13%를 차지(1996년 기준))에 달하는 국내 실정을 고려하면 쾌적한 실내 공간 확보와 에너지 소비량 억제라는 두 가지 필요를 동시에 만족시키기 위해서는 공기조화 시스템의 고성능화가 시급한 일이었다.

주거용, 업무용 및 상업용 건물에서 소비되는 에너지는 1996년을 기준으로 연간 4,650만 TOE(Ton of Oil Equivalent)로 국가 총에너지 소비량의 28.7%, 전력량 기준으로는 40.6%를 차지하는 것으로 보고됐다. 또한 주거용 건물 에너지 소비의 50%, 비주거용 건물 에너지 소비의 47%가 냉난방에 사용되고 있는 것으로 분석됐는데, 이에 따라 건물 부문 에너지 소비 중 냉난방에 소요되는 에너지가 당시 국가 총에너지 소비량의 14%를 차지하는 것으로 추정됐다.

냉방기의 사용이 고온다습한 하절기에 집중되고 대부분의 냉방기가 구동

에너지로 전력을 사용하기 때문에 냉방 시스템은 하절기 전력수급 불균형을 초래하는 대표적인 주범이다. 이는 냉방기 가동을 위해 하절기에만 200MW급의 화력발전소 20여 기가 운전된다는 것을 의미한다. 이는 냉방설비의 고효율화, 또는 전력이 아닌 열에너지를 이용한 냉방 시스템 개발을 통해 냉방설비 가동에 의한 전력 소비를 줄이고, 전력부하를 평준화해 발전설비의 효율적 운영 및 발전 효율 향상을 도모하는 것이 시급히 필요함을 드러내는 수치이다.

비효율적 에너지 소비를 차단하라

전기에너지가 아닌 열에너지를 이용한 냉방 시스템으로는 흡수식 냉동기가 있다. 흡수식 냉동기는 증발기, 응축기, 흡수기, 재생기 등 여러 가지 부속 장치로 이루어져 기기의 체적이 크기 때문에 주로 대용량의 설비에 적용됐다. 그래서 당시에는 가정용을 목표로 한 2~3RT(Refrigeration Ton)급의 소용량 흡수식 냉동기 개발에 연구가 집중되고 있었다. 하지만 이는 소용량에 주로 적용되던 증기압축식 냉동기과 비교할 때 경쟁력을 갖추지 못한 상태였다.

이런 상황에서 개발하고자 한 독립형 제습-증발식 냉방 시스템은 기존의 증기압축식이나 흡수식 냉동기 없이 물의 증발에 따른 증발잠열의 흡수로 공기의 온도가 낮아지는 자연현상을 이용한 시스템이었다. 이는 냉동기를 필요로 하지 않아 송풍기의 전기 입력을 제외하고는 과다한 전기에너지를 사용하지 않아도 된다는 장점이 있었다. 그리고 중대형 냉방기뿐만 아니라 1RT급의 소형 냉방기로도 제작이 가능하고, 기존의 증기압축식 냉방기에 비해 구성 부품의 개수도 적어 소형에서도 충분한 가격 경쟁력을 확보할 수 있을 것으로 기대됐다. 또한 흡수식 냉동기가 150~200℃ 정도의 열원을 필요로 하는 것에 비해, 제습-증발식 냉방 시스템은 90℃ 이하의 저온 열원으로도 냉방을 공급할 수 있어서 열병합발전소의 중온수나 폐열도 이용할 수 있도록 설계됐다.

한편 제습-증발식 냉방 시스템에서는 온도와 습도의 독립적인 제어가 가능해 기존의 방식에서와 같은 비효율적 에너지 소비를 차단할 수 있었다. 따라서 냉방 시스템의 제습부하가 없어 외기 도입량이 큰 경우에도 충분한 성능을 발휘할 수 있으며, 실내 공기의 질을 향상시킬 수 있어 장차 예상되는 실내 환경 기준 강화에도 충분히 대처할 수 있다고 판단됐다.

'독립형 제습-증발 냉방 시스템'을 고안하다

공조 시스템에서 일반적으로 적용되는 제습 시스템은 증발기 또는 냉각코일의 표면온도를 공기의 이슬점온도 이하로 유지해 공기 중의 수증기를 응축시켜 제습하는 냉각식 제습 시스템이다. 때문에 공급 공기의 온도가 필요 이상으로 낮아지는 경우가 발생해 공급 공기를 냉각제습 후 재가열해야 할 필요가 생기기도 하며, 냉동기의 저온부 온도가 낮아짐에 따라 냉동 효율이 저하되어 전체적인 에너지 효율도 감소하게 된다.

흡습식 제습 냉방 시스템(desiccant cooling system)은 냉각식 제습 시스템의 이러한 단점을 보완하기 위한 시스템으로 제습제(desiccant)를 이용해 잠열부하를 처리한다. 제습제는 습기에 강한 친화력이 있는 물질로 주위 공기에서 직접 수증기를 흡수 및 흡착(absorption, adsorption)할 수 있다. 또한 제습제에 열을 가하면 흡수된 수증기가 증발해 다시 건조해지므로 반복해 사용할 수 있다.

흡습식 제습 냉방 시스템에서는 고온다습한 공기가 흡습식 제습기(desiccant dehumidifier)를 통과하면서 제습 건조되고, 냉동기의 증발기 또는 냉수코일을 지나면서 온도가 낮아진 후 실내로 공급된다. 이 시스템은 잠열부하(潛熱負荷)는 흡습식 제습기가, 현열부하(顯熱負荷)는 냉동기가 담당하므로 공급 공기의 습도와 온도를 서로 독립적으로 제어할 수 있는 장점이 있다. 이런 장점 덕분에 이 시스템은 박물관, 문서 수장고, 제약회사 등 공급 공기의 온도가 상온이면서 저습도가 요구되는 경우에 매우 적합하다.

또한 흡습식 제습 냉방 시스템은 제습기의 재생 과정에 소요되는 열에너지를 이용해 잠열부하를 처리하므로 전기에너지를 필요로 하는 기존의 냉각식 제습 시스템보다 훨씬 경제적이다. 이러한 장점은 레스토랑, 오피스텔, 극장, 병원 등 대용량의 환기를 필요로 하는 상용 건물의 환기 도입에 따른 잠열부하의 처리에 활용될 수 있다.

한편 증발식 냉방 시스템은 공기에 물을 분사해 물의 증발에 따른 증발잠열의 흡수로 공기의 온도를 낮추어 냉방을 공급하는 방식이다. 이 시스템은 송풍기를 제외하고 에너지를 전혀 투입하지 않고도 냉방을 할 수 있는 큰 장점이 있음에도 주로 건조한 지역에만 적용되고 있는데, 이는 대한민국 같이 고온다습한 특성을 가진 지역에서는 이 방식으로 충분한 저온을 얻을 수 없기 때문이다.

하지만 증발식 냉방 시스템을 개선해 습도가 높은 지역에도 적용할 수 있도록 '독립형 제습-증발 냉방 시스템'을 고안할 수 있었다. 독립형 제습-증발 냉방 시스템은 기본적으로 흡습식 제습 냉방 시스템과 증발식 냉방 시스템의 장점을 취합한 시스템으로, 냉동기 없이 열에너지만으로 냉방 공급이 가능해 기존의 냉방 시스템이 가진 여러 가지 문제를 해결할 수 있을 것으로 기대됐다. 또한 환기에 의한 잠열부하의 처리가 용이해 실내 공기 질(indoor air quality, 이하 'IAQ') 향상을 위한 환기량의 증대에도 적합한 시스템이다.

당시 대한민국에서는 흡착식 제습-증발 냉방 시스템이 특수한 산업공조 분야에만 적용되고 있어 시장 규모가 그리 크지 않았으며, 관련 업체들은 주로 제습기 등 주요 부품을 수입해 시스템을 제작, 공급하는 단계에 머물러 있어 국내 기술 기반이 취약한 형편이었다. 그러나 분명한 점은 흡착식 제습-증발 냉방 시스템이 에너지 다소비, 오존층 파괴, 전력수급 불균형 야기 등 기존의 냉방 시스템이 가지는 여러 가지 문제를 해결할 수 있는 충분한 가능성을 가진 시스템이기에 이에 대한 적극적인 연구를 통해 새로운 산업 분야로 발전시켜 나가는 것이 필요하다는 것이었다.

2. 한국형 냉방 시스템의 개발

제습-증발 냉방 시스템의 구성 – 제습 냉방 시스템

제습 냉방 시스템에서는 제습기를 이용해 외기 도입에 따른 잠열부하를 처리한다. 제습 냉방 시스템의 가장 중요한 구성요소인 제습기 휠은 주로 실리

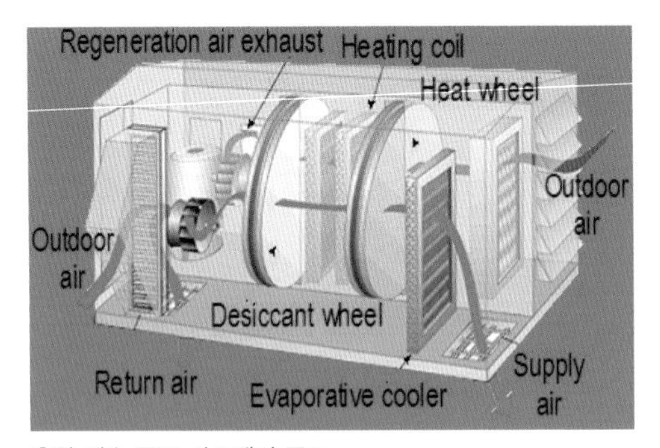

흡착 제습 공조 시스템의 구조

카 겔(sillica gel), 티타늄 실리케이트(Titanium Silicate), 제올라이트(Zeolite) 등의 고체 제습제를 벌집 모양의 미소(微小) 구조체를 가지는 휠에 함침(含浸)시키거나 골판지처럼 생긴 성형지에 코팅한 후 이를 말아서 휠 형태로 제작하는데, 고체 제습제의 제습원리는 모세관 응축이며 제습제의 표면은 해면체와 같은 다공질 구조로 되어 있다.

흡착 제습 시스템은 주로 산업용 공기 제습기로 이용되어왔으며, 공조용으로 응용하는 예는 당시로서는 비교적 최근의 일이었다. 산업용 흡착 제습 시스템은 냉각 제습 시스템이 달성할 수 없는 극도의 건조한 공기가 요구되는 산업분야에 주로 활용됐으므로, 에너지 효율이나 재생온도 등은 주요 관심사가 아니었다. 그러나 이러한 시스템을 산업용이 아닌 공조용으로 활용하는 경우, 극도로 건조한 공기를 필요로 하는 것은 아니므로 저습도일 때 흡습 성능보다는 습도가 높을 때의 흡습 성능이 중요하며 에너지 효율이나 재생열원의 다양성 측면에서 제습제의 재생온도를 낮추는 것이 필요했다.

이러한 관점에서 친수성 폴리머(polymer)를 제습제로 활용하는 방안이 연구됐다. 친수성 폴리머는 습기용량, 흡수열 등을 조절할 수 있는 잠재적인 이점이 있었고 공조 응용에 편리한 모양으로 제조되거나 코팅될 수 있으며 값이 싸고 70℃ 정도의 낮은 온도에서도 재생될 수 있었다.

현열교환기는 외형상으로는 제습기와 매우 유사하지만, 제습은 이루어지지 않고 현열만을 교환한다. 제습기를 통과해 건조 가열된 공기는 현열교환기를 통과하면서 온도가 낮아진 후, 냉각 코일을 통과하면서 더욱 냉각되어 공조 공간으로 공급된다. 고온다습한 공기가 제습기를 통과하면서 건조되고, 습기가 흡착되면서 발생한 흡착열로 온도가 상승한다. 습기가 제습제에 흡착될 때 발생하는 열은 수증기가 액화할 때의 응축열보다는 약간 크지만 거의 동일하므로, 제습 과정 중 공기의 상태 변화는 단열 과정에 가깝다. 제습기를 통과한 고온건조한 공기는 현열교환기와 냉동기의 냉수코일을 지나면서 온도가 낮아진 후 실내로 공급된다.

제습 증발식 냉방 시스템의 구성 – 증발식 냉방 시스템

증발식 냉방 시스템은 공기에 물을 분사해 물 증발에 따른 증발잠열 흡수로 공기의 온도를 낮추어 냉방을 공급하는 시스템을 말한다. 이런 증발식 냉방 시스템은 구조가 매우 간단해 고장의 염려가 거의 없으며, 송풍기를 제외하면 더 이상의 에너지의 투입 없이 냉방을 얻을 수 있는 큰 장점이 있다. 그러나 이 시스템은 실내로 공급되는 공기의 습도가 실내 습도보다 높아 밀폐된 공간에서 사용할 경우 실내 습도가 지속적으로 증가하게 되며, 공급 기능한 최저온도가 흡입 공기의 습구온도로 제한되는 문제가 있다. 따라서 대한민국과 같이 고온다습한 특성을 가진 지

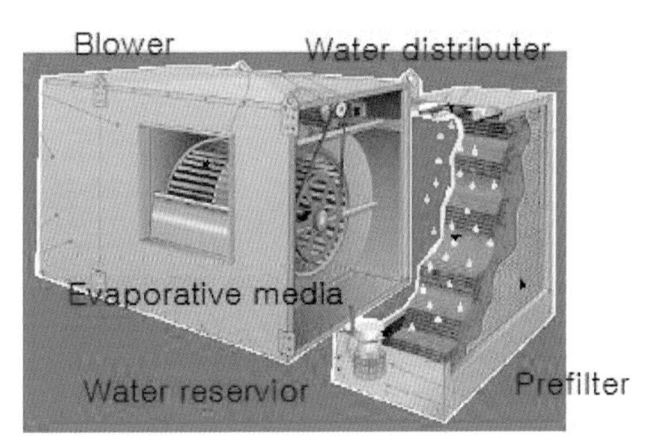

증발식 냉방 시스템 개략도

역에서는 이 방식으로 충분한 저온효과를 얻기 어려웠다.

제습-증발 냉방 시스템은 증발식 냉방 시스템을 개선해, 습도가 높은 지역에도 적용할 수 있도록 고온다습한 공기를 제습기를 이용해 제습한 후 증발식 냉각으로 온도를 낮추어 증기압축식이나 흡수식 등 여타의 기존 냉동기 없이 냉방을 공급할 수 있는 시스템이다. 이 시스템은 기본적으로 건조한 지역에서만 사용할 수 있는 증발식 냉방 시스템과 독립적인 냉방을 수행할 수 없어 기존의 냉방 시스템에 부가적으로 설치해야 하는 제습 냉방 시스템의 단점을 보완하고 각 시스템의 장점만을 취합한, 그야말로 냉동기 없이 열에너지만으로 냉방 공급이 가능한 냉방 시스템을 말한다.

제습기를 통과해 실외로 배기되는 공기의 온도가 현열교환기의 배기 측 온도보다 높은 경우, 제습기 배기를 이용해 가열기 입구의 공기를 가열하면, 제습기의 재생을 위해 가열기에 투입되는 열 입력을 감소시킬 수 있으므로 시스템의 전체적인 효율을 향상시킬 수 있다.

그런데 일반적인 증발식 냉방기는 저온의 공급 공기를 얻기 위해서 증발식 냉방기 입구의 습구온도를 낮추어야 한다. 이에 따라 증발식 냉방기 입구의 절대습도, 즉 제습기 출구의 절대습도를 낮추어야 하므로 제습기의 부하가 증가한다. 그런데 재생형 증발식 냉각기(Regenerative Evaporative Cooler)는 이론적으로 습도의 변화 없이 공급 공기의 온도를 흡입 공기의 이슬점온도까지 낮출 수 있다고 알려져 있다. 재생

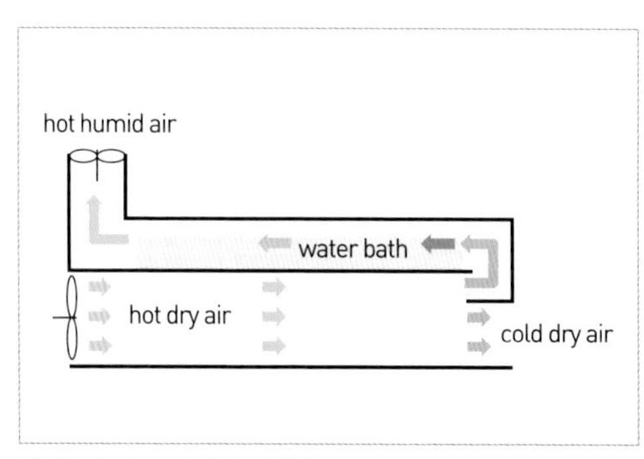

재생형 증발식 냉각기 개략도

형 증발식 냉방기를 적용하면 일반적인 증발식 냉방기보다 더욱 저온의 온도를 얻을 수 있는 것이다.

재생형 증발식 냉각기는 작동 원리상 일정 비율의 공기를 실외로 배출해야 하므로, 그만큼의 공기를 외부로부터 흡입해야 한다. 따라서 제습기 통과 유량이 실내 급기량보다 항상 많으므로 제습기의 제습부하가 그만큼 증가하지만, 대신 충분한 외부 공기를 도입함으로써 IAQ가 향상되는 장점이 있다.

한국형 '냉동기 없는 냉방 시스템'의 개발

현존하는 각종 시스템들의 비교 분석 및 성능 연구를 기본으로 해 마침내 한국형 '냉동기 없는 냉방 시스템'이 탄생하게 됐다. 다시 말해 건조한 지역에서만 사용할 수 있는 증발식 냉방 시스템과 독립적인 냉방을 수행할 수 없어 기존의 냉방 시스템에 부가적으로 설치해야 하는 제습 냉방 시스템의 장점을 취합하고 단점을 보완한 냉동기 없이 열에너지만으로 냉방 공급이 가능한 냉방 시스템인 '독립형 제습-증발 냉방 시스템'이 그것이다. 이 연구의 특징은 대한민국과 같은 고온다습한 지역에 적용할 수 있는 독립형 제습-증발 냉방 시스템의 개발을 위해 기존의 직접 증발식 냉각기 대신 재생형 증발식 냉각기를 도입한 제습-증발 냉방 시스템을 고안했다는 점이다. 재생형 증발식 냉각기는 습도의 변화 없이 공급 공기의 온도를 흡입 공기의 이슬점온도까지 낮출 수 있어 제습기의 부하를 크게 경감시켜 제습기 소형화에 유리하며 습도가 높은 지역에서도 효율적인 운전이 가능하다는 장점을 가지고 있다.

이 연구에서는 먼저 열 전달과 물질 전달이 동시에 일어나는 복합 열물질 전달 과정에 대한 해석적 연구를 수행해 증발 냉각 과정 및 흡착 제습 과정을 이론적으로 규명했다. 이런 해석적 연구 결과는 재생형 증발식 냉각기 및 제습기의 최적 설계에 이용됐으며, 나아가 냉각탑, 건조기 등을 포함한 다양한 분야에도 적용될 수 있을 것으로 기대됐다.

증발 냉각 과정에 대한 해석적 연구 결과를 이용해 밀집형으로 된 재생형 증발식 냉각기의 최적 설계를 수행했으며, 증발 냉각 효과를 최대화하기 위해 증발수가 핀 표면에서 흘러내리지 않고 얇은 수막을 형성할 수 있도록 특수한 표면처리기술을 개발했다. 최적 설계 결과와 표면처리기술을 적용해 재생형 증발식 냉각기의 시작품을 제작했으며 성능 시험을 실시했다. 표면처리기술의 도입으로 증발수의 공급에 따른 공기 유동 저항 증가의 문제를 완전히 해결했으며, 성능 측정 결과가 설계 목표에 충분히 도달함도 확인했다. 해당 연구에서 제작한 재생형 증발식 냉각기는 송풍 동력만으로 32℃, 50%의 흡입 공기 조건에서 22℃ 공기의 공급이 가능하며, 대한민국의 통상적인 하절기 기후 조건에서 항상 25℃ 이하의 공기를 공급할 수 있는 것으로 파악됐다. 덧붙여 연구진은 고 흡수성 폴리머(SAP)를 이용해 새로운 제습제를 개발했다. 개발된 제습제는 기존의 실리카 겔보다 4~5배 정도 높은 흡습 성능을 가지고 있으며 60℃ 정도에서 완전히 재생할 수 있는 물질이다.

최종적으로 고효율 재생형 증발식 냉각기와 고효율 제습기를 조합해 개발한 제습-증발 냉방 시스템은 환기 도입이 불가능한 기존의 전기식 냉방기에 비해 항상 30% 정도의 환기가 가능해 IAQ 향상에 매우 유리하기까지 하다.

그리고 제습-증발 냉방 시스템은 기존의 전기식 냉방기와는 달리 상대적으로 비용이 저렴한 열에너지를 이용해 냉방을 공급할 수 있으므로 냉방기 가동에 따른 운전비용을 대폭 절감할 수 있다. 예를 들어 가스를 열원으로 이용할 경우 전기식 냉방기에 비해 운전비용을 대략 1/2 이하로 절감할 수 있다. 그뿐 아니라 90℃ 미만의 저온 열원으로도 냉방 공급이 가능하기 때문에 산업폐열, 태양열, 온수 등 다양한 열원을 활용할 수 있다. 산업폐열이나 태양열 등 미활용에너지를 활용하면 운전비용이 거의 들지 않게 되며, 지역난방 공급 온수를 이용하면 별도의 대규모 시설 투자 없이 기존의 지역난방설비를 활용한 지역냉방 공급이 가능하다. 또한 기존의 냉동기와는 달리 물 이외에 냉매가 필요하지 않으므로 지속적인 강화가 예상되는 CFC 계열 냉매 사용 규제가 전혀 문제가 되지 않으며, 고성능 등으로 이산화탄소(CO_2) 배출 규제에도 적극 대처할 수 있게 될 것이다. 게다가 미활용에너지의 적극 이용도 가능하다.

산업자원부의 에너지절약기술개발사업으로 한-독 국제 공동연구를 통해 국내에 적용 가능한 기술 개발 사업으로 추진된 이 연구는 KIST유럽에서 개발하고, 증발식 냉방 시스템 및 통합은 KIST 본원에서 수행하는 협력연구 체제로 그 의미가 더욱 뜻깊었다. 한편 이렇게 개발된 기술은 국내기업인 위젠글로벌과 2002년 기술실시 계약을 체결했다. 기술료 수입 2,000만 원(KIST유럽: 800만 원)과 더불어 특허 등록(습기제거 및 요소기기 및 제작방법[독일: DE 10164632 A1, PCT: WO 03/055595 A1])까지 되어 더욱 값진 연구가 됐다.

3장

연구소 설립과 함께 시작한 대우전자 프로젝트

1. 메카트로닉스 분야의 역량 축적

대우전자 협력 프로젝트는 KIST유럽의 설립과 함께 시작됐다. 자를란트 대학 창업센터에서 업무를 시작한 지 몇 달 지나지 않은 1996년 7월, 초대 소장이었던 이춘식 박사는 당시 KIST유럽 자문위원이자 대우전자 회장이었던 배순훈 회장(전 정보통신부 장관)에게 프랑스 비이에 라 몽따뉘(Villers-La-Montagne)에 소재한 대우전자 마이크로 오븐(전자레인지) 생산 공장의 자동화 개발에 대한 제안서를 전달했다. 확보된 연구원도, 실험실이나 기본 장비도 없는 상황이었지만 프라운호퍼 제작엔지니어링및자동화연구소(Fraunhofer Institute for Manufacturing Engineering and Automation, IPA)와 공동으로 생산 자동화 콘셉트를 만든다는 내용이었다.

그리고 이 제안서는 1998년 3월에 이르러 '마이크로 오븐 생산라인에서 언로딩 시스템의 자동화에 대한 연구(대우전자 프랑스 수탁)'의 단초가 됐다. 그 후 당시 기계전자공학 분야의 연구원이던 이혁희 박사의 성공적인 개발 성과에 힘입어, 1998년 12월 '마이크로 오븐 생산라인에서 전자파 측정 시스템의 자동화(대우전자 프랑스 수탁)', 2001년 1월 '마이크로 오븐용 저전압 마이크로 크라이스트로드(Microklystrode) 오실레이터 개발(대우전자 프랑스 수탁)' 등으로 이어졌다. KIST유럽 개소 초기라는 한계와 국내의 IMF 구제금융이라는 어려움 속에서 큰 규모의 개발 과제를 수탁 받는 성과로 이어진 것이다.

대우전자의 수탁 과제를 바탕으로 쌓인 자동화 시스템 및 메카트로닉스 분야의 개발역량은 이후에 바이오센서 기술과 융합해 '자동 효소면역분석법(Enzyme Immuno Assay, 이하 'EIA') 분석기기 개발(동아제약 수탁)'로 이어졌고, 마이크로파 분야 기술역량은 암 치료에 응용되어 'Hyper thermia Therapy를 이용한 암 진단 및 치료를 위한 마이크로웨이브 발진관 및 카테터 개발(KIST 기관 고유 수탁)' 등 연구 수행의 기초가 됐다.

마이크로 오븐 생산라인에서 언로딩 시스템의 자동화

자동화 장치의 로봇 암(왼쪽 상단)과 트롤리 적재 장치

자동화 장치 내부의 트롤리에 프레스 가공된 철판을 적재하는 모습

1998년 3월, 마이크로 오븐(전자레인지)의 외형 철판을 프레스 후에 기계에서 꺼내 트롤리에 적재하는 작업을 자동화하는 제안이 추진됐다. 당시 대우전자 프랑스 마이크로 오븐 생산라인에서는 연간 160만 개의 오븐을 생산하고 있었는데, 이것은 프레스라인에서 작업자가 고압 프레스 기계 속으로 6초에 한 번씩 손을 넣어 수백 톤의 압력으로 가공된 얇은 철판을 꺼내야 하는 매우 위험한 작업을 해야 한다는 것을 의미했다. KIST유럽에서는 이러한 생산현장의 고위험 요소를 해결하고 6초의 빠른 작업 사이클을 실현하기 위해 자동화된 장치를 고안하고 제작했다. 개발된 자동화 장치는 프레스 기기에 붙였다

프레스 기기에 연결되어 운영 중인 자동화 장치(안전 철망 내부)와 적재가 완료된 트롤리(왼쪽),
대우전자 프랑스

떼었다 할 수 있는 이동식으로 마이크로 오븐 모델에 따라 총 네 가지 다른 크기의 철판을 적재할 수 있도록 개발됐다.

공압 실린더, 공압 밸브 및 위치센서, PLC 프로그램 등으로 이루어진 이 자동화 장치는 개발 기간 동안 프라운호퍼 생의공학연구소(Fraunhofer Institute for Biomedical Engineering, Fh-IBMT)의 창고를 빌린 작업실에서 만들어져 1999년 대우전자 프랑스 실제 생산현장에 적용됐다. KIST유럽에서 개발한 자동화 장치를 프레스 기기에 연결하고, 외형 철판의 종류를 선택한 후에 프레스 공정을 시작하면, 자동화 장치가 6초에 1개씩 철판을 트롤리에 빼곡하게 적재하므로 작업자는 약 20분에 한 번씩 적재가 끝난 트롤리를 운반하기만 하면 됐다. 대우전자 프랑스는 이 장치의 도입으로 8명의 수작업자를 감축함으로써 생산성 향상 효과를 거두었다. KIST유럽은 이후 2000년 초까지 지속적으로 직원 교육, 자동화 장치의 문제점 보완, 부품 교체 및 운용 프로그램 업그레이드 등의 사후 서비스를 통해 장치의 완성도를 높였다.

마이크로 오븐 생산라인에서 전자파 측정 시스템의 자동화

KIST유럽은 프레스라인에서의 외형 철판의 적재 자동화를 구현하면서 동시에 1998년 12월부터 조립라인-제품검사 시스템의 자동화 장치 개발에 착수했다. 대우전자 프랑스 공장 내의 3~4개 조립라인의 마지막에 위치하는 제품검사 공정에는 조립된 마이크로 오븐의 측면과 윗면, 전면을 검사하기 위해 2명의 검사자가 오븐 내부에 전자파 흡수체를 넣고 오븐 외형(cabinet) 조립 전과 후의 누설 여부 검사를 수행하고 있었다. 검사자는 마이크로 오븐을 작동시킨 다음 누설 검사봉을 이용해 각 이음새와 전면 도어 가장자리에서 수치를 측정하고, 누설이 심할 경우 물이 들어 있는 물통을 넣고 재검사를 실시했다.

검사자들은 간단한 보호장비를 구비하고 오븐에서 최대한 멀리 떨어진 채 팔을 뻗어 검사를 진행했는데, 전자파 노출에 대한 우려 때문에 같은 라인에서 작업하는 십여 명의 작업자들 사이에서 누설검사는 기피되는 작업이었다. 또한 검사는 안전성 때문에 검사봉을 손에 쥐고 빠르게 훑고 지나가는 식으로 이루어졌음에도 전자파 흡수체를 오븐에 넣고 빼는 시간까지 포함해 21초 사이클로 매우 더디게 수행되고 있었다. 그러니 생산 효율이 떨어지는 것은 당연한 일이었다. 작업자가 검사봉과 검사면 사이의 각도와 거리를 정확하게 유지하면서 빠르고 일정한 이동 속도로 누설검사를 한다는 것은 매우 어려운 일이었고, 이러한 검사 결과를 생산 데이터로 수집하는 것도 어려운 일이었다.

그래서 전자파 누설 자동 측정 시스템에서는 일련의 누설검사 과정을 3구역으로 정리해 작업을 분업화한 다음 가장 중요한 전면 도어 틈새 검사만을 수행함으로써 16초 사이클을 가능하게 했다. 또한 최적화된 자동검사 경로를 0.5mm 오차 내로 이동하면서 검사해 모델마다 비교 분석하도록 함으로써 생산품의 불량률을 줄이는 데에도 기여했으며, 누설 전자파 측정치의 정확도를 수동검사보다 4배 이상 증가시킬 수 있었다.

마이크로 오븐 조립라인용 전자파 누설 자동 측정 시스템

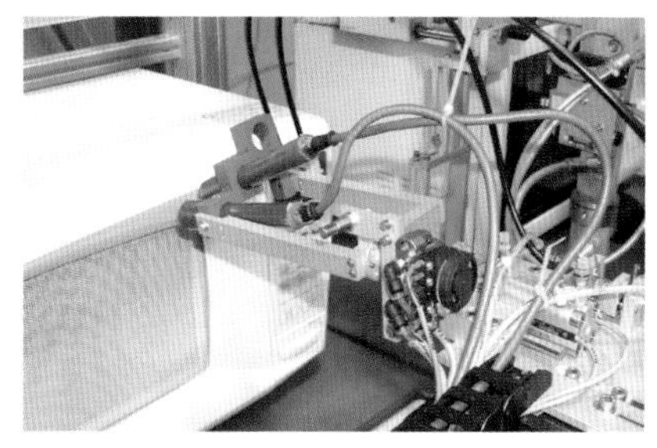

2개의 검사봉(Probe)을 장착한 로봇 암이 마이크로 오븐 전면부를 측정하고 있다

그러나 이렇게 개발된 전자파 누설 자동 측정 시스템은 이전의 프레스 언로딩 자동화보다 제품 편차가 심하고, 다양한 형태의 예측하지 못한 오류들 때문에 오랜 시험기간과 보수가 필요했다. 또한 최종 제품을 위한 조립라인이기 때문에 생산부하가 높고 다양한 모델에 따라 공정의 유연성이 필요하므로 실제 적용에 있어서는 미흡함이 많이 발견되기도 했다.

2. 신개념의 마이크로웨이브 오실레이터 개발

응용 가능성이 큰 마이크로크라이스트로드

마이크로 오븐용 마이크로웨이브 발진관(마그네트론)은 약 4,000V의 전압을 가지고 2.45GHz 주파수 근처의 전자파를 발생시키는 비교적 단순한 장치이다. 값싸고 단순한 반면에 발진 출력조절이 ON/OFF로만 가능하고, 출력신호 노이즈 및 4kV 고전압 발생부의 냉각용 소음이 매우 큰 단점이 있었다.

마이크로크라이스트로드 발진관은 1980년대 후반에 개발된 새로운 전자튜브의 일종으로 크라이스트론(Klystron)과 4극관(Tetrode)의 특성을 혼합해 낮은 UHF 영역(0.2~1GHz)의 산업용에 응용됐다. 이는 다른 형태의 마이크로웨이브 발진관에 비해 구조적으로 단순화된 장점으로 인해 소형화가 가능하고, 저전압(550V 이하)에서 구동이 가능한 구조 및 영구자석, 고주파 필터 등이 필요 없는 장점이 있었다. 또한 아날로그 출력 방식을 사용해 기존의 마그네트론과는 다르게 출력조절이 가능하고, 출력신호 노이즈가 적으며 기기의 안정성이 증가하는 등 폭넓은 분야로의 응용이 용이하다는 것도 장점이었다.

2001년 KIST유럽에서는 기존의 낮은 UHF용 마이크로크라이스트로드 발진관의 공진 구조를 2.45GHz용으로 개발하고, 저온(약 800도) 세라믹 캐소드 제작 및 주파수 튜닝 등이 가능한 소형 발진관으로 설계하는 과제를 대우전자 프랑스로부터 수탁을 받아 시작했다. 이 연구는 당시 연 7,000만 대의 마이

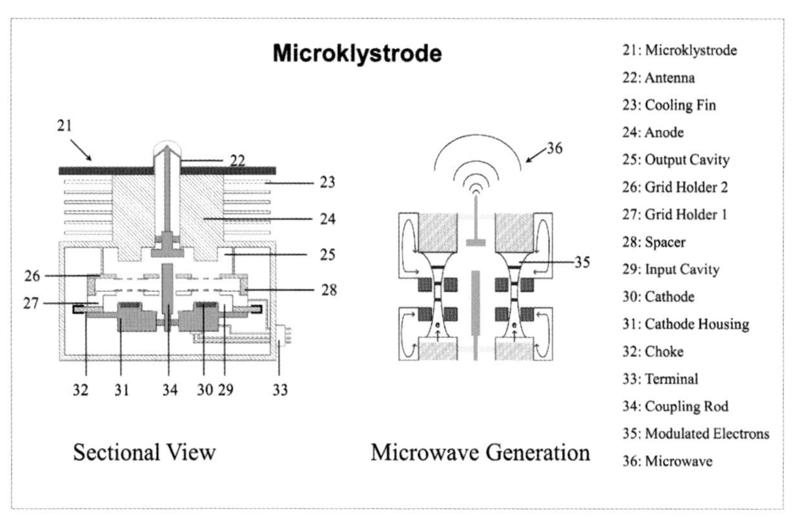

KIST유럽의 마이크로크라이스트로드 구조. 원판형 저온 옥사이드 캐소드, 2개의 그리드 및 coupling rod를 특징으로 설계 제작됐다.

크로 오븐 시장뿐만 아니라, 의료용, 램프 및 재료 가공 등 응용 분야로의 확산이 가능해 큰 경제적 파급효과가 기대됐다.

그림에서 보는 바와 같이 프로토타입 발진관 모델의 발진 실험 장치 셋업은 진공 시스템, 작동전압 인가부, 캐소드 히터 제어부, 그리고 마이크로웨이브의 도파 및 측정을 위한 기기들로 구성되며 전체 시스템은 PC와 개발된 소프트웨어에 의해 제어된다. 제작 조립된 기기의 발진 실험에 앞서, 배기, 파이어링(Firing), 액티베이션(Activation) 등과 같이 여러 단계에 걸친 장시간의 실험 준비가 필요한 프로세스가 컴퓨터에 의해 정확하고 반복적으로 제어될 수 있도록 실험 시스템을 구성했다.

브레이징에 의해 진공관의 금속 부분 접합이 완료되면, 제작 준비된 세라믹 부품과 그리드, 캐소드 유닛이 전체 기기부에 조립된다. 전원의 연결과 캐소

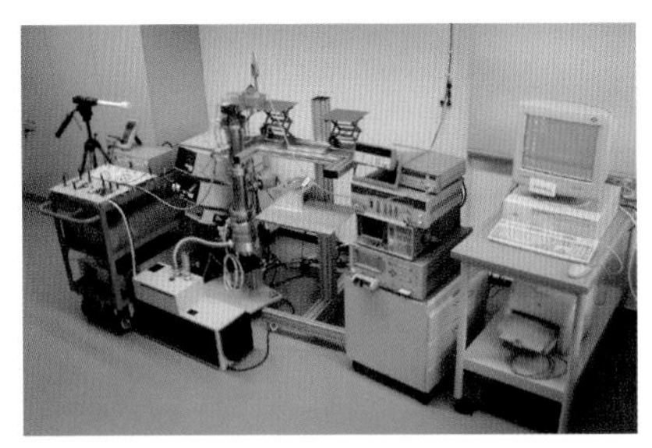

진공관 및 마이크로웨이브 특성 분석기 등으로 구성된 마이크로크라이스트로드 발진관 실험 장치 셋업

드 히터 부분의 일렉트로드(Electrode)가 연결되면 진공 시스템에 장착되어 앞에서 언급한 몇 가지의 선행 실험을 수행하게 된다. 먼저 캐소드 히터의 캘리브레이션과 캐소드의 파이어링이 수행되고, 그 후에 액티베이션 프로세스가 진행된다. 진공 조건의 엄수와 정확한 온도제어가 주된 관건이며, 이와 같은 프로세스를 마치면 발진 실험을 수행할 준비가 완료된 것이다. 이와 같은 실험 준비 단계는 짧게는 2~3일에서 길게는 약 5일 정도가 소요되는데, 이는 배기 및 파이어링 그리고 액티베이션 단계에서 발생하는 여러 물리적 및 화학적인 현상에 의해 내부 진공 압력이 좌우되기 때문이다.

실험 준비 단계가 완료되면, 캐소드와 아노드 양단에 550V의 직류전압이 인가되며, 튜브의 자력 발진(Self-oscillation) 조건을 만족시키기 위해 트리밍 포텐시오메타를 이용하여 캐소드와 컨트롤(Control) 그리드 사이에 부 바이어스(negative bias) 전압을 인가하게 된다. 즉, 캐소드 면에서 방출된 전자들이 바이어스 전압에 의해 제어되며, 초기 작동 조건을 만족시키는 전압으로 맞춰지게 되면 내부 피드백 구조에 의해 반복적인 마이크로웨이브의 발진이 발생하게 된다.

이러한 연구개발을 통해 KIST유럽에서는 발진관 핵심 부품 설계, 금속 브레이징 및 코팅 가공, 정밀 조립, 옥사이드 캐소드 재료 개발 및 코딩/가공방법 개발 등 시스템 설계와 제작 전반에 대한 체계적인 기술적 데이터 및 실험을 축적했다. 또한 자동화된 캐소드 제작과 테스트 방법을 개발함으로써 향후 상용화에 필요한 원천기술을 보유하게 됐다. 그리고 이에 관련한 다수의 연구논문을 발표하고, 발진관에 관한 특허(고주파 마이크로웨이브 장치, 독일, 2001년)를 출원했다.

마이크로크라이스트로드 개발 연구는 이후 2001년 7월 'Hyperthermia Therapy를 이용한 암 진단 및 치료를 위한 마이크로웨이브 발진관 및 카테터 개발'(KIST 기관 고유 수탁)로 이어져 마이크로크라이스트로드 발진관 개발과 더불어 암 치료용 마이크로웨이브 카테터(안테나) 설계로 발전했다. 또한 2003년 'Hybrid-focused 마이크로웨이브를 이용한 암 치료용 메드트로닉스 시스템' 개발(KIST유럽 기본 과제)에서는 발진관 개발에 이어 다중 안테나 시스템을 이용한 마이크로웨이브의 3차원 초점 조절기술 연구로 이어졌다.

R&D 2기
(2002~2008)

권오관, 이준근, 김창호 소장 재임 기간

KIST유럽 2기의 핵심 연구 과제는 '바이오'분야였으며 1기부터 중점 연구개발 과제로 진행된 '환경 분야'는 이후 '휴먼엔지니어링 연구 분야'로 확대 발전했다. 특히 나노 기술, 바이오 기술 분야는 EU 강점기술 분야 중 국가적 수요가 큰 핵심기술의 전략적 수행이라는 측면과 EU의 주요 연구 주제인 건강 및 복지를 위한 의료기기, 의료센서 분야의 연구개발 수행이라는 측면에서 현지 연구소로서의 장점을 가장 잘 살릴 수 있는 선택이었다.

그래서 1기 말(1999년~2000년)부터 휴먼엔지니어링 그룹 조직과 함께 의료 분야로 연구를 확장하고, 2기에 들어서면서 '암 치료'관련 분야의 중점 개발이 진행됐다. 휴먼엔지니어링 그룹의 주요 연구 과제로는 '치료용 마이크로웨이브 발진기(전자파 발진관)'개발, 'SPR 바이오센서', '의료 진단용 캐패시티브 바이오센서'개발 등을 들 수 있다. 이를 위해 상당한 규모의 연구 설비 및 기자재 투자도 동시에 이루어져 2기 말에는 주력 연구자들의 연구 분야가 바이오 쪽으로 정착됐다.

한편 나노 기술, 바이오 기술에 학제(學制) 간 융합 기반의 운영 체제로 환경 연구 그룹과 휴먼엔지니어링 연구 그룹의 융합인 메드트로닉스 그룹이 생겨났다. 메드트로닉스 그룹에서는 유럽의 원천기술과 나노 및 바이오를 융합해 한국에 적용 가능한 환경기술을 개발하고 마이크로 시스템 기술과 의료기기 기술을 기반으로 한 혁신적인 신기술을 개발했다. 면역세포를 이용한 표적 암 치료법 개발, 미소유체를 이용한 타깃세포 분리소자 개발 등이 중요한 성과이다.

한편 EU 현지 연구 사업에 적극 참여하는 것도 지속적으로 이루어졌다. 이와 관련해 제7차 EU 프레임워크 프로그램(이하 'EU FP')에 적극 참여했고 국제 심포지엄 및 세미나를 통해 구축한 현지 연구 협력 네트워크를 통해 EU 지역 우수연구기관들과 EU FP 수행이 추진됐다. 또한 독일연방교육연구부(BMBF) 사업 및 독일연구협회(Deutsche Forschungsgemeinschaft, 이하 'DFG') 사업, EU-FP 6 VECTOR 수탁 등에 적극 참여함으로써 독일 현지 기업, 대학, 연구소와의 파트너십 공동연구도 추진했다. 자를란트 주정부가 필요로 하는 환경기술 연구 수행도 중요 과제였다. 주로 폐수 처리기술과 관련된 것으로 '코로나 분해기술', '분자각인 흡착기술' 등이다. 유럽 내 환경규제와 관련된 업무도 김상헌 박사의 주도로 이루어졌는데 '환경 컨설팅', 'REACH 분야' 등이 대표적인 것이다.

2007년부터 이혁희 그룹장과 슈타인펠트 그룹장이 대학에서 강의를 시작하면서 자를란트 대학 겸임 교수 제도를 추진했는데, Dual Identity(대학과의 joint institute 설립)에 대한 논의도 이때부터 시작됐다.

4장

융합 바이오 분야 연구의 시작
- 동아제약 프로젝트 -

1. 전자동 EIA 분석기 개발에 도전하다

자동화된 분석기기의 필요성

동아제약의 강신호 회장(현 동아 쏘시오홀딩스 회장)은 KIST유럽 설립 초기부터 자문위원으로 활동하면서 다방면에 걸쳐 지원을 아끼지 않았다. 그 가운데 가장 대표적인 성과를 꼽자면 센서 및 의료기기 개발 분야의 '효소 결합 면역 분석법(Enzyme-Linked ImmunoSorbent Assay, 이하 'ELISA')용 전자동 EIA 분석기기 개발'을 들 수 있다. 이 프로젝트는 1999년 KIST유럽 발전을 위한 위탁 사업으로 추진된 것으로 환경, 자동화, 의료기기 등의 분야에 제출된 과제 제안 중 하나였다.

전자, 생물, 화학 기반의 바이오센서를 포함해 로봇, 자동화, S/W 개발까지 아우르는 전자동 EIA 분석기기 개발은 변재철 박사(현 연세대 교수)의 주도로 2000년부터 2002년까지 약 30개월 동안 수행됐다. 이 연구를 토대로 '동시 다중 검사용 바이오칩 개발(KIST유럽 기관 고유, 2002년)', '의료 진단용 캐패시티브 바이오센서 개발(한국과학재단, 2004년)', 'SPR 바이오센서 시스템 개발(KIST 기관 고유 수탁, 2005년)' 등의 융합 바이오센서 분야의 연구가 지속적으로 수행될 수 있었다.

채취된 혈액 시료를 이용해 여러 가지 질병을 검사하는 방법 중 가장 보편적이고 널리 사용되는 효소 결합 면역 분석법(ELISA)은 질병의 종류와 기기의 사용법 및 성능에 따라 많은 수의 분석 키트가 상용화되어 있다. 병원에서는 하루에도 많게는 수백 명에 달하는 환자의 혈액 시료로 1명당 3~4개 또는 더 많은 분석을 수행해야 한다. 이러한 많은 양의 분석을 수행하려면 자동화된 분석기기를 이용해야 함은 당연한 일이다.

실제로 1개의 ELISA 분석 사이클은 80~90개의 시료에 대해 3~4개의 분석 키트를 수행할 때 소요되는 시간으로, 숙련된 분석자의 경우 약 3시간 동안 작업할 양이다. 중형급 병원의 경우라면 하루 3개 사이클 정도의 작업이 가능하다는 계산이지만, 자동화된 기기를 이용하면 작업시간과 효율이 획기적으로 증가해 1시간 내에 3개 사이클을 동시에 수행하여 분석 결과를 얻을 수 있게 된다.

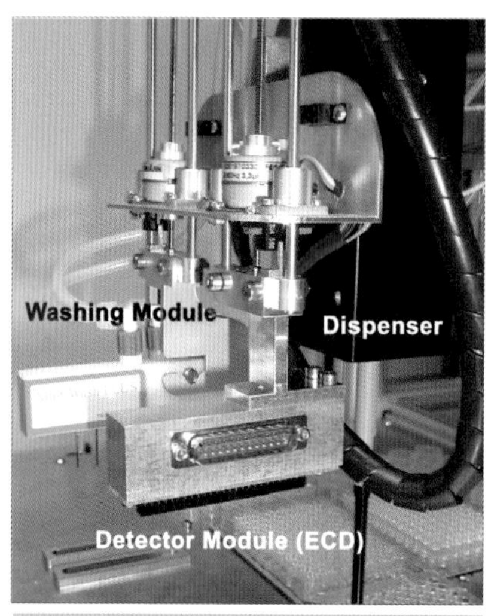

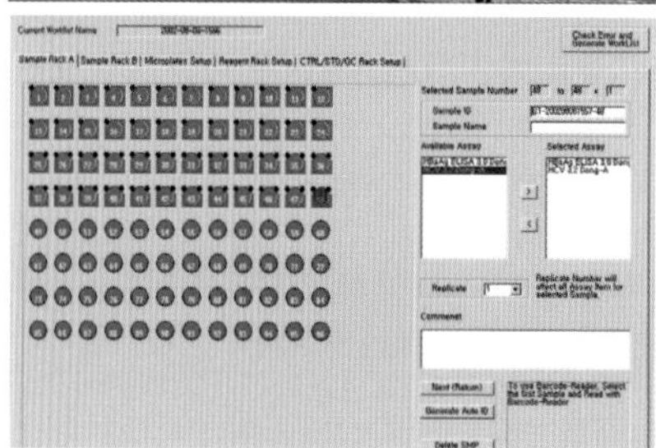

KIST유럽 개발 EIA 분석기기, 디스펜서, 세척 모듈을 장착한 통합 매니폴드 및 프로그램

탁월한 저비용 효과

동아제약에서 생산, 시판 중인 효소 결합 면역 분석 키트에 적용 가능한 자동화기기를 국산화하고, KIST유럽에서 개발한 EIA용 전기화학 검출기(ECD)를 이용해 기존의 광학분석법을 대체한다면 소요시간뿐 아니라 탁월한 저비용 효과도 기대할 수 있었다.

KIST유럽의 전기화학검출기는 항원-항체 반응을 전기 정전용량(capacitive)으로 측정 가능하게 함으로써, 광학 발현시간을 절약할 수 있고 분석법 자체를 간단하게 할 수 있는 장점이 있었다. 이러한 검출기를 포함해 2개의 로봇과 시료 플레이트 이송 장치, 펌프, 밸브, 디스펜서 및 온도제어기, 진탕기, 팁 / 매니폴드 세척기 등을 통합 개발함과 동시에 분석 스케줄 및 분석 수행 프로토콜 등을 내장한 사용자 편의 프로그램도 개발했다.

개발된 자동화 EIA 분석기기

동아제약에서는 개발 프로젝트의 중요성을 인식해 상용화에 가까운 시제품을 만들기 위해 동아제약 소속 연구 개발자를 KIST유럽에 1년 동안 파견해 공동개발을 수행하도록 했다. 또한 기존 제품의 세부 기능과 성능 자료를 수집하기 위하여 수입에 의존하던 유럽의 바이오키트(BioKit) 자동화 EIA 기기 운영방법을 교육받아 벤치마킹하기도 했다.

각종 질병 검사에 사용되는 자동화된 의료검사기기를 개발하기 위한 본 연구 프로젝트를 통해 KIST유럽은 다수의 연구논문 실적을 거두었고, 자체 개발한 의료검사기용 검출기 및 ELISA 기기를 특허 출원 및 등록했다. 또한 전자, 생물, 화학 및 기계 분야의 다양한 연구능력을 바이오센서 개발로 융합하는 첫 걸음을 내딛을 수 있었다.

5장

바이오와 마이크로 시스템의 융합 연구

1. MEMS-ENDS - 21세기 프론티어 과제

독일-유럽의 현지 과제 수주의 발판

과학기술부는 1999년부터 10년에 걸쳐 '전략기술 분야에서 선진권에 진입'을 목표로 21세기 프론티어 사업을 시작했다. 첫해 선정된 3개의 과제 중 '지능형 마이크로 시스템 개발(스마트 내시경)'사업은 메드트로닉스, 미세전자기계 시스템(Micro Electro-Mechanical Systems, 이하 'MEMS')을 기반으로 한 의료 생명 분야 응용 연구 과제였고 책임자는 KIST 박종오 단장(현 전남대 교수)이었다. 2003년 박종오 단장의 실험실 출신이었던 KIST유럽의 이혁희 박사(휴먼 엔지니어링 그룹장)는 생명공학 분야의 슈타인펠트 박사(Steinfeld, 환경연구 그룹장)와 함께 '메드트로닉스(Medtronics)'라는 가상의 협력 그룹을 구성하고, 메카트로닉스(Mechatronics), MEMS, 바이오를 기반으로 한 융합 연구 비전을 세웠다. 그리고 이전부터 관심을 두었던 부작용 없는 암 치료법 개발을 내용으로 한 'MEMS-ENDS(Micro Electro Mechanical System-Enhanced Natural Defense System)(21세기 프론티어)'과제를 박종오 단장으로부터 수탁했다.

MEMS-ENDS 과제는 2003년 8월부터 32개월 동안 약 12억 원(제1기), 2006년 4월부터 36개월 동안 9억 원(제2기), 2009년 4월부터 12개월 동안 3억 원(제3기) 등 총 6년 8개월 동안 약 24억 원의 연구비를 수탁 받는 프로젝트였다. KIST유럽으로서는 연구역량을 획기적으로 발전시킬 수 있는 기틀이 될 연구개발 과제였다. 실제로 MEMS-ENDS 과제를 통한 기술 개발 및 현지 연구기관과의 네트워크를 통해 2006년 '자성분말을 이용한 약물 치료방법 및 약물유도 메소드 개발(DFG)', '면역자성 세포 분리 시스템(독일연방경제노동부(BMWA))', '마이크로 시스템을 이용한 위장 암 제거법 개발(EU-FP 6 VECTOR)' 등 독일-유럽 현지 과제를 수주할 수 있는 발판을 마련할 수 있었다.

이렇게 축적된 기술과 융합 연구역량을 바탕으로 2008년부터는 자를란트 대학과의 연구 협력을 강화하는 프로젝트가 시행됐다. '면역 치료법용 시간제어 방식의 약물방출 폴리머 개발', '사이토 크롬 P450 의존성 약물표적 억제제 설계', '바이오 세포 칩 개발' 등의 프로젝트는 3년 동안 자를란트 경제성과 KIST유럽의 공동투자로 수행됐다. 각각의 프로젝트당 1명의 자를란트 대학 교수와 1명의 KIST유럽 연구책임자가 연구 협력하는 형식이었다. 연구 수행기간 동안 게르하르트 벤츠(Gerhard Wenz) 교수는 KIST유럽으로 사무실을 옮길 정도로 깊은 관심을 보이며 긴밀히 협력했다.

암 치료, 부작용을 최소화하라

마이크로웨이브로 온열 암 치료를 연구하던 연구진은 2003년 본격적으로 생명공학과 마이크로 시스템의 융합을 기반으로 한 암 치료, 그리고 화학 치료와 방사능 치료의 문제점인 부작용과 생체 부담이 없는 치료법 아이디어를 고안했다. 즉 자가 치료 기능을 가진 개개인의 면역세포 기능을 강화시켜 암 치료에 이용하자는 것이었다. 면역세포(T세포) 속에 암 치료용 약물을 나노 크

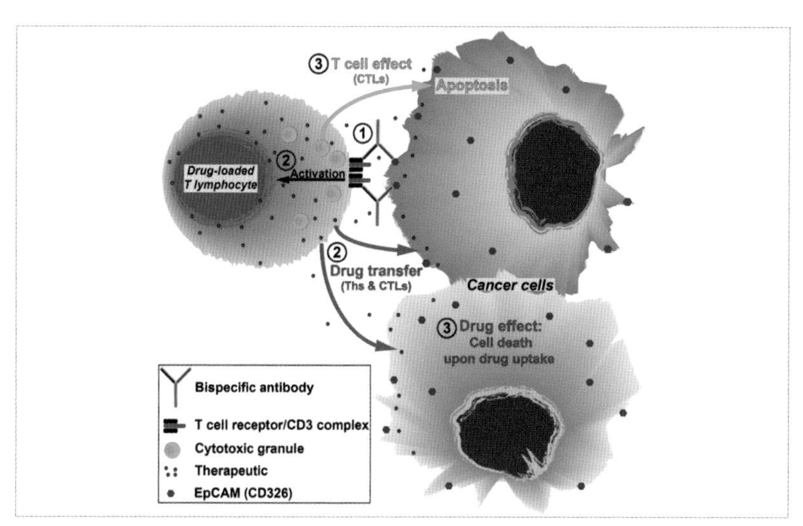

MEMS-ENDS 면역 치료법 메커니즘. 암 치료제 나노입자(Cytotoxic granules)를 포함한 면역 세포가 이중특이성 항체로 활성화, 암 표적화되어 암세포와 접촉하면 면역 치료 기능과 화학 치료 기능의 이중효과(다단계 복합 면역-화학 암 치료)를 낼 수 있다.

기의 입자로 주입해 암 치료 효율을 극대화하고, 면역세포 표면에 이중특이성 항체(bispecific antibody)를 붙여서 암세포 표적 능력을 향상시키는 치료법을 개발한 것이다.

면역세포를 암세포 표적용뿐만 아니라 약물 전달 수단으로 이용하는 이 방법은 면역 치료 효과와 더불어, 질병 부위에 약물을 전달함으로써 기존의 화학 치료법에 비해 약물 투여량을 극소화할 수 있고 따라서 부작용을 줄일 수 있는 장점이 있었다. 또한 암 치료뿐만 아니라 면역세포로 표적될 수 있는 많은 질병에 사용될 수 있는 응용 가능성까지 있었다.

MEMS-ENDS 과제에서는 이러한 면역세포 강화 암 치료법을 마이크로 시스템으로 구현해 환자의 몸에 이식하는 것을 목표로 연구를 수행했다. 따라

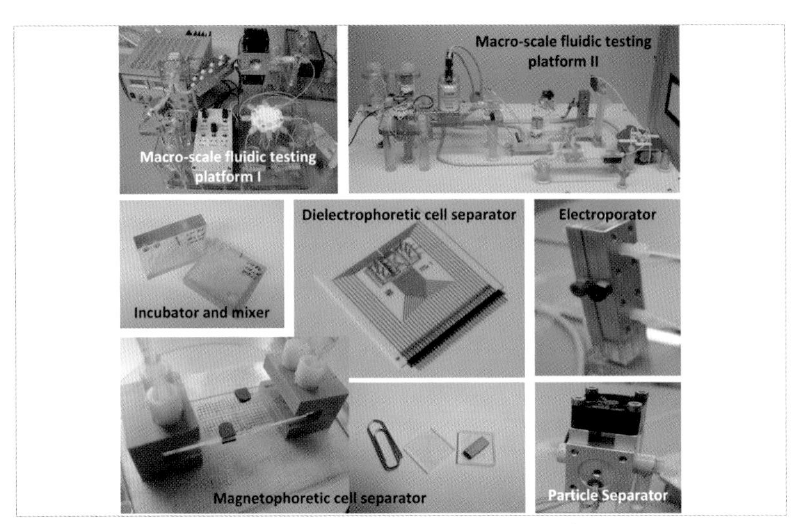

연구 초기에 개발된 다양한 세포 조작용(분리, 약물 로딩) 및 마이크로/나노 입자용 미소유체소자. 세포 분리소자의 경우 프라운호퍼 생의공학연구소(Fraunhofer Institute for Biomedical Engineering, Fh-IBMT) 및 마이크로 시스템 연구소 마인츠(IMM)와의 협력하에 개발됐다.

서 개발 초기 암 치료법의 여러 단계, 즉 약물 로딩(drug loading)/세포 배양(incubation)/세포 분리(separation)/약물입자 개수 및 검출(particle counting) 등에 필요한 미소유체소자를 개발했다.

2. MEMS-ENDS 과제의 전개 과정

고통 없이 지속적인 암 치료를 수행

2003년 8월부터 2006년 3월까지의 1기 연구 단계에서는 암 치료제(doxorubicin)를 코팅한 자성 나노 입자를 사용해서 나노 입자의 T세포 로딩방법과 로딩제어 파라미터, 면역세포 치료에 대한 다양한 분석들을 수행했다. 자성 나노 입자의 크기와 농도에 따른 로딩효과 또는 전기충격 유전자 전달(electroporation) 로딩과 배양(incubation uptake) 로딩의 차이 및 효율을 비교하고, Jurkat, MCF7 암세포를 이용한 실험 결과를 통해 강화된 면역세포(단핵구(monocyte))를 이용한 암 치료방법의 타당성을 확인했다. 또한 새로운 치료법과 미세소자 내에서의 세포 조작 기능에 대해 3개의 특허를 출원했다.

2006월 4월부터 2010년 3월까지 2기 단계에는 치료효과가 향상된 이다루비신(idarubicin) 암 치료 제입자를 이용하고, 리포좀 처리를 통해 T세포의 생존시간을 증가시켰다. 그리고 이중특이성 항체를 이용해 T세포를 활성화했고 암세포 표적 기능을 강화했다. 또한 독일 하이델베르크(Heidelberg)에 있는 독일암연구센터(Deutsche Krebsforschungszentrum, DKFZ)와 공동 협력해 면역세포 치료법을 통한 실제 암 종양 치료효과를 쥐 실험을 통해 증명했다. 다양하고 수많은 실험의 반복을 통해 T세포의 기본 항암 기능에 비해 이중특이성 항체 처리된 T세포가 30%의 치료효과 향상을, 이중특이성 항체 처

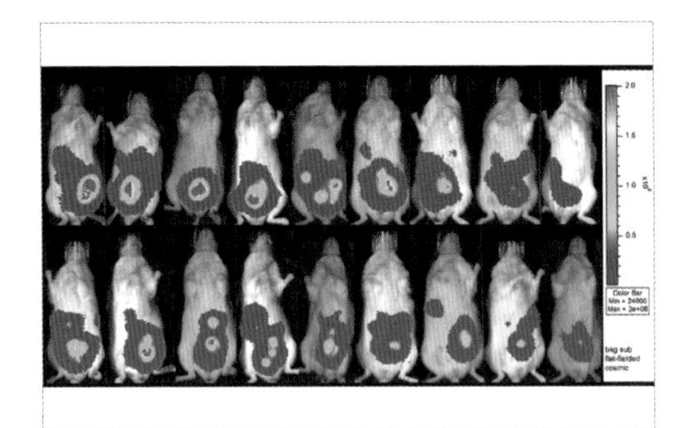

난소암 이종이식 실험쥐에게 일반 T세포를 주입한 결과

리와 약물 나노입자를 포함한 T세포가 약 60%의 암 치료효과 향상을 나타냄을 확인했다.

게다가 실험에 사용된 이다루비신 암 치료 약물은 1회 치료 시 200만 개의 T세포를 기준으로 126ng 정도로, 일반적인 화학 치료와 비교할 때 5% 미만의 양이었다. 화학 치료법과 비교해 부작용을 크게 줄일 수 있고 고통 없이 지속적인 암 치료를 수행할 수 있는 가능성을 확대한 것이다.

2006년부터는 환자 이식용 마이크로 시스템 개발 목표를 수정해 '암 치료

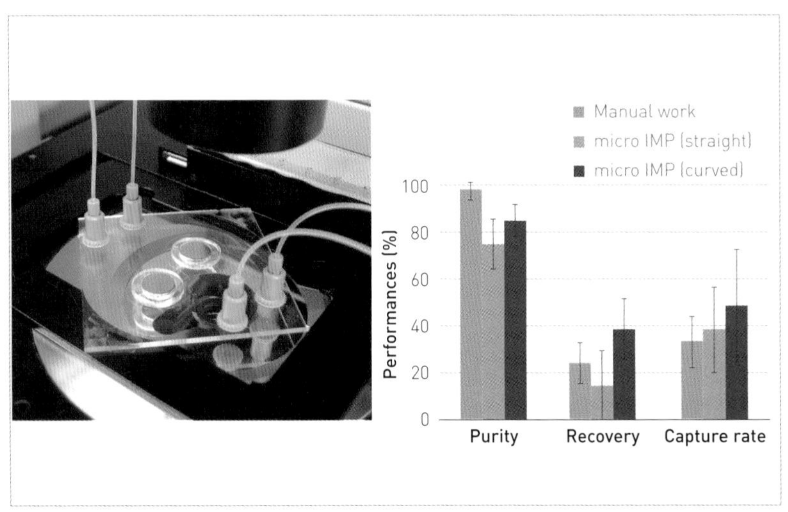

개발된 S곡선형 균일자기장 자성 세포분리소자(약 10초의 타깃세포 포획시간). 세포분리 키트를 이용한 수작업(10분 이상의 라벨링시간 소요)과 직선형 미세소자를 비교한 결과, 분리순도 및 회수율에서 경쟁력 있는 성과를 보였다.

법 개발'과 '세포조작용 미소유체소자 개발' 등으로 주제를 분리해 과제를 수행했다. 미소유체소자 개발 분야에서는 자성 면역입자를 이용한 타깃세포 분리소자의 개발을 주로 수행했으며 이후에 관련된 기술은 BMWA 과제와 EU-FP6 VECTOR 과제, 그리고 자를란트 대학과의 협력 과제 등을 통해 의공학용 마이크로 시스템 연구 분야로 발전했다.

광감각제를 이용한 암 치료법과 단일세포 분사기 개발

2010년 이후부터는 암 치료법 개발과 관련해 약물입자의 다양한 형질 변형과 캡슐화에 초점을 맞춘 연구를 수행했다. 자를란트 대학과의 협력연구를 기반으로 T세포 안에서는 안정적이다가 암세포에 표적된 후 시간이 지남에 따라 세포독성이 발현될 수 있는 입자를 개발하고자 했다. 이에 이다루비신을 에워싸는 여러 가지 폴리에스터 나노 입자물질들과 기능성 펩타이드 폴리머들을 테스트했다. 2012년부터는 이중특이성 항체 처리된 T세포를 표적물질과 매개체로 광감각제(photosensitizer)를 암 치료에 이용하는 광역학(photodynamic therapy) 면역 치료를 개발했다. 광감각제는 화학암 치료제와 달리 면역세포에 대해 세포독성이 없어 치료시기에 독성을 발현시킬 수 있다는 큰 장점이 있었다.

한편 2011년에는 정확한 개수의 세포를 물방울에 담아 분사할 수 있는 디지털 세포 디스펜서(Digital Cell Dispenser) 시스템을 개발했다. 생명공학 실험이나 신약 개발 등에 사용되는 세포 기반 시험법(Assay)들의 발전과 신

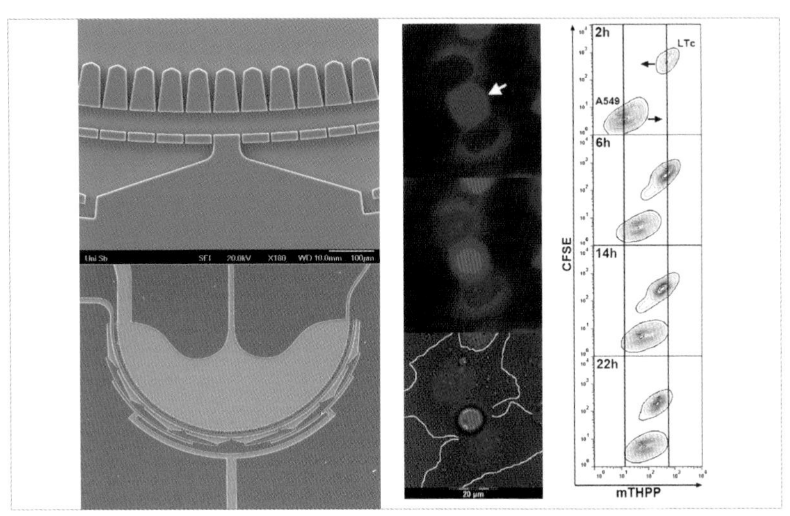

디지털 세포 디스펜서의 내부 마이크로 구조 SEM 이미지(좌), mTHPP(광감각제)가 로드된 T세포(LTc, 밝은 붉은 색을 띈다)로부터 약 20시간 후에 암세포로 광감각제 약물의 방출(암 치료 기능)을 확인할 수 있다(우).

호검출기의 감도 향상에 따라 기존에 하나의 시편에 수만 개의 세포가 필요하던 것이 현재는 단일세포 테스트가 가능해졌다. 때문에 세포 기반 HTS 시스템, 3D 세포 배양 등의 응용을 위해 정확한 개수의 세포를 원하는 위치에 분사할 수 있는 시스템이 필요하게 됐다.

디지털 세포 디스펜서는 기존의 자동화된 디스펜서 시스템들의 부피(liquid volume) 제어방법을 탈피하고, 세포 기반 시험에 중요한 인자인 액적 안의 세포 개수를 정확하게 조절함으로써 세포 기반 시험법의 고속, 고효율 스크리닝 응용 가능성을 확인할 수 있었다. 또한 세포 분사 시에 이용되는 액적을 별도의 버퍼에서 이용함으로써 세포 배양액이나 불필요한 단백질 등으로부터의 비특이적 결합과 간섭에서 자유롭다는 장점이 있었다.

연구 결과는 특허 등록(EP2394740B1)을 포함하여, 이후 칼스루헤 공과대학교와의 협력연구로 발전했다.

6장

새로운 가능성을 만든 우사팜 프로젝트

1. 유럽 산업계 최초의 R&D 수탁 연구

무방부제 제품용 디스펜서 펌프 및 용기 개발

2005년, KIST유럽은 KIST유럽의 자문위원이었던 롤프 슈나이더(Mr. Rolf Schneider)가 이사로 재직 중인 독일 제약회사 우사팜(Ursapharm)으로부터 제품 개발을 의뢰받았다. 우사팜은 자를란트 주 소재 대표적인 중견업체(Hidden Champion) 중 하나로 무방부제 안약과 비강 스프레이를 제조하는 회사였다. 우사팜은 공기가 통하지 않고(Airless) 박테리아 및 진균이 침투하지 않는 용기를 사용해 다회투여(Multi-dose)가 가능한 제품을 유럽, 아시아, 아프리카 등지에 판매하고 있었다.

바이오칩 개발과 MEMS-ENDS 과제에 더해 환경 연구까지 박차를 가하던 KIST유럽은 독일 기업의 개발 의뢰를 처음에는 그냥 흘려듣고 말았다. 그러나 2007년에 이르러 다시 한 번 기회가 찾아왔다. 몇 가지 우사팜 제품에 대해 문제점을 개선할 방법이 없냐는 것이었다. 당시 김창호 소장은 이것이 KIST유럽의 현지화뿐 아니라 신제품 개발을 통한 국내 중소기업의 수출 증대도 기대할 수 있는 유럽 현지 산업체 최초의 연구개발 과제가 될 수 있다고 생각했다. 즉시 자신을 포함한 6명의 테스크포스 팀을 구성했고, 2달 후 프랑크 홀저(Mr. Frank Holzer) 사장과 중역들 앞에서 총 11개의 개선방법과 네 가지의 신제품 아이디어를 발표했다. 마침내 2007년 9월 첫 번째 '우사팜 개발 과제'가 시작됐다.

KIST유럽은 신제품을 개발하는 대가로 한국 업체에서의 대량 생산을 유도한다는 것과 제품화 후에 총 15년간 8%의 런닝 기술료(최초 3년은 10%)를 받는 것 등을 합의했는데, 이는 대단히 획기적인 조건이었다.

1차 과제는 무방부제 제품용 디스펜서 펌프 및 용기의 신제품을 개발하는 것이었다. 무방부제 의약품은 비교적 인체에 무해하다는 인식에서 최근 대중화되는 추세이나 유통기간이 짧고 보관 및 사용 중에 공기 및 이물질과의 접촉으로 인한 변질에 유의해야 하는 문제가 있었다. 더구나 눈이나 코와 같이 피부가 아닌 조직에 직접 닿는 의약품의 경우, 변질된 의약품에 의한 피해는 매우 심각한 골칫거리였다. 이런 이유로 눈약과 비강 스프레이의 경우 방부제가 포함된 제품이 대부분이었고, 무방부제 제품은 일회용 용기를 사용할 수밖에 없었다.

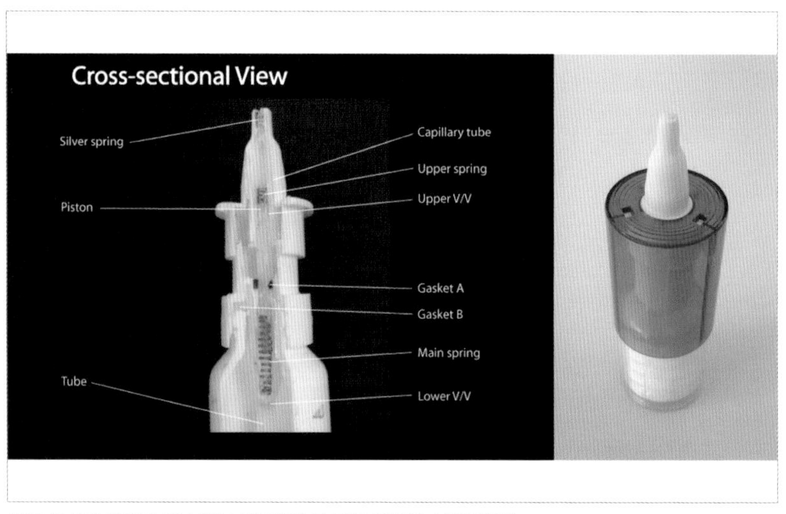

기존 우사팜 점안액 디스펜서 제품(좌)와 공동 개발된 신제품(우)

KIST유럽은 이러한 제품용기의 문제점, 즉 사용 후 잔량(dead volume)과 금속부속품(밸브 및 은코일)의 사용을 줄이며 기능성을 향상시킬 수 있는 장점을 가진 새로운 의약품 용기 개발에 착수했다.

또한 2009년 2차 및 2010년 3차 과제 수탁을 통해 파생 신제품 개발 및 신약 개발(점안액) 연구를 수행했다. 현재까지의 개발 및 연구 협력으로 총 5개의 특허(12개국)를 출원, 등록했고 이중 2개의 특허에 대해서는 기술료 계약까지 이루어졌다.

그러나 탁월한 성과에도 불구하고 우사팜의 제품 기준, 즉 유럽 의료기기시장에서 요구하는 수준의 시제품 제작에는 예상보다 많은 어려움을 겪을 수밖에 없었다. 무엇보다 미국 및 유럽에 수출할 수 있는 의약품용 펌프와 용기 제조 시스템을 가진 국내 업체를 찾기 어려웠고, 마이크로미터 수준의 정밀도를 갖는 플라스틱 사출 성형기술도 필요했다. 때문에 거듭된 실패 끝에 2012년에 이르러서야 겨우 시제품을 생산, 테스트할 수 있었다.

2. 연구개발과 수익을 위한 새로운 모델

국제 연구-산업-제조 클러스터(온 사이트 랩) 구성

KIST유럽은 2011년 7월부터 국내 생산업체에게 기술 및 노하우를 전수하고 우사팜과 신제품 개발에 대한 연구를 지속적으로 수행하기 위해 온 사이트

연구-산업-제조 클러스터 온 사이트 랩 및 Bio Safety Level 2 실험실에서 시제품을 대상으로 박테리아 테스트를 수행하고 있다.

랩(on-site-lab)을 설치, 운영했다.

아이디어 개발에서부터 제품 대량생산까지의 전 과정을 협력 수행하는 한독 3자 연구-산업-제조(Research-Industry-Manufacture) 클러스터를 온 사이트 랩의 형태로 구성했고, 공동연구팀(Innovative Product Development Team, IPD team)과 Bio Safety Level 2를 만족하는 실험실을 구축했다.

이러한 3자 클러스터 내에서 KIST유럽과 독일 우사팜은 공동 신제품 개발과 의료용기 제조기술의 국내 이전을, 국내 중소기업은 시제품 및 대량생산을 담당했다. 그리고 KIST유럽은 개발된 아이디어가 경제적인 성과를 도출할 수 있도록 한독 양 파트너와 긴밀하게 협력했다.

KIST유럽 연구팀은 디스펜서 부품의 개수를 최소화하면서 생산성 및 조립성까지 고려한 새로운 무방부제, 고점도용 디스펜서를 개발했으며, 우사팜의 유럽 의료용 용기제조와 품질관리 시스템을 국내 기업에 전수해 해외시장 진출을 도왔다. 이러한 고점도 무방부제 제품용으로 개발된 공기와 접촉이 없는 펌프 및 용기기술은 의료용뿐 아니라, 식품, 화장품 등 다양한 용도에 맞는 파생 제품으로 특화 개발되어 중국과 일본 등의 아시아시장은 물론이고 유럽 등으로의 확산을 기대할 수 있었다.

독일 현지 기업인 우사팜과의 협력 및 수탁 과제 수행은 KIST유럽의 중요한

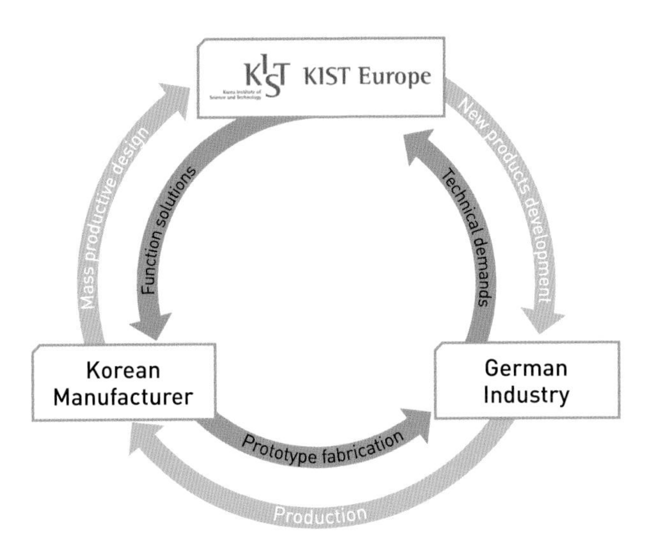

한독 3자 연구-산업-제조 클러스터. 한국 및 독일 기업체와 공동협력해 아이디어의 신제품화 및 대량생산까지 전 과정을 수행한다.

목적 중 하나인 한-독 간의 기술 협력, 산학연 협력, 실생활 밀착형 연구개발에 부합함과 동시에 자를란트 지역을 기반으로 한 기업과 협력함으로써 KIST유럽의 지역화 및 공공 서비스 증진에 혁혁한 공헌을 한 것이라 평가된다.

더불어 부가가치 및 파급효과가 높은 제품을 한국에서 생산하도록 유도함(2016년 대량생산 계약 예정)으로써 한국 중소기업의 수출 및 이익 창출에 이바지하고 로열티 계약을 통해 KIST유럽의 지속적인 기술료 수입을 기대할 수 있게 한 것 또한 커다란 성과로 평가된다.

7장

한-EU 정부 차원의 국제 협력 가교

1. 국제 협력 지원의 시작

국제 협력의 핵심기관 역할

지난 20년간 KIST유럽은 국내 및 EU 현지 정부기관들과 공동으로 한-EU 정부 간 과학기술 국제 협력 과제를 기획하고 수행했으며, 한-EU 과학기술 네트워크를 구축하며 국제 협력 현지 거점을 마련하는 역할을 수행했다. KIST 유럽의 한-EU 과기 정책 및 국제 협력연구는 2000년 초반부터 본격적으로 시작되어 2008년 이후 대형 정책 과제 및 현지 과제 등을 수탁하면서 괄목할 만한 성장을 거듭했다. 꾸준한 과제 수탁을 통해 2016년 현재 KIST유럽은 한-EU 정부 차원의 과학기술 국제 협력 분야에서 한국과 EU 지역 모두에서 단연 핵심기관으로 주목받고 있다.

한-EU 국가 간 과기 국제 협력 지원의 첫 신호탄이 된 사업은 2001년 독일 연방환경부에서 위탁한 '한국과의 환경 정책적 협력 가능성 연구'였다. 2000년 초 당시 한국과 독일은 각각 범국가 차원에서 쾌적한 환경에 대한 필요성을 인식하고 이에 따라 환경 친화적이고 지속가능한 개발에 박차를 가하고 있었다. 독일은 1970년대 중반부터 환경보호와 환경 친화적 생산을 위해 지속적인 기술 개발과 개발된 기술의 실용화를 위한 노력을 진행해왔다. 한국 역시 1980년대부터 자체적으로 환경산업을 육성해왔으며 1990년대 국제 환경조약을 맺고 OECD에 가입하는 등 국제적인 환경보호 노력의 중요성을 크게 강조해왔다. 2000년대 초 당시 한국 입장에서는 독일에서 개발된 노하우 습득을 위해, 독일 입장에서는 한국이라는 신규시장 창출을 위해 양국의 환경 분야 협력이 중요하게 인식됐다.

본 사업을 통해 KIST유럽은 한-독 간 환경기술 분야 국제 협력 활성화를 위해 정부 차원에서 단행할 수 있는 조치들을 강구하고 협력 성공 가능성이 높은 분야를 도출했다. 그리고 본 연구는 한-독 협력 형태와 진행 상황 및 활성화 가능성 진단을 위해 한국에 진출해 있는 독일 기업, 세계시장으로부터 환경기술을 도입하고 있는 한국 기업, 한국 정부 관계자 등 총 231명과 면담조사도 실시했다. 그리고 한-독의 시각 차이 비교를 통해서 기존의 협력 저해요인들을 극복하는 방안과 함께 적합한 협력 분야에 대한 다각적 분석을 실시했다. 예를 들어 수질 관리, 폐기물 처리, 대기보전, 토양보전, 환경 친화적 생산 공정, 대체에너지 발전기술 등 환경기술 분야별로 협력방안들과 특정 사례에 의한 시행

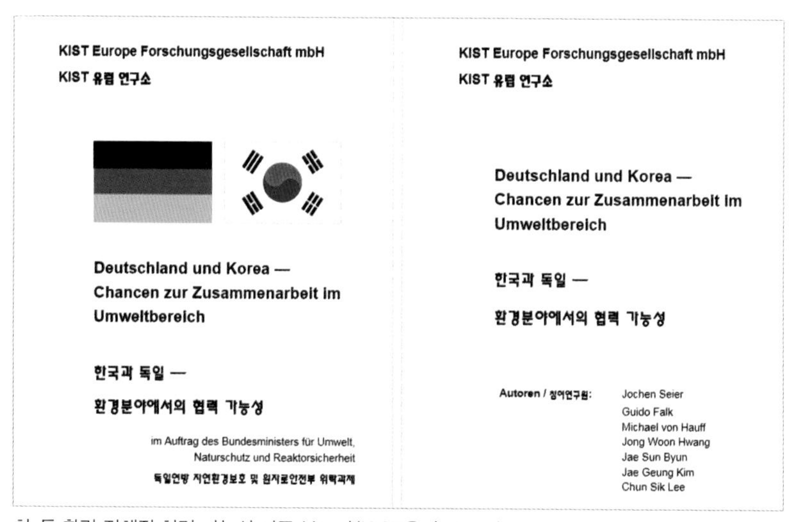
KIST Europe Forschungsgesellschaft mbH
KIST 유럽 연구소

Deutschland und Korea —
Chancen zur Zusammenarbeit im Umweltbereich

한국과 독일 —
환경분야에서의 협력 가능성

im Auftrag des Bundesministers für Umwelt, Naturschutz und Reaktorsicherheit
독일연방 자연환경보호 및 원자로안전부 위탁과제

KIST Europe Forschungsgesellschaft mbH
KIST 유럽 연구소

Deutschland und Korea —
Chancen zur Zusammenarbeit im Umweltbereich

한국과 독일 —
환경분야에서의 협력 가능성

Autoren / 참여연구원: Jochen Seier
Guido Falk
Michael von Hauff
Jong Woon Hwang
Jae Sun Byun
Jae Geung Kim
Chun Sik Lee

한-독 환경 정책적 협력 가능성 연구 보고서(KIST유럽, 2001)

모델들이 제안됐다. 마지막으로 한국 정부의 투자 계획 분석을 통해 향후 양국 협력의 지향점을 효과적으로 제시했다.

한국의 경우 2001년 당시 환경 분야의 많은 건설 사업들이 각 지역 업체들의 자체 기술로 해결되고 있었으나 환경 플랜트에 필요한 기계 장치나 고기능의 공정 요소 또는 제어 시스템의 경우는 여전히 외국에 의존하고 있는 실정이었다. 이런 상황에서 본 연구를 통해 독일과 한국의 기술 협력 수요가 존재함은 물론, 기존에 한-독 간 환경 전 분야에서 비교적 긴밀한 협력 네트워크가 형성되어 있어, 환경 분야 전반에 걸쳐 우수한 협력기반이 존재함을 확인할 수 있었다. 이에 KIST유럽은 양측 정부가 자국의 환경 분야 산업체나 연구기관 간 네트워크 조직 및 강화를 지원하는 것이 중요하다고 강조했다.

2. 국제 협력 지원의 본격화

한-EU Joint Workshop 개최

2001년 한-EU 국가 간 과기 국제 협력을 위한 연구가 시작된 이후, 점차 그 활동 범위가 확대되면서 2008년 이후에는 주요 성과들이 나타나기 시작했다. 여기에는 2007년 개최된 한-EU Joint Workshop이 큰 디딤돌 역할을 했다. 2007년 12월 3~4일 서울에서 개최된 '제1회 한-EU Joint Workshop'은 한국과 유럽 간 기술 교류와 공동연구를 활성화하고 EU FP, REACH, 신재생에너지 분야의 한-EU 간 협력방안을 모색하기 위해 개최됐다. 본 행사에는 교육과학기술부 및 EU 대표부 등 양국의 정부부처, EU와의 협력에 관심이 있는 국내 산업계, 연구기관 관계자 등 300여 명이 모여 대성황을 이루었다.

제1회 한-EU Joint Workshop(서울, 2007)

제2회 한-EU Joint Workshop(서울, 2009)

이런 긍정적인 분위기를 이어가고자 KIST 유럽은 지식경제부, 산업기술재단의 후원으로 2009년 3월 17~18일 '제2회 한-EU Joint Workshop'을 개최했다. 이 행사는 이명박 정부의 녹색성장 기조에 발맞추어 한국과 유럽 간 녹색성장 분야의 기술 교류와 공동연구를 활성화하고 EU FP 참여, 유럽 환경 관리 정책 대응, 녹색기술 연구 및 개발 분야를 위한 한-EU 간 협력방안을 심층적으로 모색하기 위해 개최됐다.

이상의 두 번의 행사를 통해서 KIST유럽은 한-EU 정책 협력에 대한 수요를 대대적으로 발굴해 앞으로 나아갈 지향점을 제시했으며, 그 과정에서 KIST유럽이 어떤 역할을 담당할 수 있을지 양국 산학연에 널리 홍보했다. 이때 구축된 네트워크와 발굴된 협력수요를 바탕으로 2008년부터 KIST유럽의 정책 협력 활동이 괄목할 만한 성장을 거둘 수 있었다.

활발한 정책연구 및 국제 협력 활동

2008년 이후 현재까지 KIST유럽은 EU FP 7에서 지원되는 3개 과제(KESTCAP, KORRIDOR, KONNECT)에 잇달아 참여함으로써 한-EU 양국 정부가 과기 협력 활성화를 지원하는 대부분의 사업에서 주요 핵심기관으로 부상하게 됐다. 2008년 시작된 EU FP 7의 한-EU 과학기술협력기반촉진프로그램(Korea-EU Science and Technology Cooperation Advancement Programme, KESTCAP) 사업은 2006년 체결된 한-EU 과학기술협정의 세부사항 이행을 지원하고 국내 연구자의 EU FP 7 참여 활성화를 통한 한-EU 간 과기 협력 촉진기반을 구축했다. 그리고 2010년 시작된 EU FP 7의 유럽연구자 한국 R&D 프로그램 참여촉진사업(Stimulating and facilitating the participation of European researchers in Korean R&D programmes, KORRIDOR) 사업은 EU 산학연의 시각에서 한국 정부가 운영하는 국내 연구 개발 프로그램 관련 정보를 EU 산학연에 확산시키고 EU 연구자들의 국내 프로그램에 대한 인식 제고 및

KESTCAP 및 KORRIDOR 과제 참여기관 단체 사진(독일 자르브뤼켄, 2010)

유럽 연구자들에게 한국 진출 기회 소개, 2011

KONNECT 과제 참가기관 단체 사진 (제주, 2013)

참여를 지원했다.

그간 한-EU 과기 협력은 국내 산학연의 시각에서 다루어져왔으나 KIST 유럽은 과학기술협정의 상호 호혜적 발전을 위해 한국과 EU 양쪽 시각에 맞는 주제를 다루기 위해 노력했다. KIST유럽이 주관했던 KORRIDOR 사업의 경우 EU 측의 독일우주항공연구소(Deutsches Zentrum für Luft und Raumfahrt, DLR)와 프랑스국립과학연구센터(Centre national de la re-cherche scientifique, CNRS), 한국 측의 한국연구재단, 한국산업기술진흥원이 함께 참여했는데, 이러한 사업을 통해 KIST유럽의 활발한 정책연구 및 국제 협력 활동은 한국뿐 아니라 EU 기관들의 주목을 받게 됐다.

이러한 노력을 바탕으로 2013~2016년 KIST유럽은 한국연구재단, 한국산업평가원, 한국과학기술기획평가원, DLR, 네덜란드 기업지원청(De Rijks-

한-EU 과기 협력 현황 및 중기 협력 로드맵 개발 전략

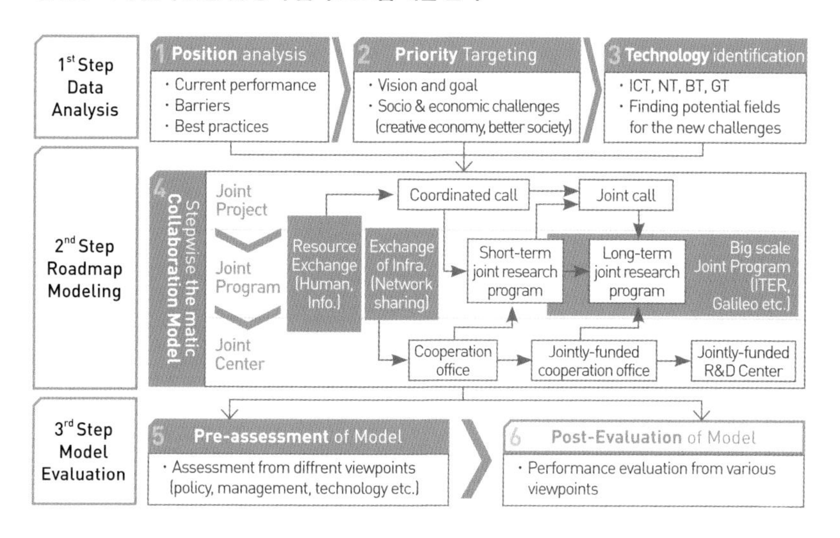

dienst voor Ondernemend Nederland, RVO), 스페인 산업기술개발센터(Centro para el Desarrollo Tecnológico Industrial, CDTI), 터키 과학기술연구회(TUBITAK) 등 국내외 7개 기관들과 함께 EU FP 7의 KONNECT(Strengthening STI Cooperation between Korea and the EU, Promoting Innovation and the Enhancement of Communication for Technology-related Policy Dialogue) 사업에 참여하고 있다. 3년간 총 135만 유로가 투입되는 이 사업은 한-EU 간 연구개발 및 과기 정책의 지속적 협력 증진, 과학기술 및 산업계 주체 간

한-EU R&D 포럼(벨기에 브뤼셀, 2013)

제4차 한-EU 과기공동위원회(벨기에 브뤼셀, 2013)

한-EU 과학기술 국제 협력을 위한 유럽 이해관계 당사자 회의(벨기에 브뤼셀, 2015)

협력 강화 기반, 기초 및 응용기술 분야의 균형적 협력 촉진을 목표로 하고 있다. 구체적으로는 한-EU 지식기반 연구개발 협력 인프라 구축, 한-EU 과기 정책 협력 커뮤니케이션 향상, 한-EU 연구개발 협력 필요성 인식 제고, 과기 협력 및 산업계 주체 간 네트워킹 강화, 한-EU 공동연구 개발 사업 기획 등 한-EU 과학기술 전 분야에 걸쳐 양국의 과기 협력을 지원할 수 있는 방안을 정부 차원에서 연구자 차원까지 총망라해 다각적인 노력을 기울이고 있다.

KIST유럽은 본 사업 내용 중에서 정책연구 파트를 전담하며, 국내 및 EU 내 과기 협력 활동 현황 및 우수 연구 개발 협력 사례 파악 및 분석, 4대 중점 협력 분야 중심의 향후 과기 협력 전략 로드맵 개발을 수행하고 있다. 특히 KIST유럽이 개발한 한-EU 과기 협력 중기 로드맵은 한-EU R&D 과학기술 상호 협력 확대를 위한 추진 전략 및 구체적 방안, 한-EU 간 지속 협력 가능 분야의 잠재적 수요 발굴 및 발전방안 등을 제시했다. 또한 KIST유럽은 2013년 6월 브뤼셀(Bruxelles)에서 개최된 제4차 한-EU 과학기술공동위원회(Korea-EU Joint Science and Technology Cooperation Committee, JSTCC)에서 EU 집행위, EU 연구총국, 미래창조과학부 관계자들을 대상으로 한-EU 과기 협력 현황 및 중기 협력 로드맵 개발 전략을 발표했다.

KIST유럽은 현재에도 국내 FP 국가조정관(National Contact Point)으

로 활동하고 있으며, 한-EU 과학기술 국제 협력을 위한 유럽이해관계당사자회의(European Interest Group Meeting for STI cooperation with Korea, EIG)의 구성원으로서 신규 한-EU 공동펀딩 과기 협력 지원 프로그램의 기획 및 평가에 참여하고 있다. 이러한 활동을 통해 구축된 네트워크를 기반으로 향후에도 한-EU 공동협력 사업 추진을 위한 성과 평가방법을 개발하고, 한-EU 과학기술공동위원회, 국제과기협력전략포럼(SFIC), 한-EU 국제협력 전문가 그룹 등에 참여하며 정부 차원의 국제 협력을 지원할 예정이다.

8장

국내외 산학연 국제 협력 및 사업화 전략 개발 지원

1. 국내 산학연 EU 진출 지원

국제 협력을 통한 전문가 양성

KIST유럽은 EU 내 현지 거점으로서 기존에 구축된 연구 인프라 및 협력 네트워크를 활용해 국내 및 현지 산학연 간의 협력 활성화를 지원하고 개발된 기술의 사업화 전략 개발을 지원해왔다. ICT, 에너지, 환경, 보건 등 다양한 글로벌 이슈 분야를 선행 분석하고 전달하여 국내 산학연의 신속한 대응 체계 마련에 기여했다. 한편 EU 현지 전문기관들과 구축한 협력 네트워크를 기반으로 공동 과제 기획을 통해 한국과 EU 산학연 모두를 대상으로 기술 사업화 전략을 개발하고 이를 지원하는 사업도 활발하게 진행했다.

KIST유럽의 정책 연구 및 협력 지원 활동이 가속화된 2008년 이후에는 산업기술진흥원의 지원하에 두 차례에 걸쳐 'Global Tech' 사업을 진행하였다. 이를 통해 현지 협력거점 역할뿐만 아니라 국내 산학연들의 EU FP 참여를 촉진하기 위한 전략을 제시하였다. 2008년 진행된 1차 과제는 국내 산학연의 EU FP 7의 참여 가이드를 제공했고, 효과적인 네트워크 구축 활성화 전략도 제시했다. 2009년 진행된 2차 과제는 EU FP 7의 주요내용, 국가별·기관별 참여 현황, 컨소시엄 구축 현황, 지적재산권 관리 분석, 국내 산학연 네트워크 확대방안 및 FP 참여 활성화를 위한 단계적 협력 전략 등의 내용이 포함됐다. 아직 국내 산학연에 EU FP가 널리 알려지지 않았던 시점에 국내 최초로 방대하고 자세한 프로그램 분석 및 참여 전략을 소개함으로써 KIST유럽은 국내 산학연의 EU FP 진출 지원 체계 구축에 중추적 역할을 담당했다. 당시의 연구 보고서들은 현재까지도 널리 활용되고 있다.

이러한 분석 결과를 바탕으로 2008년부터 2010년까지 2년간 KIST유럽은 지식경제부 및 산업기술진흥원 지원하에 글로벌테크(Global Tech) 유럽 내 현지 거점으로 지정되어 대대적인 지원을 받게 됐다. KIST유럽은 한-EU 인력-정보-기관을 연계하는 체계적인 공동 R&D 통합지원 체계를 운영했으며, 인력 교류와 정보 교류를 위한 기반을 조성하고, 수요자 지향적인 밀착형 공동 R&D 추진을 제시하였다. 아울러 EU 내 주요 네트워크를 활용해 국내 산학연 EU 전문가 양성을 위한 교육 및 훈련 프로그램을 운영했다. 또한 한-EU 산학연 국제 협력 활성화를 위한 국제 공동 워크숍 및 매치메이킹 행사를 다수 개최하는 등 첨단소재, 바이오 등 한-EU 상호 관심 분야의 구체적 공동연구 주제 도출을 지원해왔다.

한독 공동 R&D 및 기술 로드맵 심포지엄 개최(독일 하노버, 2009년)

2. 국내외 산학연 기술사업화 지원

현재와 미래의 협력을 위한 자산 축적

KIST유럽은 국내외 기술 사업화를 지원하며 개발된 방법론과 축적된 노하우를 기반으로 구체적인 기술 주제별로 국내 및 EU 지원 사업을 수행해왔다. 대표적인 사례로는 2013년부터 2016년까지 EU에서 기획하고 독일, 스페인, 스위스 정부가 지원하는 EU FP 7의 ECO-INNOVERA SUWAS(Sustainable Waste Management Strategy for Green Printing Industry Business) 사업 참여가 있다. KIST유럽이 주관하고 스위스 로잔 공대와 스페인 알리칸테 대학이 참여한 이 사업은 유럽 인쇄산업에 대한 경쟁력을 강화하고 친환경 사회를 구현하기 위하여 폐잉크 재활용기술 사업화에 대한 전략과 지원 정책을 개발하는 것을 목표로 했다.

이 연구를 통해 플렉소(Flexography) 및 그라비어(gravure) 인쇄산업의 폐잉크 재활용기술을 확보하고, 확보한 폐잉크 재활용기술의 시범 운영을 통해 환경성, 사회성, 경제성 관련 데이터를 수집/분석하였다. 또한 유럽 플렉소 및 그라비어 인쇄산업 시장 구조 및 공급망을 분석하고 기업 리스트를 집계한 후, 해당 공급망 관련 기업의 심층 인터뷰를 실시한 바 있다. 이렇게 확보한 데이터를 기반으

ECO-INNOVERA SUWAS 과제 참가기관 미팅
(스페인 알리칸테, 2014)

유럽 폐잉크 재활용 관련 공급망 분석

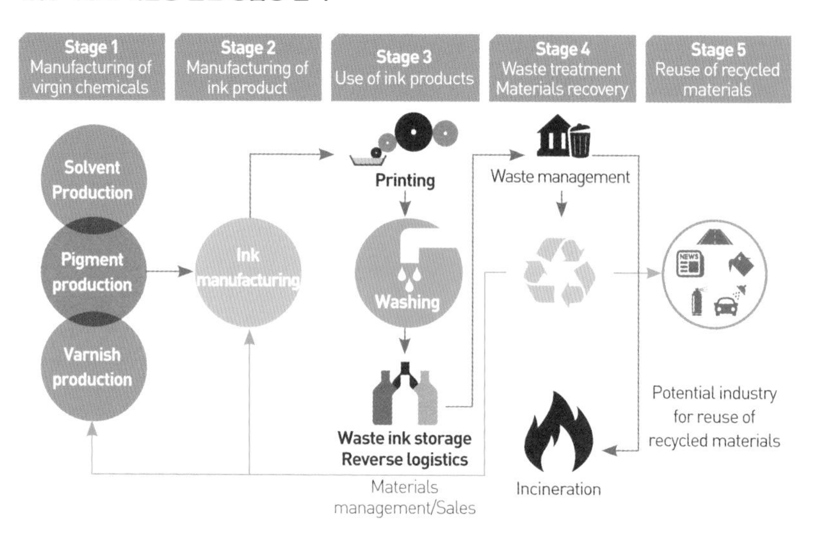

로 재활용기술의 지속적 보급확산을 위한 비즈니스 모델을 개발하고 개발 모델의 효과적인 운영을 위한 정책적 지원 방안을 제시하였다.

이 연구를 통해 얻은 결과는 사업 2차 년도인 2014년부터 덴마크 코펜하겐(Copenhagen)에서 개최된 Eco-Innovera 컨퍼런스, 2015년 9월 영국 버밍엄(Birmingham) 자원및폐기물관리기술박람회(The Resource and Waste Management exhibition), 환경부와 EU 집행위원회가 2014년 10월 서울에서 공동개최한 제19회 EU Eco-Innovation 포럼, 2015년 11월 터키 이즈미르(Izmir)에서 개최된 유럽인쇄산업협회 연례 컨퍼런스(ERA Conference) 등을

Eco-Innovera 컨퍼런스(덴마크 코펜하겐, 2014)

통해서 널리 홍보됐다.

본 연구의 결과들은 향후 타 기술 분야에서도 기술 상용화를 위한 비즈니스 모델 도출 방법론, 전 과정 분석 방법론, 정책적 지원방안 도출 방법론 등으로 활용될 수 있다. 또한 EU 인쇄산업을 대상으로 전략을 개발했지만 향후 국내 지속가능 기술 사업화 및 지원 정책에의 개선사항 제언에도 활용될 수 있는 가능성이 높다. 그리고 본 사업을 통해 확보된 EU 국가 내 환경 및 에너지 분야 기술사업화 및 지원 정책 실태 관련 정보와 본 사업을 통해 구축된 독일, 스페인, 스위스 정부 및 산학연과의 네트워크 역시 향후 한-EU 산학연의 관련 분야 협력을 지원할 때 큰 자산이 될 것으로 전망된다.

영국 자원및폐기물관리기술박람회 참관 및 사업 홍보(영국 버밍엄, 2015)

EU Eco-Innovation 포럼에서 사업 홍보 (서울, 2014)

유럽인쇄산업협회 연례 컨퍼런스에서 사업 홍보 (터키 이즈미르, 2015)

R&D 3기
(2009~2014)

김광호, 이호성 소장 재임 기간

KIST유럽 3기의 중요한 특징에는 EU의 강점 분야인 바이오-멤스, 바이오센서 등 의료 복지 및 환경 분야 연구 수행, KIST 본원 및 국내 연구기관과의 상호보완적인 연구 수행, 그리고 한국과 독일 및 EU와의 기술 협력 지원 수행 등이 있다. 안정적인 과제 확보를 통한 자립화는 언제나 중요한 문제였다. 여기에 보다 강화된 REACH에 대응하기 위한 EU 현지 정보수집 및 연락창구 역할이 추가됐다. 특히 국내외 산학연 공동연구 온 사이트 랩 활성화를 통한 R&D 공동수행 강화를 주요 세부항목으로 하는 '한-EU 간 연계를 통한 상호보완적 연구개발 협력 체제 구축'은 이후 연구 사업의 현지 공동수행을 통한 예산절감 및 성과의 시너지 도출을 이끌어내고 한국 기업의 해외 진출을 위한 가교 역할을 했다. 그 결과 독일 우사팜, 고려대, 목포대, 성균관대와 협약을 맺고, 롯데정밀화학 등의 기업 유치에 일익을 담당하는 밑거름이 됐다.

'R&D 담당 소장 영입'도 3기의 중요한 특징이다. R&D 담당 소장 제도의 필요성은 이미 2007년부터 논의되기 시작했고 2009년 최종 계약을 맺은 사람은 안드레아스 만츠(당시 52세) 박사였다. 한국과 유럽의 나노, 바이오-멤스 등의 요소기술과 그의 연구 성과가 성공적으로 결합된다면 화학, 생명, 환경, 제약 및 의료 보건 등 산업 전반에 광범위한 영향을 미쳐 혁신적인 성과를 창출할 것으로 기대됐다.

이 시기 '과학기술 글로벌화를 선도하는 현지 탁월성 연구기관으로 도약'을 위한 노력도 중요한 성과였다. 제도의 한계로 인해 연구소 소장이 3년마다 변경되는 상황에서는 연구의 일관성을 유지하기가 어려웠고 특정 분야에서 연구 수월성을 확보하는 것도 쉽지 않았으므로 전략적 파트너십 구축과 연구 분야의 선택과 집중을 통해 신성장 동력을 구축해나가는 것이 핵심적인 관심사였다.

이 시기 대표적인 연구 과제로는 자브릿지(Saarbridge) 프로그램을 들 수 있다. 연 100만 유로의 연구비 투입을 통해 EU권 원천기술을 개발하고, 세계적인 파트너와 공동으로 국내 상용화를 목표로 의료 진단용 호흡 분석기기 및 휴대용 PCR 장비 상용화와 생체/나노 하이브리드소자 이용 분자 진단 체계를 개발하는 것이 주된 내용이었다.

9장

호흡 분석에 의한 감염 질병의 사전 스크리닝과 진단법 개발

1. 폐질환과 감염에 대한 연구에 집중하다

신속하며 정확한 질병 진단 시스템 개발의 필요성

KIST유럽은 2010년부터 2012년까지 막스플랑크 연구협회(Max Plank Gesellschaft, MPG), 자를란트 홈부르크 의과대학, 마부르크 의과대학, 뒤스부르크 에센 대학, 괴팅겐 외과대학 등과의 협력을 통해 호흡 분석을 통한 질병의 비침습적 진단방법에 대한 연구개발을 집중 수행했다. 또한 2011년에는 독일 정부 수탁 과제인 BMWi에 선정되어(초소량 검출 시스템을 기반으로 한 병원균의 빠른 진단기술 개발(Schnelltest für pathogene Erregern der Medizin auf derbasis der ultra-spuren detektion)) 과제를 수행하기도 했다.

많은 사람들이 집단으로 이동하는 대형 공공장소인 공항, 학교, 군부대와 같은 곳에서 발생하는 감염, 암, 간질환 또는 순환기 질병의 신속한 진단은 매우 중요한 사안이었다. 하지만 대부분의 진단은 모두 외과적 시술을 통해 이루어져왔으며 이러한 외과적 시술을 통한 진단법은 대단히 비효율적이기 때문에 이를 대체할 질병 진단 시스템 개발이 요구됐다. 이를 위해 KIST유럽에서는 이온 이동도 분석법(Ion Mobility Spectroscopy, IMS)과 가스 크로마토그래피(Gas chromatography)를 결합한 휴대가 가능한 크기의 장비와 그 분석방법도 개발했다.

이온 이동도 분석법은 1970년에 처음으로 개발됐는데 초기에는 전쟁 관련

폭발물질과 마약 탐지를 위해 주로 공항 등에서 사용됐다. 이후 이 분석법은 대사체학의 발전과 함께 화학물질의 탐지 및 분석을 위해 환경학과 영양학, 생물학 또는 대사체학 등과 접목되어 널리 쓰이기 시작했다. 이온 이동도 분석법과 다중 모세관 컬럼의 결합은 복잡한 분석물질을 일차적으로 분리 가능하게 해주어 매우 짧은 시간 안에 정확한 실험 결과를 얻을 수 있게 됐다. 또한 호흡 분석뿐만 아니라 곰팡이류, 세균류, 동물세포의 휘발물질들에 대한 분석도 가능하게 해주었다.

3년의 과제 수행 기간 동안 폐질환과 감염에 대한 연구를 집중적으로 진행했으며, 이 과제의 최종적인 목표는 병원에서 사람에 대한 임상과 실험실에서 동물의 진단을 위한 새로운 방법을 개발하고 세분화하는 것이었다. 특히 기존에 존재하지 않던 새로운 샘플링 방법을 개발하거나 서로 다른 기기의 데이터를 교정하고 통계 처리를 하여 효율적인 바이오 마커를 발굴하고 분석하는 것 또한 중요한 과제였다.

호흡에 포함되어 있는 휘발성물질의 데이터베이스화 및 데이터마이닝

KIST유럽은 휘발성 대사물질을 비침습적 방법으로 분석할 수 있는 새로운 분석방법을 개발했다. 다중 모세관 컬럼이 접목된 이온 이동도 분석법과 가스 크로마토그래피 질량분석기(GC/MS)를 이용해 임상 단계에서 인간 호흡에 함유된 여러 휘발성물질들의 정성 및 정량 분석을 할 수 있었다. 또한 이 방법을 통해 호흡 대사 산물을 프로파일링하고, 후보 바이오 마커를 발견했다.

인간의 호흡으로부터 방출되는 휘발성 유기물질들은 샘플링이나 분석하는 방법, 혹은 용량에 따라서 항상 변동성을 보이기 때문에 분석하는 데 많은 어려움이 있었다. 이러한 변동성의 패턴 확보를 위해 대표적인 8개의 휘발성 유기물질들을 1년 동안 세밀하게 분석했다.

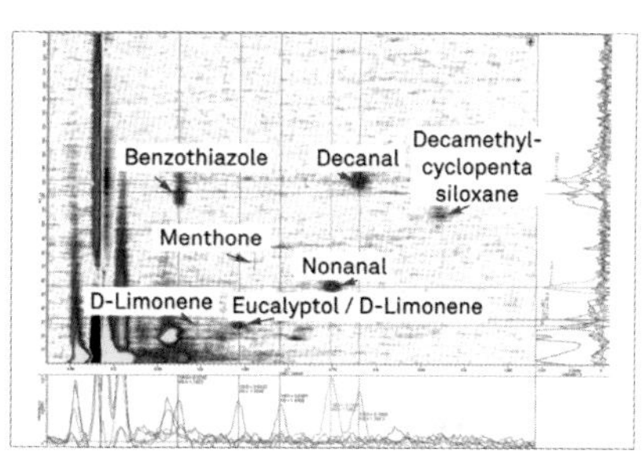

인간의 날숨의 IMS 크로마토그램 및 대표되는 8가지 휘발성 유기물질

그러나 방대한 데이터를 신속하게 분석하고 바이오 마커를 식별하기 위해서는 중앙집중식 데이터 저장소가 필요했다. '데이터 처리를 위한 흐름도'는 KIST유럽에서 개발했던 시스템의 구조를 보여주는데 환자의 데이터와 실험실 데이터의 적용 및 데이터베이스 검색 사이의 상호작용에 대해 설명해주고 있다. 임상에서 얻은 각종 시료를 수집해 분석기기

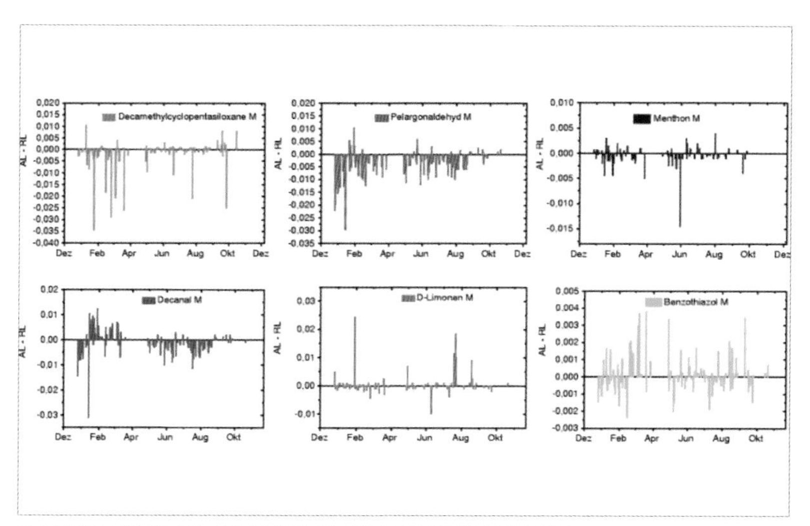

1년 동안의 날숨(AL)과 실온(RL)에서의 휘발성 유기물질의 변화 양상

들로 분석한 후 얻어진 많은 크로마토그램들을 수치화시켜 정리한 후 환자의 개인정보와 함께 데이터베이스화시킨 뒤, 다양한 통계적 방법을 통해 효율적인 바이오 마커들을 발굴하도록 했다.

데이터 처리를 위한 흐름도

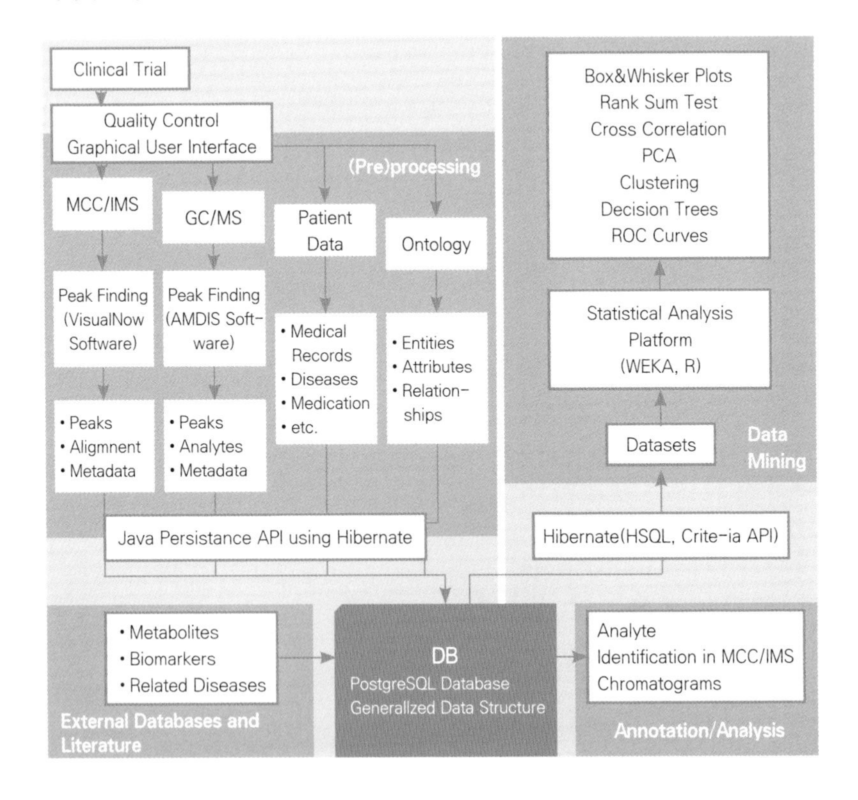

수술 중 마취된 환자의 연속된 호흡 측정을 위한 온라인 모니터링 시스템 개발

다중 모세관 컬럼이 접목된 이온 이동도 분석법은 분석시간이 수분 내외로 매우 빠른 장점이 있다. KIST유럽은 이런 장점을 이용해 마취된 환자의 호흡을 연속적으로 분석할 수 있는 시스템을 개발했다.

마취는 액체형 약물의 주입이나 휘발성 진통제 흡입을 통해 유지된다. 호기성 마취의 경우 호기종말가스농도와 혈장농도의 비교를 통해 마취의 정도를 결정하는데, 이는 호기성 진통제인 데스플루란, 세보프루렌, 이소플루란, 아산화질소 물질에만 가능하고 액체형 주입식 약물인 프로포폴에는 적용할 수 없었다. 다중 모세관 컬럼이 접목된 이온 이동도 분석법 장비를 이용해 호기종말

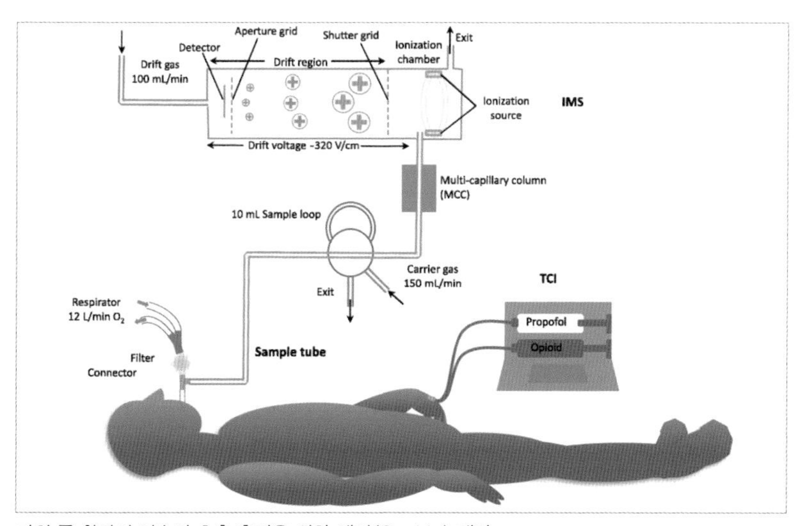

마취 중 환자의 연속된 호흡 측정을 위한 셋업(Set Up) 개발

가스농도에서 프로포폴의 검출에 처음으로 성공한 것은 2009년이었다. 그리고 KIST유럽은 다중 모세관 컬럼이 접목된 이온 이동도 분석법을 이용해 환자의 호흡을 통해 실시간으로 약물의 양을 온라인 모니터링할 수 있도록 새로운 모델을 개발했다. 이러한 새로운 모델을 통해 마취 중 환자의 호흡을 10분에 한 번씩 연속적으로 관찰할 수 있게 됐으며, 동태모형(Kinetic model) 개발에 적용할 수 있는 중요한 조건을 마련할 수 있게 됐다.

2. 휘발성 유기화합물을 실시간 식별할 수 있는 모델

동물호흡 온라인 모니터링 시스템 개발

인간의 폐에 감염이 일어났을 경우 신속하게 검출하는 것은 매우 중요하다. 이러한 탐지 및 식별을 위한 기존의 표준방법은 감도가 매우 낮고 많은 시간을 소모했다. KIST유럽은 비흡연자 그룹과 녹농균에 감염된 환자들을 식별할 수 있는 바이오 마커를 찾기 위해 새로운 샘플링 방법을 고안했다. 폐에 튜브를 삽입시키고 환자의 호기숨이 곧바로 이온 이동도 분석법 기계에 전달되도록 해서 휘발성 대사체들을 탐지하는 것이었다. 이러한 새로운 방법을 통해 n-Dodecan, 2-Butanlol, n-Nonanal은 폐암환자와 건강한 환자와 비교했을 때 큰 차이가 있는 휘발성 유기화합물로 선별됐다.

KIST유럽은 사람의 호흡을 실시간으로 관찰할 뿐 아니라, 동물 호흡을 연속

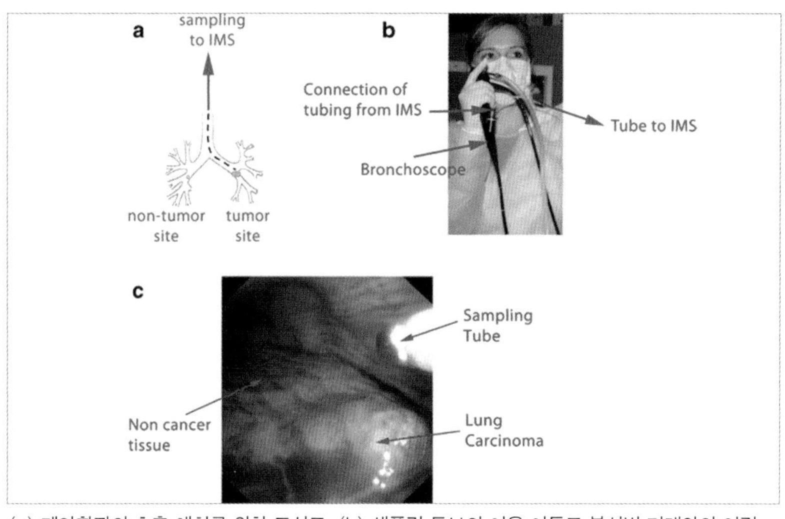

(a) 폐암환자의 호흡 채취를 위한 도식도, (b) 샘플링 튜브의 이온 이동도 분석법 기계와의 연결, (c) 실제 호흡 채취 과정 모습

적으로 관찰하기 위한 새로운 모델 개발도 진행했다. 마취된 쥐는 인공호흡기와 연결되어 연속적으로 숨을 쉬는 동시에 이온 이동도 분석법 기계로 날숨을 흐르게 해 실시간 호흡 분석이 가능하도록 했다. 이러한 새로운 모델은 폐혈증과 접목해 장시간 수행되는 실험(대략 10~18시간)을 연속적으로 가능하게 함으로써 실시간으로 생리학적 데이터와 호흡 분석을 동시에 할 수 있는 새로운 시스템으로 제시됐다. 뿐만 아니라 쥐의 호흡에서만 관찰되는 휘발성 물질들을 선별해 KIST유럽 고유의 유기화합물 데이터베이스화에도 성공했다.

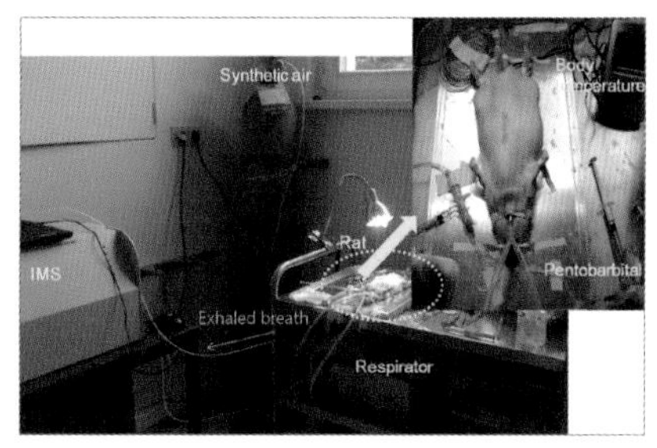

동물의 호흡을 연속적으로 관찰하기 위한 새로운 모델 개발

KIST유럽은 2010년부터 2012년까지 비침습적 방법인 가스 크로마토그래피 및 다중 모세

관 컬럼이 접목된 이온 이동도 분석법을 이용해 사람과 동물의 호흡을 분석해 휘발성 유기화합물을 실시간으로 식별할 수 있는 모델을 개발했다. 위와 같은 연구를 통해 총 35편이 넘는 연구논문 발표와 함께, 1건의 특허(Methodand device for generating positively and/or negatively ionized gas analytes forgas analysis, 특허번호 US 7973279 B2)를 취득하고 다수의 국제 학회에 참가하는 성과를 거두었다.

10장

중합효소 연쇄 반응과 실시간 형광 검침법을 이용한 휴대용 분석기기 개발

1. 휴대 가능한PCR 기계 개발

PCR, 20세기 가장 위대한 발명 중의 하나

KIST유럽 미세유체 연구 그룹에서는 2010년부터 2014년까지 싱가포르의 게놈 인스티튜트(Genome institute), 이탈리아 마그나 그라시아 디 칸탄자로 대학교, 체코의 브루노 대학교 등의 연구기관과 함께 간단하게 질병 진단이 가능한 휴대용 분석기기를 개발하는 연구를 집중적으로 수행했다.

유전자 인식을 통한 전염성 바이러스 및 미생물 검침기기의 개발 필요성은 전 세계적인 요구였다. 기존 기기들은 직접 샘플을 채취해 실험실에서 유전자를 판독하는 방법을 사용했는데, 이는 시료 유지 보관의 어려움, 값비싼 분석 장비의 필요성으로 인해 효율성이 떨어지는 상황이었다.

중합효소 연쇄 반응(Polymerase chain reaction, 이하 'PCR')은 30여 년 전 발명됐으며, 이 발명은 지난 세기의 발명 가운데 가장 위대한 발명 중 하나로 평가되고 있다. 이후에도 PCR은 다양한 형태의 시스템에 변형적으로 이용됐으며, 특히 실시간 PCR 분석은 장점을 가장 극대화한 모델로 여겨진다. 실시간 PCR은 최종 PCR product가 만들어지기까지의 증폭 및 실시간 반응의 모니터링을 가능하게 해 최종 산물을 정량화시킬 수 있다는 장점이 있다.

5년의 과제 수행 기간 동안 KIST유럽 미세유체 연구 그룹에서는 실시간 유전자 인식법을 이용한 휴대용 실시간 중합효소 연쇄 형광 분석기기(Hand-held PCR instrument) 개발에 집중했다. 이 기기는 현장에서 시료 채취 후

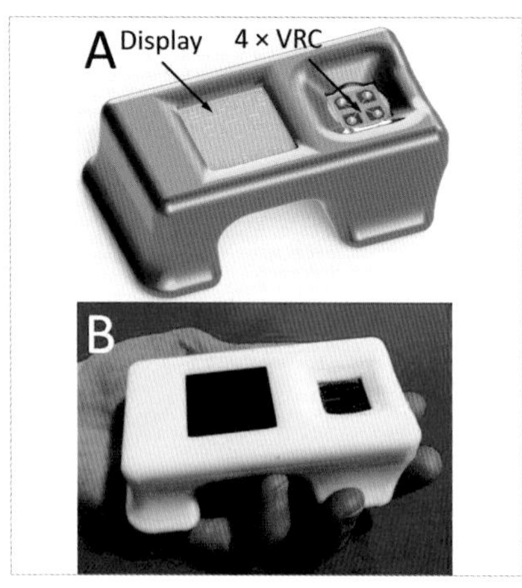

(A) 휴대용 중합효소 연쇄 반응 검침기기의 디자인 도면도. 4개의 샘플이 장착될 수 있는 글라스슬라이드 표면 (B) 최종적으로 완성된 실시간 PCR 기계

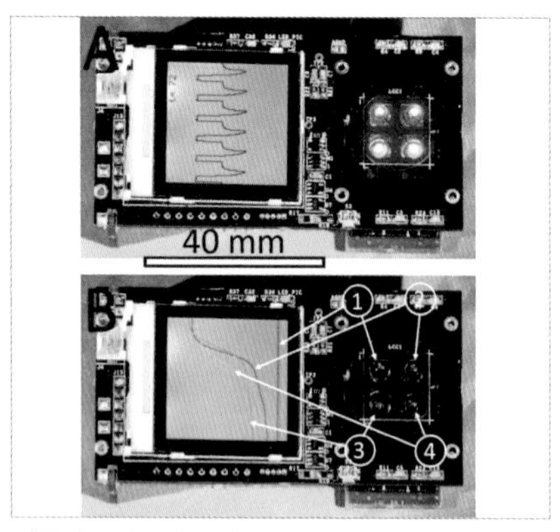

작동되고 있는 초소형 PCR 기계의 모습.
(6개의 PCR 사이클이 진행된 모습과 마지막 PCR 반응이 종료된 후 최종 결과의 모습. 1-표준물질, 2-낮은 농도 조류독감의 중합효소 연쇄 반응 결과, 3-중간농도 조류독감의 중합효소 연쇄 반응 결과, 4-높은 농도 조류독감의 중합효소 연쇄 반응 결과)

실시간으로 병원균의 유무를 유전자 분석법을 통해 판별할 수 있으며, 4개의 샘플 분석이 동시에 가능했다. 또한 유전자 분석에 대한 지식이 없어도 누구나 사용할 수 있는 사용자 친화적인 플랫폼을 구성했고, 멤스 기술을 사용해 초소형기기 구현에 성공했다. 이를 대량 생산할 경우 기존의 고가 분석 장비를 유사한 성능을 가진 저가의 분석기기로 대체 가능해져 새로운 시장을 만들 수 있는 쾌거였다.

대부분의 작은 사이즈의 PCR 기계는 미세유체 기계를 기반으로 한 모델이 주류를 이루고 있으며, KIST유럽에서는 현존하는 PCR 기계 중 가장 작은 사이즈인 10×6×3(cm) 크기의 초소형 PCR 기계를 개발했다. 이 기계에 요구되는 샘플의 양은 200nL이며, 기계의 분석 속도는 40번의 PCR 사이클 동안 대략 35분의 짧은 시간만 소요된다. 이 새로운 PCR 기계는 단일 가닥의 DNA도 검출할 수 있으며, 조류독감 바이러스(avian influenza virus) 및 두 가지의 인체 변형 바이러스(human transcripts virus)를 검출하는 데도 성공했다.

2. 스마트 의료 시스템과 개인 맞춤형 의료기기 발전에 기여

새로운 정량적 중합효소 연쇄 반응기기 개발

조류독감 바이러스는 8개의 리보핵산 가닥으로 구성되어 있는데, 4개의 고농도 유전자와 6개의 저농도 유전자를 포함하고 있다. 이처럼 매우 복잡한 바이러스를 검출하기 위해서는 고도로 정확한 검출방법을 가진 장비가 필요하다. PCR은 이러한 바이러스를 빠르게 검출할 수 있는 최적의 대안이 될 수 있으며, 기존의 ELISA보다 시간을 훨씬 단축할 수 있다는 장점이 있었다. KIST 유럽에서는 에바그린(Eva-green)이라는 형광물질을 이용해, 하나의 형광 채널을 사용한 새로운 다중 채널 정량적 중합효소 연쇄 반응(Multiplex qPCR) 모델을 개발했다. 이것은 다중핵산(multiple DNA)의 정성 및 정량 분석을 가능하게 해주었을 뿐만 아니라, 같은 샘플에서 하나의 단일 핵산(DNA) 가닥의 이상도 검출 가능하게 해주었다.

동시 측정이 가능한 실시간 중합효소 연쇄 반응기기 개발

KIST유럽은 중합효소 연쇄 반응 질량 검침(PCR mass screening)에 적합한 동시 측정 중합효소 연쇄 반응(double PCR) 정량 분석법 개발도 진행했

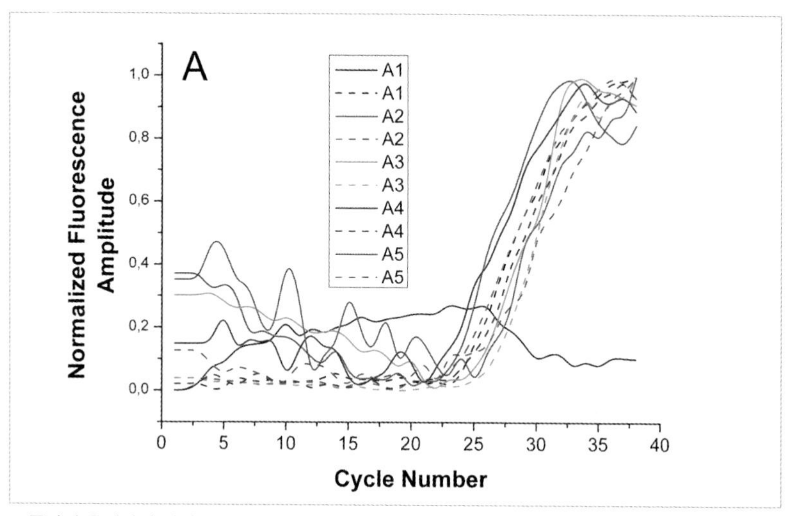

표준화된 유전자의 확장 스텝 그래프

다. 특히 하나의 형광 표지만을 이용해 2개의 타깃 유전자를 동시에 증폭시키는 데도 성공했다. 하나는 올리고뉴클래오타이드(oligonucleotide)로 라벨이 된 형광 탐침(FAM probe)을 사용했고 다른 하나는 탐침(probe)을 사용하지 않았으며, 반응염색 시료(intercalating dye)로 사이버 그린 I(SYBER green I)를 사용했다. 또한 중합효소 연쇄 반응 사이클(PCR cycle)당 변성(denaturation)과 확장(extension) 스텝만의 시그널을 수집하는 데도 성공했다.

위와 같은 새로운 시도는 두 가지 유전자를 하나의 샘플에서 하나의 형광 채널을 이용한 분석을 가능하게 했는데 이는 기존의 단일 반응 중합효소 연쇄 반응 장치(single reaction PCR)에 비해 매우 큰 장점이었다. 핵산의 정량 분석에도 새로운 방법으로 제시됐다.

유리 표면에서의 염기 서열 분석 장치 개발

핵산 염기 서열 분석(DNA sequencing)을 위한 개방된 표면에서의 새로운 미세유체 모델 개발도 KIST유럽의 주요 성과 가운데 하나다. 일반적으로 사용되는 광학 현미경용 커버유리(Glass cover slip)에 소수성(hydrophobic) 코팅을 입혀 개방형 표면 형태로 사용할 수 있도록 한 것이다. 자성이 있는 작은 조각들과 함께 배양한 핵산을 코팅된 유리 표면에 놓고 자석으로 움직임을 통제했다. 위와 같은 새로운 모델을 이용해 51mer과 81mer 크기의 단일 핵산을 서열 분석하는 데 성공했다.

이러한 여러 가지 분석기기의 개발을 통해 저소득 국가의 생활 보건 문제 해결하고, 스마트폰 플랫폼과의 연동을 통해 스마트 헬스케어 시스템을 구현했

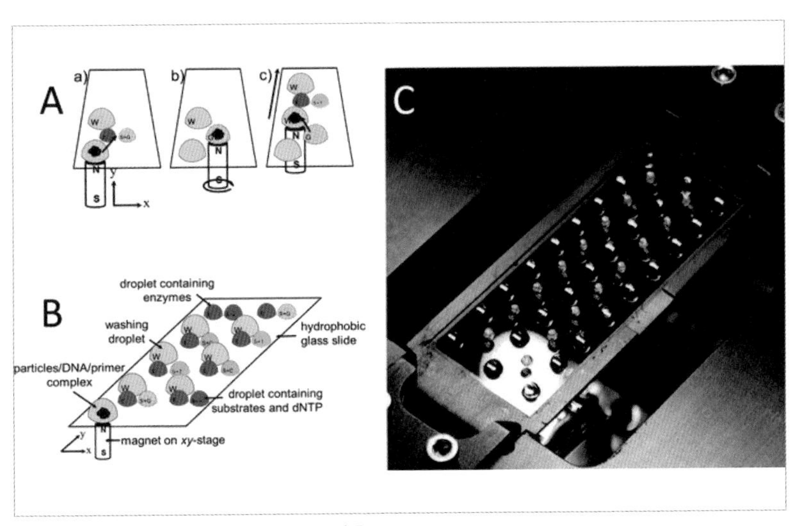

물방울을 기반으로 한 염기 서열 분석 플랫폼

으며, 향후 지속적인 새로운 센서 플랫폼 개발을 통해 스마트 의료 시스템뿐만 아니라 개인 맞춤형 스마트 의료기기로의 발전에도 큰 기여를 할 것으로 예상된다. KIST유럽은 본 연구를 통해 총 25편의 연구논문 및 4건의 국제 특허를 발표했으며, 다수의 권위 있는 국제 학회에도 참석했다.

11장

파아지 진열법을 이용한 강직성 척추염에 대한 항체군 진단법 구축

1. 파아지 진열법을 들여다보다

강직성 척추염의 진단 방법을 고민하다

강직성 척추염(ankylosing spondylitis)은 척추관절염(spondyloar-throapthy)의 전형적인 형태로 천장관절 및 척추의 만성염증 그리고 말초관절 혹은 눈, 심장, 폐 등 다른 장기 침범을 특징으로 하는 전신질환이다. 이는 주로 척추와 골반 사이의 천장관절로부터 시작되며, 척추 외에 고관절이나 슬관절 같은 다른 부위로 침범해 척추의 여러 마디가 하나의 뼈로 유합되어 각 마디가 독립적으로 움직일 수 없는 상태가 되는 염증성 관절염의 한 형태이다. 병리학적으로는 천장관절염, 말초활막염, 부착부염과 같은 양상을 보인다.

강직성 척추염의 발병과 관련해서는 HLA-B27이 강력한 유전적 위험인자인데 보통 20대 초반에 시작해 30~40대에 전형적인 척추강직을 보이는 것으로 알려져 있다. 지금까지 보고된 유병률은 민족마다 차이를 보이지만(1~6%) 대체로 1% 안팎으로 파악된다. 우리나라에서는 아직 정확한 유병률 조사가 이루어지지 않았지만 외국과 비슷한 수준일 것으로 추정하고 있다.

강직성 척추염(보건복지부 2002년 정책보고서 참조)

질환명	국제 질환 분류 ICD-10	실인원(수)	평균 연령(세)	유병률(10만 명당)
강직성 척추염	M45	109,199	57.83	229.63

강직성 척추염의 고전적인 진단은 환자의 증상, 병력, 천장관절 및 척추의 방사선학적 소견에 근거해 이루어진다. 이는 X선 및 MRI 결과를 참고하는 것 외에 다른 진단법이 없다는 뜻이기도 하다. 그런데 방사선학적 이상은 증상이 진행된 환자에게서만 발견되므로 조기진단이 쉽지 않다는 것이 문제였다. 또한 HLA-B27 검사를 제외하고 아직까지 혈청을 통한 강직성 척추염의 진단방법이 확립되어 있지 않았다. 만약 혈청을 통한 적절하고 효율적인 진단방법이 개발되어 질병 초기에 적절히 진단할 수 있다면 조기 치료로 척추강직을 막는 데 크게 기여할 수 있을 것이었다.

강직성 척추염의 치료에는 비스테로이드성 항염제와 설파살라진(sulfas-alazine) 등이 전통적으로 사용되어왔지만 효과적으로 척추강직을 막지는 못했다.

만일 강직성 척추염 환자의 질환을 예측하거나 치료제의 효과를 판정하는 혈청 마커의 개발이 이루어진다면, 척추강직이 예견되는 중증 질환에 반응하거나 치료에 효과적인 반응을 보이는 경우에 한하여 경제적이면서도 안전하게 종양괴사인자 억제제를 쓸 수 있을 것이 분명했다. 그리고 이런 혈청 지표가 치료제 효과의 객관적인 판정에 도움을 줌으로써 향후 새로운 강직성 척추염 치료제 개발에도 의미 있게 쓰일 것이었다. 때문에 이 연구를 통해 강직성 척추염의 자가 면역 항체나 항원 또는 환자에게서 특별히 과다/과소 배출되는 물질에 대해 규명할 수만 있다면 그 메커니즘을 이해하는 데에도 기여할 것으로 판단됐다.

이런 이유로 KIST유럽 나노메디슨 팀은 강직성 척추염을 채혈을 통해 간단히 진단할 수 있는 시스템을 개발하기 위한 연구에 뛰어들었다.

파아지 진열법을 들여다보다

연구의 첫 단추는 'M13 박테리오파아지(Bacteriophage)'를 들여다보는 것에서 출발했다. M13 박테리오파아지는 그 표면이 모두 5개의 단백질로 구성되어 있다. 박테리오파아지는 게놈의 길이가 작아 조작이 용이하고, 유전형질과 표현형질을 동시에 파악할 수 있다는 이점 때문에 대단히 큰 군(10^9개 이상으로 구성되어진 혼합물)으로부터 높은 반응성을 갖는 물질을 골라내는 연구에 활용되어왔다.

기존의 연구에서 박테리오파아지는 파아지 진열기법(phage display)을 통한 고친화도 반응물질 검출 도구로 사용되어왔다. 예를 들어 파아지 표면 단백질 3번이나 8번에 변형 항체군(예를 들어 Single Chain Fv)이나 펩타이드(peptide)군 등을 진열하고 그중 타깃물질에 가장 잘 붙는 것을 찾아내는 작업에 활용됐다.

M13 박테리오파아지 외형					
단백질 번호	9	7	8	6	3
아미노산 개수	32	33	50	112	406

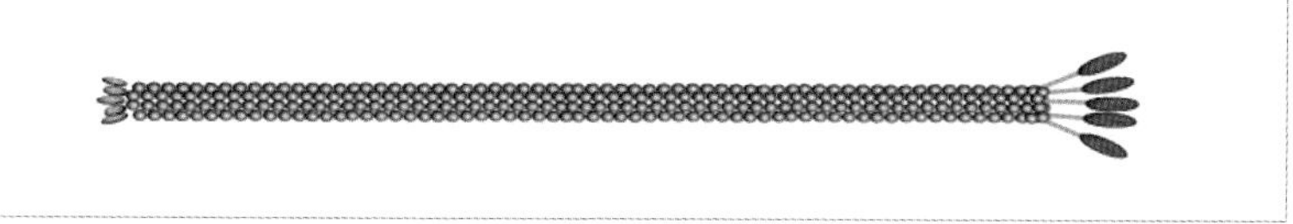

파아지 변형 항체 라이브러리 구성

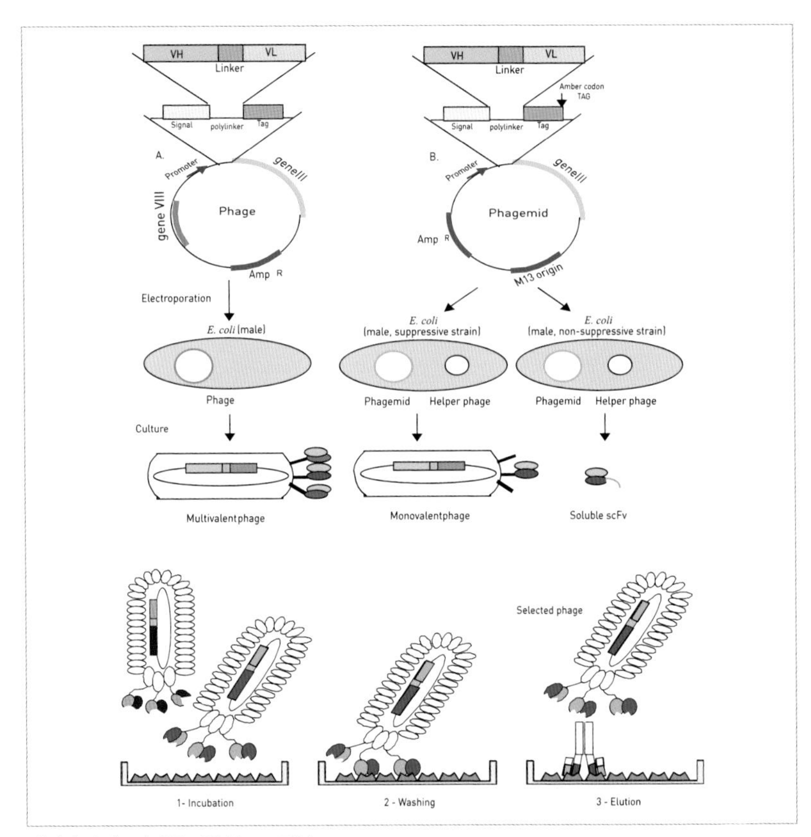

파아지 라이브러리를 이용한 스크리닝

파아지 표면에 큰 규모의 변형 항체군을 만들어 진열할 수 있고, 이를 다양한 생체물질들이 혼합된 항원군에 적용했을 때 친화도를 갖는 집단을 검출할 수 있다는 특성을 활용해 단일 클론의 고친화도 물질을 개발하는 실험을 했다. 이와 더불어 다중 클론의 부항체군(Sub-antibody library)을 골라내는 실험도 진행했다.

대부분의 질환은 혈청을 활용해 진단할 때 단일 마커를 통해 확진을 하는 것이 현실적으로 어렵다. 그런데 하나가 아닌 잠재적 마커군을 인지할 수 있는 부항체군을 파아지 진열기법으로 골라낼 수 있다면 혈청 진단의 새로운 시대를 열 수 있으리라고 판단했던 것이다.

항체군 진단은 파아지 진열기법을 사용해 환자군을 비환자군과 비교했을 때 혈청 내 단백질, 펩타이드, 소형 화학물질들이 과다/과소 발현되는 특이적인 경우에 반응해 결합하는 여러 유전자 변형 항체들을 각각 표면에 진열한 파아지들을 골라내는 것을 목표로 한다. 이처럼 선택된 항체군을 통해 질환의 진단, 중증도, 활성도, 치료효과 평가 등을 효과적으로 판단할 시스템을 개발하고자 했다.

2. 강직성 척추염 진단 마커의 개발

세계적 기준에 부합하는 새로운 진단법

박테리오파아지 표면 진열기법을 활용해 강직성 척추염의 고유 혈청 마커군을 특이적으로 감지할 수 있는 파아지 발현 항체군을 선택하고 이를 고감도 진단 체계에 결합시켜 진단 및 질환의 중증도, 활성도, 치료효과 판정 및 예측 등에 활용할 수 있는 혈청 생체지표(biomarker) 체계를 개발한 것은 대단히 독창적인 아이디어였다. 이것의 연차별 연구개발 목표는 1차 연도인 2008년에는 환자군으로부터 얻어진 관절액(Synovial fluid)과 혈청으로부터 파아지 항체 라이브러리를 구축하고 그것의 다양성 정도를 계산하는 항체 라이브러리를 구축하는 것이었다. 2차 연도인 2009년에는 환자군과 비환자군의 혈청에 바이오틴(biotin) 처리를 하고 얻어진 항체 라이브러리를 이에 적용시켜 환자군에 특이적으로 반응하는 항체군만을 골라 빼내는 스크리닝(Subtractive screening) 기술을 개발하는 것이었다. 마지막 3차 연도인 2010년에는 골라낸 부항체군의 유전자 정보를 분석하고 이것이 반응하는 항원들이 무엇인지 파악해, 골라낸 부항체군을 통계적 의미를 갖는 규모의 환자군에 적용해 봄으로써 진단으로서 유의미한지를 입증하는 것이었다.

이 연구는 KIST유럽이 분자 인지물질의 설계, 스크리닝, 박테리오파아지 유전자 변형, 파아지 생합성, 항체 분석, 항원 분석을 맡고, 가천의과대가 환자 진단 및 중증도, 활성도 평가 및 분류, SF/혈청/PBMC, SFMC 채취(환자 샘플로부터 RNA 추출 및 cDNA 합성), 항체군의 생식 세포 유전자(germ line gene)의 임상적 응용에 대한 분석을 맡았다. 2008년 1월 1일부터 2010년 12월 31일까지 3년에 걸쳐 진행됐다. 그 결과 강직성 척추염 진단 및 질환의 중증도, 활성도, 치료효과 판정 및 예측 등에 활용할 수 있는 혈청 생체지표(biomarker) 체계를 최초로 개발하고 이를 국내기업에 기술이전하며 성공적으로 끝났다.

연구팀은 국내 강직성 척추염 환자의 항체 유전자군에 대한 광범위한 연구를 통해 항체 유전자(VH2) 내부에는 유사질환인 류머티스 관절염, 일반 척추염과 달리 외부 유전자(CDC42bk)가 삽입된다는 사실을 입증해냈다. 이 같은 사실에 근거해 삽입된 유전자를 포함해 세 가지 종류의 유전자 마커 세트를 결정하고, 이를 이용해 정량-중합효소 연쇄 반응(Q-PCR)을 수행한 결과 강직성 척추염 환자에게서만 특이하게 높은 유전자를 얻는 데 성공했다. 또한 류머티스 관절염, 퇴행성 관절염 등 유사질환 환자의 항체 유전자를 이용해 비교 실험을 진행한 결과 오로지 강직성 척추염 환자에게서만 특이 PCR 산물이 만들어진다는 사실을 확인하고 이를 새로운 강직성 척추염 진단 체계로 제안한 것이다.

향후 한국의 을지병원과의 협력연구를 통해 발명된 진단 마커를 대규모 환자군에 적용함으로써 진단 마커로서의 실효성을 확증하기 위한 실험을 진행했다. 이와 동시에 발명된 마커가 한국의 강직성 척추염 환자뿐 아니라 독일, 네덜란드, 스페인의 환자군에서도 동일하게 진단 마커로 확증될 수 있음을 보이기 위해 독일 함부르크 의대 및 마크로젠 유럽 지사와 공동연구를 계획 중이다.

국내와 독일에서 동시에 진행되는 테스트가 완료되면 강직성 척추염 진단 마커는 발생률이 인구 1만 명당 23명 정도인 희귀질환이라 작은 진단시장 규모로 인해 연구개발 투자가 어려웠던, 그래서 해외에서도 간편 진단 체계가 존재하지 않았던 강직성 척추염에 대한 새로운 진단법으로 자리 잡을 수 있을 것으로 기대된다.

이 연구의 '강직성 척추염 특이적 유전자 측정을 통한 질환 진단 키트'기술은 선급실시료 1억과 로열티 연 2.5% 조건으로 한국 벤처 제약회사인 (주)렉스바이오에 2011년 5월에 이전됐으며, 해당 연구는 '강직성 척추염 조기 진단법 개발(PRIMERS FOR DIAGNOSING ANKYLOSING SPONDYLITIS)-국제 출원 번호 PCT/KR2011/000095'로 특허 출원됐다.

12장

고위험성 물질 대응 기반기술 개발

1. 고위험성 물질 대응 기반기술 개발 추진

고위험성 물질 대응 기반기술 개발의 배경

무역의 자유화 및 세계화를 지향하는 WTO 체제에 따라 전통적인 무역장벽인 관세나 수입수량 제한 등은 감축 또는 철폐되고 있으나, 기술규정, 표준 및 적합성 평가절차 등과 같은 기술 관련 무역장벽과 안전, 보건, 환경과 관련한 환경규제는 점점 높아가고 있다. 또한 비관세 무역기술 장벽은 자국의 기술적 우위성을 이용해 자국 산업을 보호하는 데 사용되고 있다. 그러므로 무역 중심의 산업 구조를 가지고 있는 대한민국의 경우 우리 기업의 해외시장 진출을 촉진시키고 다른 국가와의 무역 원활화를 통해 국가경쟁력을 강화하기 위해서 점차 강화되고 있는 무역 관련 기술 규제에 대한 적극적인 대응이 필요하다.

이미 EU에서 시행되어오던 40여 개 지침들을 포괄적인 개념으로 통합해 2007년 6월 1일 시행되어 2018년 일정을 마감하는 REACH, 즉 EU의 신(新)화학물질관리제도(Registration Evaluation and Authorisation of Chemicals)는 인간건강과 환경보호 및 유럽 산업계 경쟁력 강화를 목적으로 제정된 법령이다. REACH에서는 EU에서 연간 1톤 이상 제조 또는 수입되는 화학물질에 대해 등록을 의무화하고 있는데, 등록 마감기한과 등록에 필요한 실험항목, 등록서류는 EU에서 제조/수입되는 물질의 양과 유해특성에 따라 다르다.

REACH에서는 고위험성 물질(Substances of Very High Concern,

이하 'SVHC')을 발암성, 돌연변이 유발성 혹은 생식독성(Carcinogenic, Mutagenic or Toxic for Reproduction, CMR), 잔류성, 생물농축성 및 독성(Persistent, Bioaccumulative and Toxic, PBT), 고잔류성 및 고생물농축성(very Persistent and very Bioaccumulative, vPvB) 물질 혹은 내분비장애(Endocrine disrupting) 물질로 정의해 유해가 우려되는 물질에 대한 관리를 강화하고 있다. 그 결과 SVHC에 대해 신고(Notification), 허가(Authorisation) 및 제한(Restriction) 그리고 공급망(Supply Chain)을 따라 의무적으로 주고받아야 하는 정보에 대한 사항을 법적으로 규정하고 있어 안전, 보건, 환경상의 명분으로 강력한 기술 규제가 이뤄지고 있다.

REACH에서는 화학물질 공급망 내에 제조자(Manufacturer), 수입자(Importer), 하위사용자(Downstream User, 이하 'DU')를 정의하고 각자의 법적 의무사항을 설정해놓고 있다. 따라서 DU 및 소비자의 위험물질 안전사용을 위해 물질을 유통시키는 공급자는 확장된 물질안전 보건자료(extended Safety Data Sheet, 이하 'eSDS')를 공급망 내에 제공해야 하는 법적 의무가 새로이 발생했고, 또 완제품 내의 SVHC의 함유 여부를 EU가 요구하면 45일 이내에 제공하도록 되어 있다. 우리나라와 같은 유럽 역외 국가의 기업도 유럽에 화학물질을 수출하는 경우, 유일 대리인(Only Repersentative)이나 수입자를 통해 REACH에서 규정하는 세부사항을 필수적으로 이행해야 한다.

수출이 국가 성장 동력인 대한민국의 미래를 위해 KIST유럽은 2008년 6월 시행되어 2018년 모든 일정을 마무리 지을 EU의 REACH와 관련해 안전, 보건, 환경상의 명분으로 기술 규제로 다가온 SVHC 규제 사항 중 수출 중소기업

REACH 고위험성 물질의 공급망상 이행 규제 대응을 위한 산업 공통 기반기술의 수요

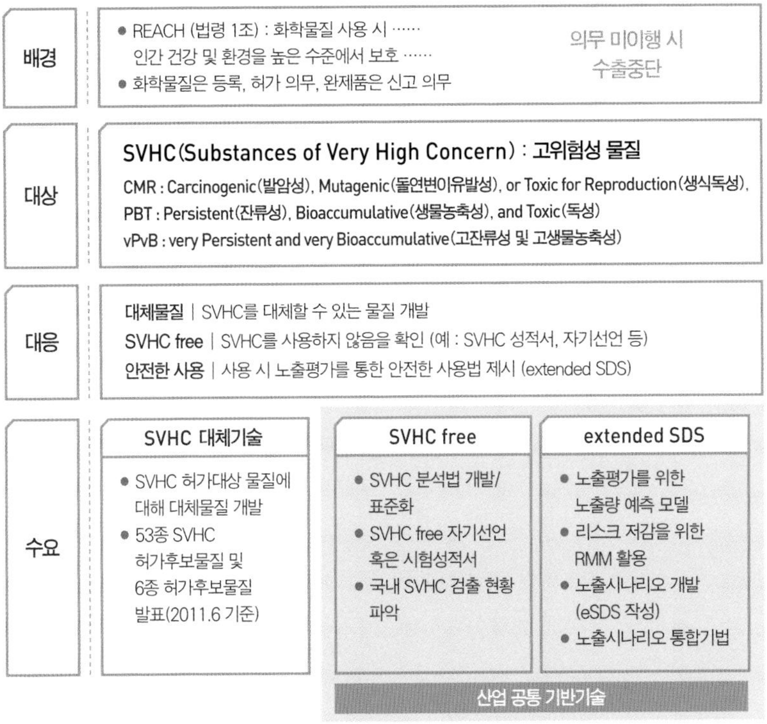

배경

- REACH (법령 1조) : 화학물질 사용 시 ……
  인간 건강 및 환경을 높은 수준에서 보호 ……
- 화학물질은 등록, 허가 의무, 완제품은 신고 의무

의무 미이행 시
수출중단

대상

SVHC(Substances of Very High Concern) : 고위험성 물질

CMR : Carcinogenic(발암성), Mutagenic(돌연변이유발성), or Toxic for Reproduction(생식독성),
PBT : Persistent(잔류성), Bioaccumulative(생물농축성), and Toxic(독성)
vPvB : very Persistent and very Bioaccumulative(고잔류성 및 고생물농축성)

대응

대체물질 | SVHC를 대체할 수 있는 물질 개발
SVHC free | SVHC를 사용하지 않음을 확인 (예 : SVHC 성적서, 자기선언 등)
안전한 사용 | 사용 시 노출평가를 통한 안전한 사용법 제시 (extended SDS)

수요

SVHC 대체기술	SVHC free	extended SDS
• SVHC 허가대상 물질에 대해 대체물질 개발 • 53종 SVHC 허가후보물질 및 6종 허가후보물질 발표(2011.6 기준)	• SVHC 분석법 개발/표준화 • SVHC free 자기선언 혹은 시험성적서 • 국내 SVHC 검출 현황 파악	• 노출평가를 위한 노출량 예측 모델 • 리스크 저감을 위한 RMM 활용 • 노출시나리오 개발 (eSDS 작성) • 노출시나리오 통합기법
	산업 공통 기반기술	

의 유통상 장벽이 될 요소를 지원할 필요가 있었다. 정밀화학, 섬유제품, 전기전자제품, 생활용품, 금속산업 등의 소재, 부품, 완제품 등 국가 주요 성장 동력산업의 국가경쟁력 강화를 위해 SVHC 대응 기반기술 개발에 나선 것이다.

고위험성 물질 대응 기반기술 개발 개요

SVHC 대응 기반기술은 REACH의 고위험성 물질에 대해 공급망 내에서 주고받아야 하는 유해성 정보에 관한 리스크 커뮤니케이션에 관한 기술로서, 'SVHC 함유 여부 검출 시험(이하 'SVHC-testing')과 '위험성 분류 물질의 안전사용에 요구되는 ES 생성'에 대한 두 가지 부문으로 개발되며 이는 화학물질과 관련된 전 산업 공통 기반기술이다.

REACH에서는 위험성 물질의 안전 사용을 위해 공급망을 따라 제조자와 DU 간에 주고받아야 할 정보를 의무화하고 있으며, 기존 물질안전 보건자료(Safety Data Sheet, SDS)를 REACH에서 요구하는 대로 업데이트한 후 ES를 첨부하는 것과 SVHC의 함유 여부를 DU가 요구하면 45일 이내에 제공하는 것을 법적 의무사항으로 정하고 있다.

따라서 해당 개발 대상 기술은 REACH 등록 및 등록 후 국제시장 유통에 필요한 대응기술인 SVHC-testing과 eSDS에 첨부되어야 하는 물질의 용도별 ES 생성기술 분야로서, 산업 공통기술로서의 보급 확산의 효율적인 방법론까지 포함해 진행됐다. 사업의 범위 및 주요도(%)는 SVHC 분석기술 개발 분야(기술 개발 부문)의 경우 40%, ES 기법 개발 분야(기술 개발 부문)가 40%, 산업 공통기술로서의 보급 확산(인프라 부문)이 20%로 정해졌다.

이는 수출 기업의 시험/컨설팅 비용 절감, 시간 단축, 규제장벽의 소통 원활 효과를 달성해 국내 수출 기업뿐만 아니라 컨설팅 기업의 글로벌 경쟁력을 강화하며, 국제 환경규제 대응에 있어 EU 전문기관에 전적으로 의존함을 탈피함과 아울러 국내의 유사 규제 도입 시 기반기술로 활용할 수 있도록 개발됐다.

REACH SVHC 대응 기반기술 개발 사업의 시스템 구조도 및 사업 범위

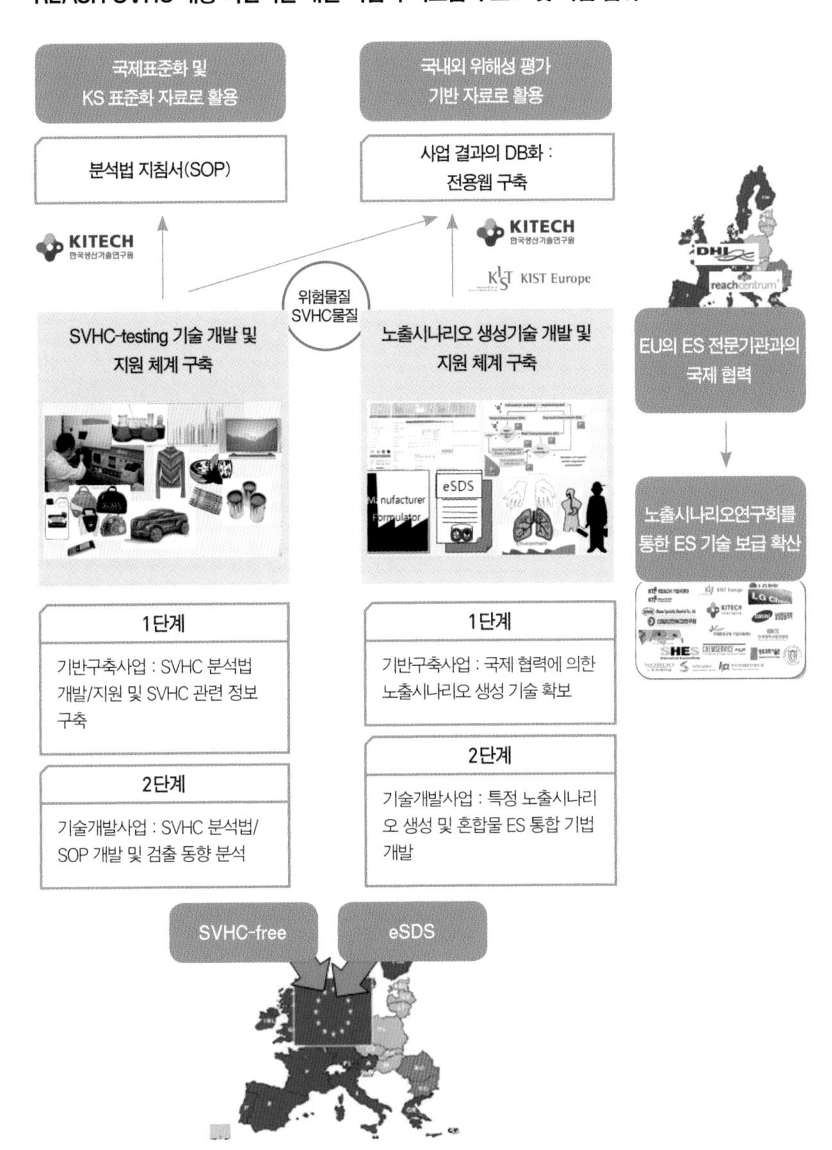

2. 고위험성 물질 대응 기반기술의 활용

고위험성 물질 대응 기반기술 개발 추진 체계

총 수행 기간 5년(2008. 12. 1~2013. 9. 30)에 걸쳐 진행된 SVHC 대응 기반기술 개발은 최종 목표를 'REACH 고위험성/위험성 물질의 수출장벽 해소를 위해 산업 공통 기반기술 개발 및 기술 지원 체계 구축'으로 잡고 (1) SVHC 분석법 개발 및 검출동향 분석, (2) 단일물질 및 혼합물질의 ES 생성기술 개발을 양대 축으로 해서 진행됐다.

단계별 목표는 1, 2단계로 나뉘는데, 1단계 목표는 REACH 고위험성/위험성 물질의 대체 · 안전 사용을 위한 SVHC-testing 및 ES 생성기술 개발 및 기술 지원 체계 구축이며, 2단계 목표는 SVHC 분석법/검출동향 분석 및 특정 ES 생성/통합기술 개발과 같은 REACH 고위험성/위험성 물질의 수출장벽 해소를 위한 산업 공통 기반기술을 개발하는 것이었다.

기술의 개발과 활용

총 수행 기간 5년에 걸쳐 마침내 개발된 'SVHC 분석법 및 ES 생성기술'은 유럽 수출 기업의 REACH 관련 기술 규제에 의한 무역장벽을 해소하는 기반기술로서, 화학물질 관련 산업을 포함한 완제품산업 등 산업 전반에 활용할 수 있는 공유기술이므로 개발된 기술을 적극적으로 공개, 보급, 확산시키고 있다. 특히 ES 작성 및 혼합물 ES 통합기법은 수출 기업의 REACH 물질 등록을 담당하고 있는 국내 유일 대리인 및 유럽 법인 설치를 통해 REACH 물질 등록을 하고 있는 중견 및 대기업에 전수되어 수출 기업에서 효율적으로 활용되고 있다.

이 사업과 관련된 결과물(ES 작성 및 혼합물 ES 통합기법, SVHC 분석법, SVHC 국내 수출입 현황, 국내 소재별 SVHC 검출 현황 등)은 산업부 지정 국제환경규제기업지원센터(COMPASS)와 연계해 국가 DB 및 규제대응 교육 프로그램/교재로 이미 활용이 시작됐다. 또한 국제환경규제대응 기술지원센터의 웹사이트(www.ecolab.re.kr)에 본 사업 결과로 얻어진 지식기반의 글로벌 환경규제 정보를 제공하는 전용 메뉴를 마련해, ES 기법(ES Scaling 기법 및 ES 통합기법, ES 통합 및 Scaling 사례), 소재별 유해물질 검출 현황, SVHC 분석법, SVHC 수출입 현황 등에 대해 상세하게 파악할 수 있도록 했다.

이 외에도 REACH ES 작성 및 혼합물 ES 통합기법은 해당 연구개발 과제 수행 이전에는 국내에 전무했던 기술로, 이번 기술 개발을 발판으로 EU 전문기관에 전적으로 의존함을 탈피할 수 있게 됐다. 아울러 국내의 유사 규제 도입 시(K-REACH 등)에는 국내 산업안전관리공단과 공유함으로써 국내 위험성 물질 관리의 기반기술로도 활용 가능하다. 무엇보다 다행스러운 점은 신규 SVHC 분석방법의 적시 조기 개발로 수출 기업을 원활히 지원할 수 있었음과 동시에 국내 표준 재·개정 및 국제 표준 주도에 기여했다는 점이다.

해당 연구 성과와 관련, 국내와 국외에서 얻은 정량적 실적으로는 결과 발표 세미나 등 22회, 기업방문 교육 등 17회, 논문 게재 총 13건(국내 6건, 국외 7

노출시나리오의 발전방향

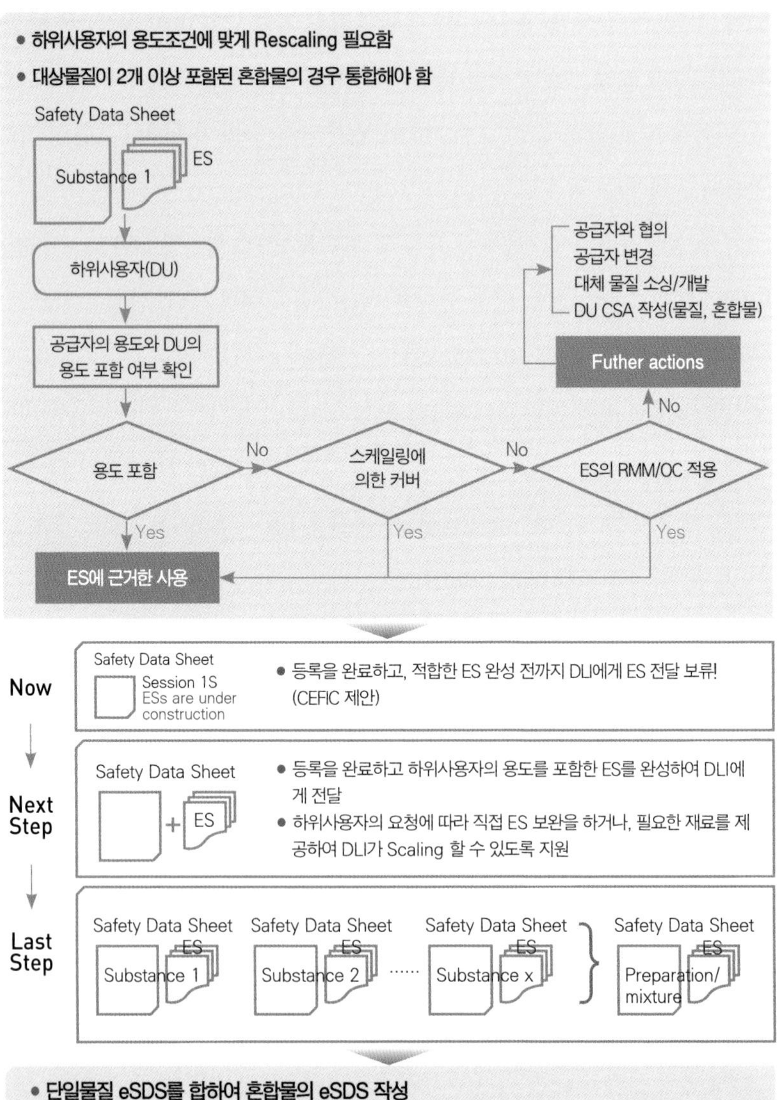

건), 학회 발표 총 37회(국내 14회, 국외 23회)였다. 또한 REACH SVHC 대응에 필요한 기술을 조기에 확보함으로써 기술 지원이 가능한 간접적인 국내 시장 규모가 REACH 대상이 되는 화학물질 또는 이를 포함한 제품의 EU 27개국에 대한 수출실적으로 본다면 총 460.2억 달러(단일물질 11.6억 달러, 혼합물 24.1억 달러, 완제품 424.6억 달러)에 이른다. 한편 관련 기술의 예상 시장 규모(국내)는 ES 생성이 233억 원/년, SVHC 분석이 973억 원/년으로 파악되고 있다.

R&D 4기 (2015~2016)

최귀원 소장 재임 기간

KIST유럽 4기는 야심차게 추진했던 R&D 담당 소장 체제의 종료와 함께 최귀원 소장이 새롭게 부임하면서 연구소 비전의 재수립 및 주력 연구 과제의 재설정으로 시작됐다. 최귀원 소장 체제의 핵심은 '기본에서 출발해서 가장 잘할 수 있는 것을 더 잘하자'는 이른바 '강점 부각 체제'라고 할 수 있다. '과학기술 글로벌화를 선도하는 탁월성 연구기관으로 도약'이라는 기존의 비전은 '국내 출연연 및 산업계의 EU 진출 지원을 위한 개방형 연구 거점 기관'으로 보다 구체화됐고, 세부 수행지표는 첫째, 출연연 융합, 협력의 거점 역할 수행, 둘째, 창조경제 글로벌화의 전진기지 역할 수행, 셋째, 글로벌 R&D 역량 결집을 위한 플랫폼 역할 수행 등으로 설정됐다.
한편 2007년부터 시작한 환경 컨설팅 업무와 관련된 원천기술 연구의 필요성도 점점 증가됐다. 유럽 내 환경보호를 위한 규제장벽이 강화됐고 대한민국에서도 2015년부터 K-Reach 제도가 시행되어 그 중요성은 더욱 커졌다. 유럽 현지에서의 연구 결과가 한국의 산업계에 도움이 되어야 한다는 요구는 절대적이었고, 이는 KIST유럽이 지켜온 지난 20년의 기본 정신이기도 했다. 환경, 바이오, 에너지 등 부가가치가 높은 선진기술을 습득하고 활용할 수 있는 연구 전진기지로서의 가치 증대는 국내의 유관 산업계에 미치는 긍정적 효과는 물론 국책 연구기관이 가져야 할 바람직한 모델의 구현이라 할 수 있다.

주력연구 분야는 역시 환경규제 관련 원천기술 분야가 다수를 차지한다. '동물 대체 시험법', '나노 물질 독성연구', '혼합물 독성연구', '고위험성 물질 대응 기반기술 개발', '독성물질 검출소자' 등의 연구가 이뤄지고 있고, 자를란트 대학과의 공동 랩 운영을 통한 에너지 연구에 착수해 연료전지, 이산화탄소 저감기술, 바나듐 2차전지 개발 등에 착수했다.
또한 독일이 강점을 갖고 있는 Industry 4.0 분야의 연구역량을 더욱 강화하여 출연연 및 산업계와의 공동연구를 확대할 예정이다. 이러한 방향은 KIST유럽을 유럽 내 '한국연구소'로서의 정체성을 확실히 확립하고, 출연연 전체의 융합, 협력과 창조경제 글로벌화의 거점으로 적극 개방하고 활용하겠다는 의지를 담고 있다고 하겠다.

13장

미래 환경보건을 위한 혼합독성 예측기술 연구

1. '물질'에서 '제품'으로 화학물질 관리의 패러다임 변화

보다 나은 삶의 질을 위한 선진 화학물질 규제 정책

2011년 가습기살균제(세정제)에 노출된 산모, 영유아, 아동, 노인 등이 사망했다는 보도가 전국을 들썩이게 했다. 환경부 자료에 따르면 이 사건으로 인해 2015년까지 사망한 사람은 총 92명으로 집계됐다. 가습기에서 뿜어져 나오는 수증기를 좀 더 깨끗하게 사용하겠다고, 살균제를 첨가한 사람들이 오히려 이 살균제에 노출되어 폐질환을 앓게 된 것이다. 제품 제조업체가 관련 제품 규제법령에 따라 적법하게 생산했음에도 불구하고, 이러한 피해가 발생한 이유는 무엇일까?

당시 가습기살균제의 성분으로 사용된 물질들은 피부독성이 다른 살균제에 비해 5분의 1 내지 10분의 1에 불과해서 샴푸, 물티슈 등 여러 위생용품에 이용되던 것들이다. 하지만 이 성분들이 가습기에 첨가되어 사용될 때는 수증기를 통해 인체 호흡기로 흡입되는데, 흡입독성에 대한 연구 결과가 충분하지 않은 상태에서 제품이 유통됐기 때문에 이러한 문제가 발생한 것이다. 즉 물질 자체의 유해성(hazard)은 물론 소비자가 사용하는 최종 제품에 대해 실제 노출 가능한 경로와 노출량을 고려하는 위해성 평가(risk assessment)가 이뤄져야 함에도, 이를 위한 국내의 기술기반과 관련 법적 제도가 미흡했던 것이 본질적인 이유라고 볼 수 있다.

앞선 2007년 6월 EU에서는 물질의 유해성과 노출을 동시에 고려한 화학물질안전성평가보고서(Chemical Safety Assessment)를 의무화하는 'REACH'를 발효시켰다. 만약 이러한 선진 화학물질 규제가 국내에도 일찍 적용되고 있었다면 가습기살균제 사건을 방지할 수 있었을 것이라는 것이 관계 전문가들의 의견이다. 그리고 이러한 규제 필요성에 따라 국내에도 늦은 감이 있지만 REACH와 유사한 '화학물질에 관한 등록 및 평가에 관한 법(화평법, 일명 K-REACH)'이 2015년 1월에 공표됐다.

한편 수출 주도형 경제 구조를 갖고 있는 우리나라는 수출 기업들이 초강력 유럽 발 REACH에 대응할 수 있도록 2006년에 환경부와 산업자원부를 중심으로 REACH 대응 전담팀을 구축했다. 하지만 우리나라는 유럽보다는 주로 미국과 일본 등의 화학물질 규제에 익숙한 상황이라, 유럽의 규제와 관련 대응기술에 관한 국내 전문가 풀(pool)이 상대적으로 매우 부족한 상황이었다. 때문에 유럽의 새로운 제도 도입 동향과 더불어 효과적인 선진 규제 대응기술이 필요했다. 이러한 국내의 필요를 충족시키기 위해서 KIST유럽은 유럽 현지에 위치한 최적의 지리적 장점과 이미 확보되어 있던 환경, 생명공학 분야의 연구자들의 기술력을 활용해, 2006년부터 혁신연구 그룹(現 환경안전성사업단)을 통해 본격적으로 국내 정부기관 및 산업계를 지원하는 과제를 수행하고 KIST 본원과 연계한 기반기술 확보를 위한 연구를 추진했다.

2016년에도 현재 진행형인 EU의 REACH에 따른 화학산업계의 의무이행 요구 수준은 매우 강력하다고 볼 수 있다. REACH를 통해 1톤 이상 제조, 수입되는 물질의 위해성 자료가 2018년까지 유럽화학물질청에 등록될 예정이다. 또한 EU 집행위원회는 2018년 이후에는 화학물질 규제의 중심을 '물질'에서

'제품(혼합물)'으로 확대, 강화해나간다는 계획을 2012년에 공식문건을 통해 공개한 바 있다.

이러한 맥락에서 EU는 REACH뿐만 아니라 기타 혼합제품 관련 규제도 지속적으로 강화, 확대해나갈 것으로 예상된다.

새로운 패러다임을 위한 혼합독성 예측기술 개발 준비

REACH를 주관하는 유럽화학물질청의 2014년도 진도 보고서에 따르면, 2013년 기준 유럽화학물질청에 접수된 등록서류 약 75%가 독성 예측기술에 근거한 실험대체기법으로 도출된 결과를 포함하고 있다고 한다. 실제로 EU는 제도개선을 통해 화학물질 규제를 강화하는 동시에, 산업계의 경제적 부담을 저감시킬 수 있는 동물대체시험법 기술 개발 수요창출에 박차를 가하고 있다. 예를 들어 EU의 화장품 규제하에서는 제품의 안전성 평가를 위한 전통적인 동물실험을 전면 금지했다. 이에 현재 유럽에서는 화장품 개발 과정에서 동물대체시험법을 이용해 안전성 평가 자료가 생산되고 있으며, 이를 위해 관련 연구자들이 대체시험법 개발 이니셔티브를 강화해나가고 있다. 이렇게 새로 개발되는 동물대체시험법은 안전성 평가 자료생산에 이용될 뿐만 아니라 새로운 기술수요를 창출시킴으로써 유럽 내 경제적인 부가가치 창출 효과를 만들어내고 있다.

KIST유럽은 2007년 6월 REACH가 발효되면서 발생할 현안 과제를 해결하는 연구를 진행함과 동시에, 유럽 현지의 규제동향 및 미래기술 수요에 대한 정보에 기반해 REACH 이후에 발생할 수 있는 미래 과제인 '혼합제품의 혼합독성 평가기술' 개발을 위한 기반 마련을 2007년부터 진행해왔다.

2. 스마트한 혼합물 위해성 평가 기반기술 개발과 보급

선진국 기술 '추격'에서 선도기술 '리딩'으로

2015년 KIST유럽의 환경안전성사업단은 동물대체시험법 개발의 틀 안에서 혼합독성 예측 연구를 본격적으로 추진하기 위해 계산독성학연구실을 구축했다. '계산독성학연구실'은 환경보건기술과 정보학기술을 융합해 국내 산업계의 현안 문제를 해결할 수 있는 기술 솔루션을 개발하고, 관련 기술 분야에서 선진기술을 '추격(chasing)'하는 데 그치지 않고 선도기술을 '리딩(leading)'하려는 미션 달성을 위한 연구를 수행하기 위해 국내외 연구기관 및 산업계와의 협력연구 네트워크를 구축했다.

제품 안전성 평가 측면에서 혼합독성 예측기술은 크게 두 가지의 연구 주제로 집약해볼 수 있는데, 하나는 개별물질이 가진 독성을 더하는 개념인 '상가독성(additive toxicity)' 예측기술과 상가독성보다 더 높은 독성이 발현되는 '시너지즘(synergism)' 예측기술이다. 현재까지 제도적인 틀 안에서 혼합제품의 독성을 평가하는 기술 수준은 상가독성을 예측하는 기술에 머물고 있다. 직접 실험하지 않고, 개별물질의 독성정보만을 이용하는 비실험 방식(non-testing method)의 시너지즘 예측기술을 실용화하는 데는 현재까지 많은 연구 과제가 남아 있는 상황이다.

이에 KIST유럽은 환경, 화학, 생물, 독성학, IT 분야의 기술을 융합하여, '스마트 혼합독성 평가 툴(smart assessment tool for mixture toxicity)'이라는 동물실험을 최소화하는 혼합독성 평가기술 개발 전략을 마련했다. 이러한 기술 개발 전략을 기반으로, KIST유럽은 현재까지 혼합독성 예측기술 분야에서 상가독성을 예측할 수 있는 통합독성예측모델 2종(PLS-IAM 모델, QSAR-TSP 모델)을 개발해 학계에 발표했다. 또한 2014년부터는 독일 자를란트 대학의 생물정보학센터(Center for Bioinformatics)의 폴크하르트 헬름스(Volkhard Helms) 교수 연구팀과 공동으로 시너지즘 예측기술 개발 연

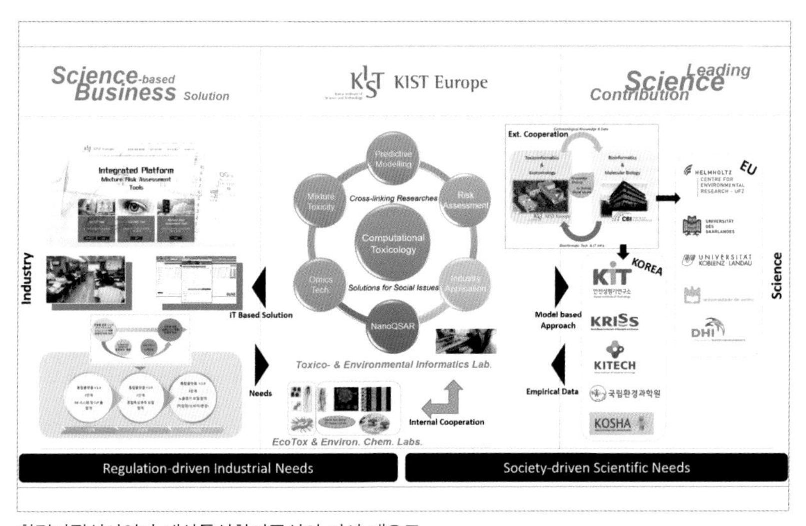

환경안전성사업단 계산독성학연구실의 미션 개요도

구에 도전하고 있다. 이러한 공동연구의 산물로 화학물질과 단백질 간의 상호작용 데이터를 이용해 시너지즘 발생 가능성을 예측하는 '씬톡스툴(SynTox-Tool)' 초기 버전을 개발했다. 현재 개발된 씬톡스툴을 이용할 경우, 이종 혼합물(binary mixture) 조합에 따른 박테리아 수준의 독성 시너지즘 발생 여부에 대한 예측 결과를 얻어낼 수 있다. 이 기술을 실용화하는 데는 좀 더 많은 연구가 필요하겠지만, 지속적인 독성 데이터를 확보해나갈 경우 다양한 생물종에 대한 시너지즘 독성을 예측하는 데 이용될 수 있을 것으로 기대된다.

계산독성학과 독성모델링 기술에 기반한 예측기술을 개발하는 데 필수적인 요소 중 하나는 실제 생물종을 이용한 실험 데이터이다. 즉 모델링을 통해 도출된 예측 독성값이 실제 실험값에 비해 얼마나 정확한지를 평가하는 비교, 검증작업이 반드시 필요하기 때문이다. 혼합독성이라는 예측모델 개발연구를 진행하기 위해서도 혼합독성 실험 데이터가 필수적인데, 현재까지는 혼합독성에 대한 체계적인 데이터베이스 구축이 미흡해 예측기술 연구자들이 혼합독성 실험 결과를 생산하거나 수집하는 데 많은 비용과 시간이 필요한 상황이다.

이에 KIST유럽에서는 1970년도부터 생산된 이종 혼합물에 대한 혼합독성 실험 데이터를 다양한 생물에 따라 분류하고, 상가독성과 시너지즘을 구분할 수 있는 통일된 표준지표를 산정해 분석한 결과를 통합한 '온라인 혼합독성 데이터베이스'인 '믹스톡스디비(MixToxDB, www.mixtox.de)'를 2014년도에 개발해 무료로 공유하면서 지속적으로 업데이트해오고 있다. 개발된 데이터베이스는 혼합독성 예측 분야의 연구자들에게 많은 시간과 비용을 절약하게 해주며, 표준화된 평가지표를 제공해주는 등 학문적 기여를 할 수 있을 것

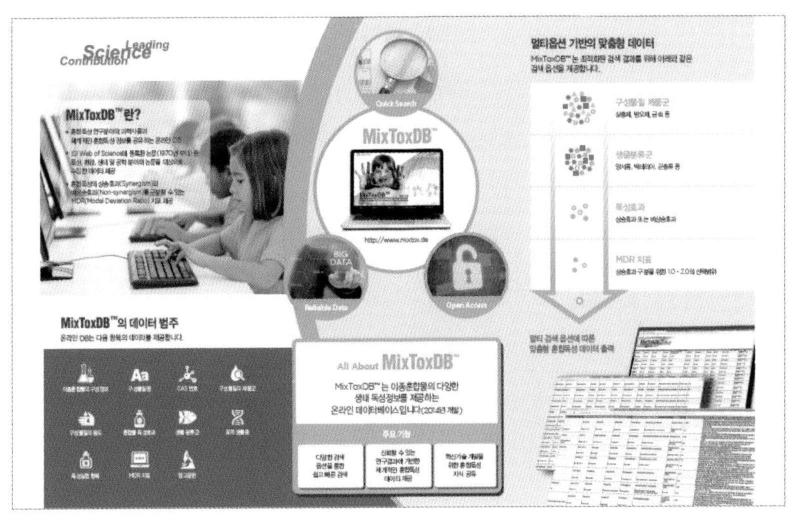

온라인 혼합독성 데이터베이스 믹스톡스디비

으로 예상된다.

KIST유럽의 이러한 다양한 혼합제품의 독성 평가 연구 결과는 유럽연합집행위원회(EC) 산하 공동연구센터(Joint Research Centre, JRC)에서 2015년도에 발행한 '혼합독성 평가 최신기술 보고서'에 게재되는 성과도 거두었다.

국내 산업계에 연구 성과 적용

KIST유럽은 혼합독성 연구 성과가 학술적인 기여에서 그치지 않고 '국내 산업계 지원'이라는 연구소 미션에 부합하게끔 관련 산업계 지원 성과로 이어질 수 있도록 하는 사업도 함께 진행하고 있다. 일반적으로 과학자들은 연구

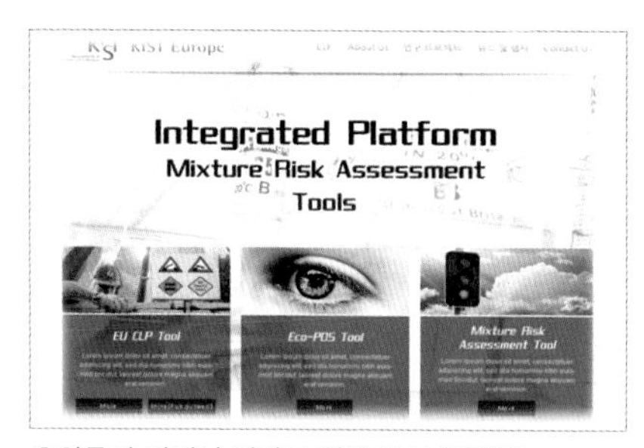

혼합물의 위해성 평가를 위한 통합 플랫폼

성과를 학술논문을 통해 발표하는데, 학술논문만으로는 산업계가 개발된 기술을 활용하는 데 한계가 있다. 때문에 KIST유럽은 국내 수출 산업계의 직면 과제인 유럽 화학물질 규제에 대응하는 데 필요한 EU의 평가기법이나 KIST유럽에서 개발한 대응기술을 웹의 형태로 구현한 '혼합제품의 위해성 평가를 위한 통합 플랫폼(mixtox.kist-europe.de)'을 개발해 산업계가 관련 기술을 효과적으로 활용할 수 있도록 2014년부터 무료로 제공하고 있다.

현재 해당 통합 플랫폼에는 EU의 혼합제품의 유해성 정보를 분류 및 표지하는 규제(CLP 제도)에 대응하는 데 이용할 수 있는 '씨엘피 믹스 툴(CLP Mix Tool)'이 개발 완료, 탑재되어 있다. 또한 2016년 및 2017년에는 혼합제품을 생산하는 단계에서부터 혼합독성을 평가하고 스크리닝해 친환경제품의 생산을 유도하는 '에코 피디에스 툴(Eco-PDS Tool)'과 혼합물의 복합노출 평가를 고려한 위해성 평가를 가능하게 하는 '엠알에이 툴(MRA Tool)'을 각각 개발해 산업계에 제공할 예정이다.

실질적인 기업 수요에 기반한 연구 성과인 KIST유럽에서 개발한 '씨엘피 믹스 툴'은 2015년 롯데정밀화학의 화학제품 규제대응 통합 시스템에 맞춤형으로 최적화되어 탑재됐으며, 2016년부터는 3년 공동연구 과제를 통해 '에코 피디에스 툴'과 같은 혼합제품의 독성 평가 툴들이 지속적으로 롯데정밀화학의 통합 시스템에 탑재될 예정이다.

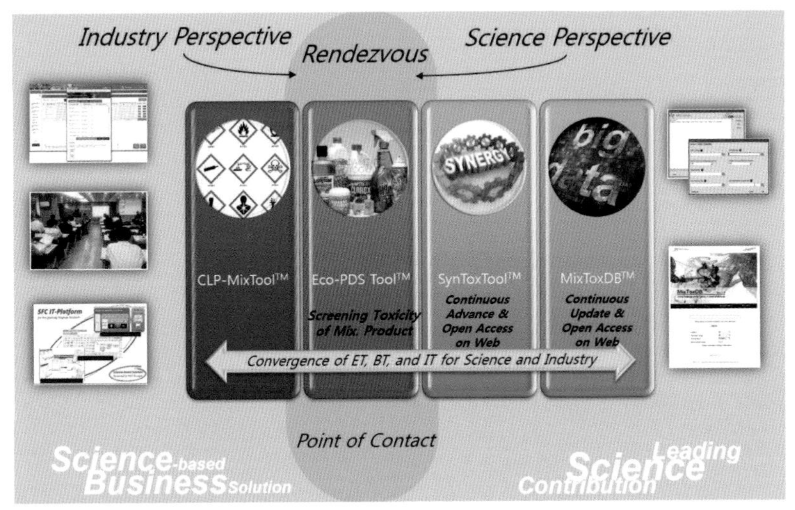

혼합물 위해성 평가 통합 플랫폼에서 제공되는 다양한 과학기술 제품의 연계도

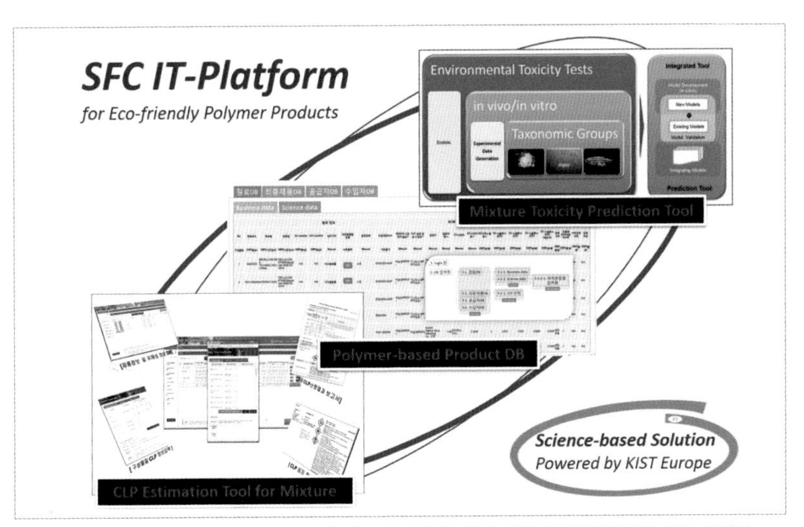

롯데정밀화학의 화학제품 규제 대응 통합 시스템 구축을 위해 제공된 KIST유럽의 연구 성과들

14장

전기화학에너지 전환 및 저장 연구

1. KIST유럽 에너지 연구의 출발

녹색기술팀의 출발

KIST유럽의 에너지 연구는 2013년 녹색기술팀이 만들어지면서 시작됐다. 초기 KIST유럽에서의 에너지 연구는 KIST 본원의 국가기반기술본부의 연료전지연구센터와 녹색도시기술연구소의 도움을 많이 받았다. 특히 본원의 녹색도시기술연구소에서는 2013년부터 3년간 '유럽 사례 분석을 통한 녹색도시기술연구소 에너지 분야 발전 방향 및 비전 정립'이란 과제를 KIST유럽에 위탁했다.

KIST유럽은 이 과제를 통해 유럽의 에너지 연구기술 동향에 대해 전반적으로 조사할 수 있는 계기를 마련했다. 1차 연도에는 유럽에서 수행하는 에너지 연구 분야에 대하여 전반적인 조사 분석이 이루어졌고, 2차 연도에는 에너지 저장 분야와 열에너지 분야의 연구 동향에 대한 중점 조사 분석이 이루어졌고, 3차 연도에는 에너지 저장 분야 가운데 리튬이온전지 이후(POST LIB) 차세대 에너지 저장기술로 유망한 이차전지들에 대한 조사 분석을 진행했다.

이후 KIST 국가기반기술본부의 연료전지연구센터는 2015년 한 해 동안 인력 교류를 2,000시간 이상 시행했으며, 이를 통해 KIST 본원과 KIST유럽과의 실질적인 연구 협력을 진행할 수 있었다.

사실 유럽과 독일에서는 신재생에너지 등 에너지 관련된 연구가 활발하게 진행되고 있었지만, KIST유럽에서 에너지 연구를 한다는 것에 대해서는 많은

'유럽 사례 분석을 통한 녹색도시기술연구소 에너지 분야 발전 방향 및 비전 정립'과제 목적 및 기획 내용

차수	과제 내용
1차 연도	독일의 전반적 에너지 연구 동향 및 연구 네트워크 조사 독일의 에너지 연구 네트워크 조사 유럽의 수소에너지, 전기자동차 및 스마트그리드 조사
2차 연도	유럽 에너지 연구 분야 심층적 조사 및 에너지 연구 비전 제시 1차 년도 자료를 기반으로 핵심 연구 분야 선정 및 심층 조사 선정된 핵심 분야의 유럽의 에너지 연구 네트워크 기반 구축 유럽 에너지 프로젝트 조사 분석을 통한 녹색도시기술연구소 미래 에너지 연구 비전 제시
3차 연도	제시된 연구 비전 관련 유럽과의 공동연구 과제 기획 및 도출 제시된 연구 비전 관련 연구 네트워크 구축 유럽 연구기관과 공동연구 과제 기획 및 도출

사람들이 회의적이었다. 그도 그럴 것이 당시 연구소는 생명공학과 환경 위주로 연구가 진행되고 있었으므로 새롭게 에너지 연구를 시작한다는 것 자체가 모험이었기 때문이다. 또 과연 어떤 분야에서 어떻게 시작할 것인지에 대해 모두들 막연하다고 생각했다.

그러나 이미 EU는 기후변화에 적극 대응하고자 2020년까지 1990년 대비 20%의 온실가스 의무적 감축을 규정했고 30% 권고감축을 목표로 제시하고, 2050년까지는 1990년 대비 50% 감축을 목표로 추진할 것을 의결한 상태였다. 독일은 EU의 기준보다 더 도전적이었다. 2020년까지 40%, 2030년까지 50%, 2050년까지 80~95% 감축을 목표로 설정하고 있었다. 이와 같이 온실가스 배출량을 감소시키기 위한 신재생에너지의 필요성은 전 세계적으로 부각되고 있었다.

'녹색기술팀' 연구 분야를 선정하다

전력 생산을 위한 신재생에너지는 크게 풍력, 태양광, 바이오매스 등을 들 수 있는데, 이들 에너지원으로 기존의 화석연료 기반의 전력공급을 대체하기 위해서는 안정적인 전력공급이 가능한 효율적 에너지 저장 시스템이 반드시 필요하다. 즉 효율적 에너지 저장 시스템이 없이는 신재생에너지원만으로 원자력이나 화력 발전 등 기존의 발전 방식을 완전히 대체할 수 없다는 의미이다. 따라서 고효율 에너지 수확 및 저장 장치의 개발이 필요한 시점이었다. 특히 여러 가지 에너지 수확 및 저장 장치 가운데서도 화학에너지를 전기에너지로 바로 변환시킴으로 에너지 손실을 줄이고 에너지 전환 효율을 높이는 연료전지와 이차전지에 주목할 필요가 있었다.

그리고 유럽은 기초 과학이 강하고 부품 소재 등 원천기술에 대한 강점이 있으므로, 산업화기술이 강한 한국과의 공동연구는 생각 이상으로 많은 시너지 효과를 창출할 것으로 판단됐다. 이러한 이유로 한국과 유럽을 연결하는 KIST 유럽에서의 연료전지와 이차전지 연구는 그야말로 안성맞춤에 시의적절한 주제였다.

김상원 박사가 이끄는 '녹색기술팀'은 연구 분야의 선정에 있어서 먼저 녹색기술에 대한 정의부터 시작해 녹색기술의 종류에 대해 조사했다. 그 결과 27대 중점 녹색기술과 그린에너지 9대 분야를 종합해 21가지의 '녹색에너지 기술 분야'를 재분류했다. 녹색에너지 기술 분야는 크게 네 가지 영역으로 나눌 수 있는데 1) 원자력 기반 에너지 분야, 2) 전기화학 기반의 에너지 분야, 3) 정보통신 활용 및 전기전자 관련 에너지 효율 개선 분야, 4) 대규모 장치 필요 에너지 분야가 그것이다.

이 가운데 KIST유럽이 전략적으로 선택한 에너지 연구 영역은 '전기화학 기반의 에너지' 영역이었다. 이런 판단을 내린 이유는 KIST유럽의 기존 연구 인프라의 활용이 가능하고, 인근 자를란트 대학교와 라이프니츠 신소재연구소(INM)의 에너지 연구 그룹들과 공동연구가 가능하고, 무엇보다 KIST 본원이 관련 연구 분야에서 탁월한 성과를 내고 있었기 때문에 본원과의 공동연구를 통하여 연구역량이 강화될 수 있을 것으로 기대됐기 때문이다. 또한 향후 독일을 포함한 유럽과 한국의 연구 협력을 이끌어낼 수 있을 것으로 예상됐고, 이는 KIST유럽의 설립 목적 중의 하나인 '연구 협력 거점으로서의 역할'을 완수하는 데에 부합되는 것으로 여겨졌다.

2. 전략적 연구 과제 선택

연료전지 분야와 이차전지 분야를 선택하다

'전기화학 기반의 에너지' 관련 7개의 연구 분야 중에서 KIST유럽은 연구 대상으로 연료전지 분야와 이차전지 분야를 전략적으로 선택했다. 이차전지 가운데 레독스흐름전지(Redox Flow Battery, RFB)는 전해질의 전기화학적인 가역반응에 의한 충전과 방전을 반복해 에너지를 장기간 저장해 사용할 수 있는 전지를 말한다. 일반인에게 가장 잘 알려진 리튬이온전지와의 가장 큰 차

이점은 에너지를 실제로 저장하게 되는 전해질을 순환시키면서 충전과 방전이 이루어진다는 것이다. 충전과 방전은 산화와 환원의 전기화학적 반응이 일어나는 스택에서 이루어지고, 전기는 별도의 탱크에 보관되는 전해질에 저장되는 식이다. 스택을 사용한다는 면에서 연료전지와 구조적으로 비슷해 연료전지 연구와 병행해 연구가 가능하다고 판단됐다. 이렇게 KIST유럽은 에너지 연구를 시작하기에 가장 적합한 2개의 연구 주제를 도출해낼 수 있게 됐다. 바로 고분자전해질연료전지(Polymer Electrolyte Membrane Fuel Cell, PEMFC)와 레독스흐름전지가 그것이었다.

연구 분야의 확정과 함께 생겨난 숙제는 이 분야의 연구를 과연 어떻게 시작할 것인가의 문제였다. 연구팀은 가장 좋은 방법은 공동연구를 통해 시작하는 것이라고 판단했고, 그 해결책을 가까운 곳에서 찾았다. 바로 자를란트 대학교와 인근 연구소의 연구 분야부터 조사한 것이다. 답은 너무나 가까이 있었다. 자를란트 대학교 화학과의 롤프 헴펠만(Rolf Hempelmann) 교수였다.

헴펠만 교수는 이미 1998년부터 2008년까지 KIST유럽의 자문위원으로 활동하며 깊은 인연과 관심을 가지고 있던 상태였고, 독일 전기화학 분야에서 저명한 학자로서 연료전지와 이차전지 연구를 오랜 기간 진행해온 인물이었다. 곧바로 이루어진 미팅에서 연구를 도와주실 것을 요청하자 헴펠만 교수는 KIST유럽이 에너지 연구를 시작하는 데 적극적으로 도움을 주기로 약속했다. 또 KIST유럽의 박사과정생의 지도교수가 되는 것도 흔쾌히 허락했다.

KIST유럽 전기화학공동연구실험실에서 박사과정생을 지도하는 롤프 헴펠만 교수

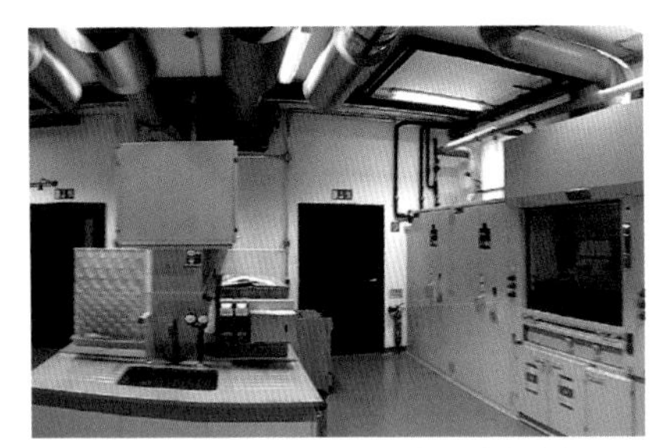
완공된 KIST유럽-자를란트 대학교 전기화학공동 연구실험실(에너지 랩)

에너지 연구에 최적화된 랩을 구축하다

KIST유럽과 자를란트 대학교 헴펠만 교수와의 공동연구는 전기화학공동연구실험실을 만드는 것으로 이어졌다. 2014년 4월에 실험실을 만들기 위해 헴펠만 교수와 정명희 박사(당시 KIST유럽 과학고문, 현 IBS 감사)와 관련 담당자들 및 VWR 시공사가 참여하는 공동회의가 시작됐다. 독일은 연구실을 꾸미는 데 있어 개별적인 회사들이 각각의 역할을 하게 되어 있다. 전기 시공사와 배관 시공사, 실험실 가구 담당 회사들에게 우리가 원하는 정확한 사양을 알려줘야 했기 때문에 랩의 배치와 구도, 콘셉트를 잡는 데 오랜 시간이 걸렸다. 시행착오를 줄이기 위해서 독일의 다른 에너지 랩들에 대한 벤치마킹도 적극적으로 행해졌다. 그렇게 해서 자를란트 대학교 내에서 에너지 연구에 가장 최적화된 랩이라고 평가받는 수준의 연구실이 2014년 11월 말에 완공됐다.

고분자 전해질 분리막을 이용한 연구에 매진하다

'KIST유럽-자를란트 대학교 전기화학공동연구실험실'의 주요 연구 분야는 고분자 전해질 분리막(Polymer Electrolyte membrane)을 이용하는 세 가지 주요 장치인 연료전지, 레독스흐름전지, 이산화탄소 전환 장치로 결정됐다.

고분자전해질연료전지는 나피온 분리막의 함수율로 인해 작동온도에 제한

이 있었다. 즉, 수소이온의 전도를 위해 습도가 필요하므로 섭씨 100℃ 이하의 온도에서 운전해야 했다. 연료전지의 작동온도를 높이기 위한 방법으로 전도성 이온 액체를 분리막에 함침(含浸)시킴으로 습도가 없는 100℃ 이상의 온도에서도 수소이온이 전도되어 연료전지의 효율 저하 없이 운전이 가능하도록 하는 연구를 진행했다.

레독스흐름전지는 산화수가 다른 바나듐 용액을 전해액으로 사용, 산화/환원 반응을 통해 전해액에 전기에너지를 저장하는 이차전지다. 이때 멤브레인은 수소이온을 전도하면서 바나듐 이온은 통과시키지 않아야 한다. 이를 위해 KIST 연료전지연구센터에서 개발한 멤브레인을 레독스흐름전지에 적용함으로써 에너지 저장 효율을 개선하는 연구를 독일 올덴부르크(Oldenburg)에 위치한 연구소인 NEXT ENERGY와 공동으로 진행 중이다.

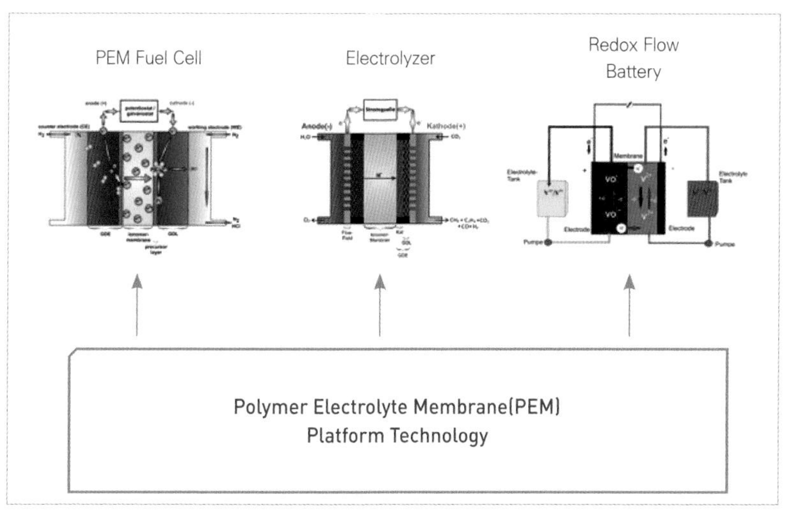

고분자 전해질 분리막 에너지 연구 분야 도식

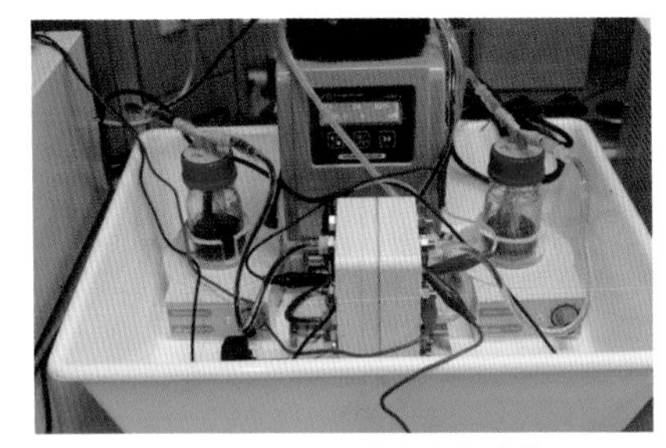
멤브레인 적용 레독스흐름전지 실험 장치

이산화탄소 전환 장치의 전기분해 장치는 이산화탄소를 메탄가스로 전환시키는 장치로 전환 효율은 이산화탄소의 물에 대한 용해도에 의존하고 있다. 이 연구에서는 이산화탄소를 물에 용해시키지 않고 기체 상태에서 바로 전환시키는 연구를 진행하고 있다.

한 줄기에서 뻗어나간 세 연구에 매진하던 중 연구실에 반가운 소식이 날아들었다. 2015년 10월 12일에 헴펠만 교수와 함께 작성한 연구 제안서가 DFG의 과제로 선정된 것이다. 과제의 제목은 'Membrane electrode assemblies for HT-PEMFCs based on polymer/ionic liquid composites'로 그 내용은 고분자 멤브레인에 이온성 액체를 적용해 고분자 전해질 연료전지(PEM Fuel Cell)의 작동온도를 100℃ 이상으로 높이는 것이었다. 해당 과제의 선정으로 수행기간 3년 동안 총 21만 유로(약 2억 5,000만 원)의 연구기금을 보유하게 됐다.

2016년 KIST유럽 창립 20주년 기념식의 일환으로 한국화학연구원과 KIST유럽 공동연구실(KRICT-KIST Europe Joint Research Lab) 개소식이 진행됐다. 한국화학연구원과는 2013년 10월부터 공동연구에 대한 논의가 꾸준히 진행됐으며, 2015년 7월 21일 한국화학연구원과 KIST유럽의 연구교류 및 협력을 위한 업무 협약을 체결했고, 2016년 5월 6일 바나듐레독스흐름전지 공동개발을 목적으로 공동연구실을 개소하게 됐다. 향후 한국화학연구원은 바나듐레독스흐름전지에 쓰이는 신규 전해질막 생산기술을 개발하고 KIST유럽은 전극 소재기술을 개발해 효율이 높고 가격도 저렴한 전지 제조기술을 확보할 계획이다. 이를 위하여 한국화학연구원은 KIST유럽에 연구인력을 3년간 파견할 예정이며, KIST유럽 연구원들과 긴밀하게 공동연구를 진행할 예정이다.

'KIST유럽-자를란트 대학교 전기화학공동연구실험실'을 운영 중인 KIST유럽의 에너지 연구팀은 현재 미세유체 연구 그룹 내에 포함되어 있으며, 자를란트 대학교, KIST, 한국화학연구원 및 관련 연구기관들과 실질적인 공동연구를 활발하게 진행하고 있다. 또한 향후 유럽 연구기관과의 연구 협력 범위를 더욱 확대시키기기 위해 미래 신재생에너지 연구에 박차를 가하고 있다.

KIST Europe

Section 4

KIST유럽 미래를 준비하다

1장. KIST유럽, 자를란트에서 답을 찾다

2장. KIST유럽, 개방형 연구로 무한 확장하다

3장. KIST유럽, 신중하게 선택하고 핵심에 집중하다

4장. KIST유럽, 산업계 EU 진출의 전진기지로 우뚝 서다

5장. KIST유럽, 다음 시대의 EU 규제에 대응하다

KIST
KIST Europe

1장

KIST유럽, 자를란트에서 답을 찾다

1. 탁월한 인프라 네트워크

미래를 향한 선택

"역설적인 말이지만, 글로벌 경제 체제에서 장기적으로 경쟁 우위를 지키는 데 있어 지역적 사업입지가 갖추고 있는 조건들이 점점 더 중요해지고 있습니다. 경쟁자들이 범접하지 못할 수준의 노하우, 네트워크, 동기 유발 등이 바로 이러한 조건들입니다."

피터 드러커(Peter Drucker), 톰 피터스(Tom Peters)와 함께 세계 3대 경영석학으로 평가받으며 '현대 전략 분야의 아버지'라 불리는 마이클 포터(Michael E. Porter)의 말이다.

1995년 3월 한-독 양국 과학기술장관은 회담에서 독일에 KIST 현지 연구소를 프라운호퍼 연구협회(이하 'FhG')와 협력하여 설치키로 합의했다. 이 내용을 기초로 독일 내에 KIST 현지 연구소를 설립하게 됐고, 이춘식 박사를 연구 책임자로 해서 프라운호퍼 매니지먼트(이하 'FhM')의 협조하에 'KIST Germany 설립을 위한 조사연구' 보고서가 작성됐다.

이 보고서의 핵심은 'KIST유럽(당시의 KIST Germany)'를 어디에 뿌리내리도록 할 것인가에 대한 것이었다. 다시 말해 EU를 포함하여 세계에서 장기적으로 경쟁우위를 지킬 수 있는 곳이 어디인가에 대한 것이었다. 최우선적으로 환경공학산업기반 및 기술 수준이 높고 진흥 정책이 강해야 했고, 독일연방 및 주정부의 지원을 전폭적으로 받을 수 있어야 했다. 프라운호퍼(환경기술 관련) 연구소가 인근에 소재하고 있어 초창기 설립과 운영에 도움을 받을 수 있는 곳이라면 최적이었다.

FhM와 KIST유럽 추진팀은 이런 조건에 충족되는 후보지로 독일 내의 8개 지역을 선정했다. 이때 선정된 8개 지역 중 한 곳이었던 자를란트(Saarland) 주의 자르브뤼켄(Saarbrücken)은 '지리적으로 프랑스에 치우친다'는 단점이 평가 보고서에 기록되어 있었다. 5개 항목의 평가 기준 중 사회 및 지리적 환경 점수가 높지 않았던 것이다.

그러나 최종적으로 자르브뤼켄으로 낙점됐다. 우선 프랑스, 룩셈브루크, 벨기에와 인접하여 유럽 본부로서 최적의 조건이었고, 자를란트 주정부, 대학 및 연구기관의 적극적인 지원과 전통적인 환경산업 진흥 정책 및 중견기업체의 강력한 협력 의지가 높이 평가됐기 때문이다. 또한 대학 및 관련 연구기관과 인접한 입지로서 기업 진출 시 확장 가능성이 큰 장소라는 것도 선정 이유였다. 이것은 5개 평가항목 중 사회 및 지리적 환경을 제외하고 R&D 사회기반 시설(Infrastructure), 산업계 사회기반 시설, 정부 정책 및 제안, 임대 및 건립 조건 등 다른 항목들이 비교적 높은 점수를 받았기 때문이었다. 그리고 실제로 지리적 환경 역시 최종적으로 선별된 유력 후보지였던 베를린(Berlin) 아들러스호프(Adlershof)와의 위치 경쟁에 있어서 뒤지지 않았기 때문이다.

자를란트 주의 자르브뤼켄이란 공간은 독일을 중심으로 한 지리적 관점에서 보면 분명 프랑스 쪽으로 치우쳐 보인다. 그러나 28개국 연합인 EU라는 공간을 두고 보면 정중앙에 위치하고 있음을 알 수 있다. 미래 지향적인 관점에서 보자면 탁월한 선택이었던 것이다.

20년 전의 선정 이유에서도 가장 높은 평가를 받았던 부분인 '수준 높은 연구기반과 협력 의지' 평가항목을 생각해보면 이러한 '입지조건(특히 자를란트 대학 내)'은 지금도 독일 내에서 다시 찾기 어려운 좋은 환경이라 할 수 있다.

자를란트 대학과 협업 중인 연구소들

KIST유럽이 자리 잡은 자를란트 대학은 1948년 설립됐다. 자를란트 대학은 학생 1만 8,000명(외국인 학생 비율 : 16%), 교수 290여 명, 연구원 및 기타 직원 1,700여 명 등이 몸담고 있는 곳이다. 경제학부, 자연과학부, 공학부, 의학부 등 총 8개의 단과대로 구성되어 있으며, IT 및 나노재료 분야를 선도하는 대학이다. 자를란트 주정부와 대학이 바이오 기술과 나노 기술이 결합된 복합기술인 나노바이오(Nanobio) 기술 분야의 중점 육성을 위하여 노력하고 있는 결과다.

독일 대학이 아닌 '유럽의 대학'을 모토로, 1950년 유럽연구소(Europa Institut)가 설립됐으며, 재료과학과 컴퓨터공학, 컴퓨터언어로 특히 유명하여 2007년에는 컴퓨터과학 부분 독일 우수연구기관(Center of Excellence, 이하 'COE')에 선정됐다. 교수 중 9명이 재직 중에 독일 최고 연구상인 '고트프리트 빌헬름 라이프니츠 상(Gottfried Wilhelm Leibniz Prize)'을 수상하기도 했다.

자를란트 대학의 강점은 대학 내에 포진해 있는 연구소뿐만 아니라 주변에 있는 많은 대학 및 연구기관들과 긴밀한 협력 관계를 맺고 있어서 네트워크가 풍성하다는 것이다. 가깝게는 독일의 카이저스라우터른, 트리어, 코블렌즈 대학, 프랑스로 넘어가면 낭시, 메츠 대학 그리고 룩셈부르크 대학 등과 긴밀한 협력 관계에 있으며, 이를 위하여 각 총장들은 정기적인 모임도 갖고 있다. 대학 내 포진한 주요 연구기관은 독일인공지능연구센터((Deutsches Forschungszentrum für Künstliche Intelligenz, 이하 'DFKI'), 프라운호퍼 비파괴시험연구소(Fraunhofer Institute for Non-Destructive Testing, 이하 'Fh-IzfP'), 프라운호퍼 생의공학연구소(Fraunhofer Institute for Biomedical Engineering, Fh-IBMT), 라이프니츠 신소재연구소(Leibniz-Institute for New Materials, 이하 'INM'), 막스프랑크 컴퓨터공학연구소(Max Planck Institute for Computer Science, 이하 'MPI') 등이 있다.

DFKI는 연구원 111명, 비연구 직원 24명, 연구보조 학생 134명에 연구비 1,700만 유로를 활용, 정보관리 및 문서분석, 시뮬레이션 시스템, 멀티에이전트 시스템, 음성기술, 사용자 인터페이스와 같은 R&D를 수행하고 있으며 특히 지능형 솔루션 개발과 마이크로소프트 등 기업체 지분 참여가 특징이다.

Fh-IzfP는 연구원 및 연구 보조원이 270명(드레스덴 분원 포함)으로 630만 유로의 연구비를 이용, 비파괴 시험 관련 R&D를 수행하고 있으며 비파괴 검사의 감시기술 및 안전기술에 강점을 가진 연구소이다.

Fh-IBMT(프라운호퍼 생의공학연구소)는 정규직 연구원 169명에 연구비 1,000만 유로로 센서/마이크로 시스템, 생의학 마이크로 시스템, 의료기기, 컴퓨터 시뮬레이션, 센서-완성기술과 같은 R&D 분야를 진행하고 있으며, 특징 및 강점으로는 물질의 발암성 테스트용 분석기술, 바이오칩 응용연구, 바이오멤스 기술을 사용한 마이크로 어레이 제작 등 바이오 분석 연구, 바이오하이브리드 기술 개발 및 신경치료기술 개발, 최첨단 저온 세포 저장은행(Cryo

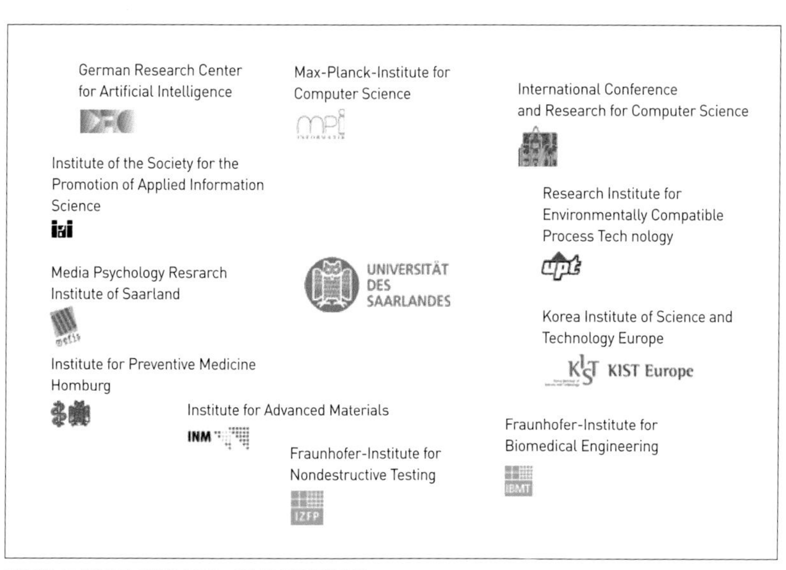

자를란트 대학과 협업 중인 다양한 연구기관들

Bank)을 설치 운영하고 있다.

INM은 독일 라이프니츠 연구협회(Wissenschaftsgemeinschaft Gottfried Wilhelm Leibniz, 이하 'WGL') 산하 연구소로 연구원 약 200명에 연구비 950만 유로를 사용하여 나노 표면처리 등 신소재를 연구하고 있으며, 고분자, 세라믹, 복합재료에 강하다. INM은 TNO(네덜란드), NEL(영국), SINTEF(노르웨이), CEA-CREAM(프랑스), CSM(이탈리아), INASMET(스페인), ISQ(포르투갈)와 더불어 유럽재료연구협회(EuropeanMaterias Research Consortium) 회원이다.

MPI는 연구원 279명으로 알고리즘, 프로그래밍 로직, 컴퓨터 그래픽 등 세 분야의 연구 그룹을 보유하고 있다. 특히 정보공학에 관한 기초연구와 컴퓨터 시스템 분야에서 강하며 최근 막스플랑크 소프트웨어연구소(Max Planck Institute for Software Systems)가 동일 연구단지 내에 신설됐다.

자를란트 주 인근 대학 및 주요 연구소

KIST유럽에서 자동차로 1시간 30분 거리에 있는 칼스루헤 대학은 뮌헨 대학과 함께 독일을 대표하는 엘리트 대학이다. 학생 1만 5,000여 명, 교수 300여 명, 연구원 및 기타 직원 4,000여 명이 이 대학에 속해 있다. 기계공학부, 전자공학부 등 모두 12개의 단과대와 40여 개의 단일과로 구성되어 있으며 독일 대학평가 최우수 대학으로 평가받고 있다. 정보기술, 에너지기술, 자동화기술, 환경기술, 재료기술 분야가 강하며 프랑스, 동유럽 여러 대학들과 공동연구, 교환학생 프로그램 등 많은 협력 관계를 유지하고 있어서 연구 인프라 확장에 도움을 주고 있다.

칼스루헤 연구센터는 헬름홀츠 연구협회(Hermann von Helmholtz Gemeinschaft Forschungszentren, 이하 'HGF') 산하 연구기관으로 독일에서 가장 큰 자연과학 및 공학 연구소 중 하나다. 3,800여 명의 연구원과 직원을 보유하고 있으며, 3억 1,600만 유로의 연구비를 활용하여 환경, 에너지, 마이크로 시스템, 의료기술 등의 기초연구에서 시장성 있는 제품 개발까지 다각적인 연구를 진행하고 있다. 연간 5억 3,000만 유로 연구 과제를 수행하며 2,000여 편의 논문을 발표하는 연구기관이다.

칼스루헤 대학에서 30분 정도 더 자동차로 달리면 슈투트가르트 대학을 만

나게 된다. 1만 6,000명의 학생과 5,000여 명의 연구원 및 기타 직원이 근무하고 있으며, 14개의 단과대학에 140여 개의 연구소가 있다. 세계 여러 국가들과 공동연구, 교환학생 등 많은 협력을 하고 있는 이 대학의 주요 연구기관은 프라운호퍼 생산기술및자동화연구소(Fraunhofer-Institut für Produktionstechnik und Automatisierung, 이하 'Fh-IPA')과 프라운호퍼 노동경제및조직관리연구소(Fraunhofer-Institut für Arbeitswirtschaft und Organisation, 이하 'Fh-IAO')이다.

Fh-IPA는 연구원 약 200여 명으로 주요 R&D 분야는 기업운영(Corporate Management) 분야(기업에서의 경영, 정보, 물류 등의 최적화를 통한 기업의 이윤 최대화를 연구)이며 소프트웨어 쪽이 주류를 이루고 있다. 또한 자동화 분야에서는 의료 로봇, 마이크로 시스템 등의 연구 분야에서 많은 성과를 내고 있으며 각 팀 간의 유기적인 결합을 통해 연구개발하는 강점을 보유한

1995년 조사 보고서 중 'KIST유럽 8개 후보지의 질적 평가' 일부 발췌

입지 대안	장 점	단 점
슈투트가르트	• 정밀기계산업 및 첨단산업 중점 발달 • 대학 및 다양한 연구기관이 존재	• 관련 연구기관과의 협력이 불투명하고, 주정부의 직접적인 지원 가능성이 희박 • 설립 및 운영비용 매우 높음
칼스루헤	• FZK(Forschungzentrum Karlsruhe)등 환경 연구 중심지 • IITB(Indian Institute of Technology Bombay), Fh-ICT(Fraunhofer Institute for Chemical Technology) 등 관련 연구기관 존재 • 화학공업 발달	• 주변 산업계가 취약하여 관련 연구소와의 협력이 제한적임 • 주정부의 지원 가능성이 적음

연구소이다.

Fh-IAO는 연구원 120여 명(공학, 전산학, 경영학, 경제학 등 전공)에 연구 조원 150명 이상을 보유한 연구소로 1,600만 유로의 연구비를 운용하여 기술 정책, 경영정보 시스템, 생산관리, 전자상거래 시스템, 조직관리, 가상현실(Virtual Reality) 등의 연구를 진행하고 있다. 특히 산업체와의 깊은 협력 관계를 유지하는 것으로 유명하다.

그런데 여기서 재미난 점은 1995년에 작성된 'KIST유럽 8개 후보지의 질적 평가'에 칼스루헤 지역과 슈투트가르트 지역이 모두 들어가 있다는 점이다. 결과론적으로 보자면 자르브뤼켄으로의 선택은 칼스루헤 대학과 슈투트가르트 대학의 연구 인프라를 모두 포함하는 선택이었음을 알 수 있다.

2. Dual Degree 프로그램으로 확장하다

연구소와 대학의 효율적인 연결 프로그램

독일이 자랑하는 4대 연구협회는 막스플랑크, 프라운호퍼, 헬름홀츠, 라이프니츠를 말한다. 막스플랑크 연구협회(Max-Plank Gesellschaft, 이하 'MPG')는 물리, 화학, 생물 등의 기초과학 연구로 특화된 연구협회로 이 연구협회 출신의 노벨상 수상자도 다수 존재해서 이른바 노벨상 사관학교라고 불릴 정도로 기초연구에 강하다. FhG는 탄탄한 기초과학을 전기, 전자, 기계, 금속, 재료, 그래픽스 등 산업 분야에 적용시키는 공학 분야 연구소로 우리가 알고 있는 유명한 독일 산업제품의 기반기술은 상당 부분 이 연구소에서 나왔다. 'Made in Germany' 제품의 탄생지라고 보아도 좋다. HGF는 에너지, 지구환경, 우주 같은 막대한 비용투자를 요구하는 대형 전략기술을 주로 연구하는 연구소로, 화성 우주 탐사에 참여하고 있다. FhG가 직접 산업화되거나 특허가 되는 제품기반기술을 연구한다면 WGL은 신기하고 미래산업에 적용되어 장기적으로 쓰일 연구들을 수행한다. 강철보다 강력한 거미줄 같은 것이 대표적인 예이다.

독일 전역에 분산된 4대 연구협회 산하 연구소들은 산학연 체제가 잘 이루어져 있다. 이 연구기관들은 보통 대학과 연결이 되어서 같이 연구하는 경우가 많으므로, 실제로 연구소로 가서 학위를 받을 수 있다. 그리고 학교에서도 연구소 과제에 참여하는 경우가 많다. 따라서 교수님이 연구소 연구원일 수도 있고, 연구소 연구원이 학교에서 강의를 할 수도 있다. 또한 연구소가 학위과정의 학생을 받고, 연구소 박사과정이 학교에서 박사학위를 받는 형태도 가능하다.

KIST유럽은 한-EU 교육협력 거점 강화 차원에서 과학기술연합대학원대학교(이하 'UST')의 유일한 해외 캠퍼스 기능을 하고 있다. 2014년 후기부터 석사과정을 받는 것을 시작으로 2015년, 2016년 매학기 한국의 우수한 석·박사과정 학생들이 KIST유럽에서 학위과정을 밟고 있다. 한편 2015년 12월 자를란트 대학과의 복수학위제(Dual Degree) 운영을 위한 세부협약 체결 후 입학 모집 공고(2016년 5월)를 거쳐서 2016년 9월에 복수학위제 1기 학생의 입학을 앞두고 있다. UST-자를란트 대학 복수학위제로 석사과정을 진행하는 학생은 1년간은 UST에서, 1년간은 자를란트 대학에서 강의를 듣고 5학기에 석사논문을 작성하여 양쪽 기관이 운영하는 위원회의 심사를 통과하면 UST와 자를란트 대학의 석사학위를 각각 받게 된다. 당연히 독일 학생들도 동일한 과정을 거쳐서 한국의 UST와 독일 자를란트 대학의 학위를 받는 프로그램이다. 이를 통해 양국의 인프라 및 전문가 활용을 통한 연구 경쟁력 강화 및 상호 호혜적 과학·기술 네트워크 활성화를 기대할 수 있다. 아울러 국가 간 연구와 교육협력을 통해 글로벌 이슈 해결을 위한 핵심 융합기술 확보 및 글로벌 우수 인재양성이 가능해질 것으로 판단된다.

개방형 연구 거점기관

공공부문 유일의 유럽 내 과학기술 연구소로서 현지 인프라 및 협력 네트워크를 통하여 산학연을 위한 협력 거점을 제공하고 있는 KIST유럽. 2015년에 새롭게 정립된 비전인 '출연연 및 산업계의 EU 진출을 지원하는 개방형 연구 거점기관'으로서의 기대효과는 이제 한창 상승 중이다. 장기적인 관점에서 유럽 내 현지 거점의 기대효과가 더욱 커지고 있기 때문이다. 또한 EU 연구개발 및 한-EU 간 경제협력 사업이 확대되고, 한-EU 간 협력 사업을 강화하고자 하는 정부의 정책에 부응하여 연구 및 관련 사업 확대를 통한 안정적 재정확보가 가능해지고 있기 때문이다.

1996년 자를란트에 설립되어 환경 분야 등 원천기술 연구와 한-EU 과기협력의 현지 거점 역할을 수행하려고 무던히도 노력했으나 인력 및 예산 등 임계 규모의 한계로 세계적 연구 성과 창출 및 현지 협력 등 가시적 성과가 부족했던 것이 이제 서서히 힘을 발휘하고 있는 것이다.

KIST유럽 연구 인프라를 국내 출연연에 개방하여 공동 활용, 방문 연구 및 인력 교류 프로그램 등으로 발전시키는 것도 중요한 과제이다. UST와 EU 내의 대학 등과 연계하여 KIST유럽 공동학위 과정 등 창의적 글로벌 인재양성을 위한 협력 거점 역할 수행도 요구받고 있다. 국내 중견 기업협회, 산업기술협회, 벤처재단 등 국내 산업계의 수요에 부응하고, EU시장 정보 및 정책 현황, 운영자문 등을 통해 EU로 진출하려는 기업의 글로벌 기술 사업화를 위한 지원 활동을 하는 전진기지 역할을 수행하는 것 역시 매우 중요하다. 이 모든 역할을 수행하는 데 있어 자를란트라는 공간은 차선이 아닌 최선의 선택이라고 할 수 있다.

KIST유럽과 미래를 함께하는 공간

KIST유럽이 위치한 연구단지 내에는 Nano / Bio Medical / IT 분야가 융합된 세계 수준의 연구소가 밀집해 있고, 해당 주정부는 의료, 나노바이오, 자동차, 에너지 등 첨단산업 육성을 위한 강력한 정책을 펼치고 있다. 그리고 과거 프랑스에 치우쳤다는 지리적 불리함은 이제 독일에서 가장 편리한 교통망을 가진 이점으로 바뀌었다. KIST유럽에서 자동차로 프랑크푸르트까지 1시간 30분, 프랑스(낭시, 메츠, 슈트라스부르거)까지 1시간~1시간 30분, 룩셈부르크까지는 1시간, 스위스 바젤까지 3시간 정도가 소요된다. 2007년 6월에는 TGV가 연결되어 과거 4시간이 걸렸던 파리가 이제는 1시간 50분이면 도착할 수 있는 곳이 됐다.

여기에 EU와 협력을 희망하는 대한민국 기업체들이 방문, 협력, 기술 이전 등을 위해 택할 수 있는 자를란트 주에 입지한 국제 기업의 수가 810여 개(프랑스 541개, 룩셈부르크 99개, 스위스 49개, 미국 55개, 네덜란드 23개, 영국 23개, 이탈리아 20개)에 육박하고 있어 기업 협력 인프라도 탄탄한 곳이다.

자를란트 주는 1980년대 이후 첨단산업 육성을 위한 구조조정을 추진하여 2006년에는 독일 내에서 가장 다이내믹한 지역으로 선정됐다. 주지사가 직접 나서 하이테크 지향 정책을 추진하고 있으며, 주정부 규모도 작아 관료주의적 성향이 거의 없어 매끄럽고 친절하게 행정 편의가 제공된다. 그럼에도 독일 연방정부 내에서 영향력이 강한 곳이 바로 자를란트다.

지난 20년간 자를란트가 보여준 성의는 기대 이상이었다는 점도 자를란트를 매력적이게 한다. 2015년 3월에 KIST유럽 대외협력실에서 작성한 '해외 연구소 건립 시 주요 검토 사항 - KIST유럽 설립 경험을 중심으로'에는 이런 자를란트의 협력 사항이 잘 나와 있다.

〔 법인 등록 및 제반 행정 지원 〕

현지 법인 등록 협조(주정부 및 프라운호퍼에서 필요서류 공증, 공증인사무소 등 사전 안내, 중계)

파견자 체류허가 및 노동허가 해결 등 관련부처 지원(시청, 외국인 관청, 노동청 등)

연구동 신축까지 사무실, 실험실 임대 협조(자를란트 대학)

현지에서 신뢰할 수 있는 파트너 협력(프라운호퍼 연구협회)

〔 **토지 매입 및 건설** 〕

1996년 자체 연구소 건설을 추진했으며 건설 사업의 첫 단계로 대지 매입. 대지는 자를란트 대학에 인접한 부지로 인근에 프라운호퍼 연구소, 막스플랑크 연구소 등 독일 첨단 연구소들이 집결된 지역으로 조용한 숲으로 둘러싸여 있어 연구의 최적지. m^2당 30마르크의 저렴한 가격에 10.000m^2 양도.

한국 건설비 투자에 대한 현지 매칭펀드(유럽연구소의 경우 주정부 15% 재정 지원)

- 제1연구동: 약 118억 원 중 자를란트 주 약 16억 원(주 보조금 290만 마르크)
- 제2연구동: 약 77억 원 중 자를란트 주 10억 원(주 보조금 약 65만 유로)

문화재 / 자연 보호, 벌목 등 건설 불가능 문제 해결(주정부 등 관청)

건설 인허가 관련 담당부서 승인 일괄 처리(전체 인허가 관계자 소집 및 일괄 승인처리)

벨기에의 시인이자 극작가이며 수필가인 모리스 마테를링크(Maurice Maeterlinck)의 희곡 《파랑새》의 이야기를 살펴보자. 이 희곡은 크리스마스 전날 밤, 나무꾼의 자식 틸틸과 미틸 남매의 방에 요술쟁이 할머니가 들어와서 병을 앓고 있는 자기 딸을 위해 파랑새를 찾아 달라고 부탁하면서 시작한다. 그리고 파랑새를 찾는 기나긴 여행을 끝내고 꿈에서 깨어 보니 크리스마스였고, 자기들의 새장 속의 비둘기를 보니 비둘기가 이상스럽게 파랗게 보였다. "우리들이 찾고 있던 것이 이것이다. 먼 곳까지 찾으러 갔으나 여기 있었구나!"라고 알아차리는 것이 이 희곡의 주요 내용이다.

흔히 심리적으로 타인의 것을 더 선호하는 사람의 마음을 표현할 때, "남의 떡이 커 보인다"는 표현을 사용한다. 영어 속담 "The grass is greener on the other side of the fence." 역시 말 그대로 해석하면 대동소이한 표현이다. 내가 가지지 못한 것이 더 좋아 보이는 것은 세계의 어디라도 다 비슷한 모

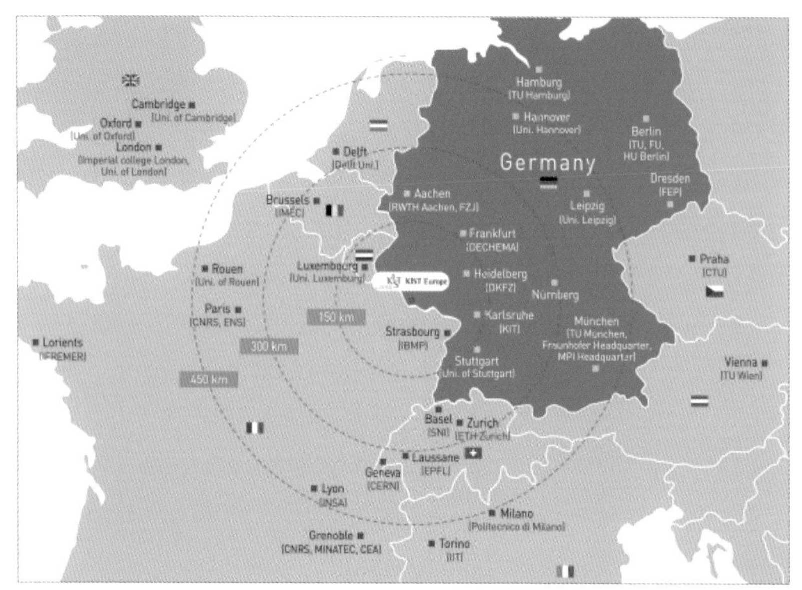

KIST EU 거점 우수성 맵

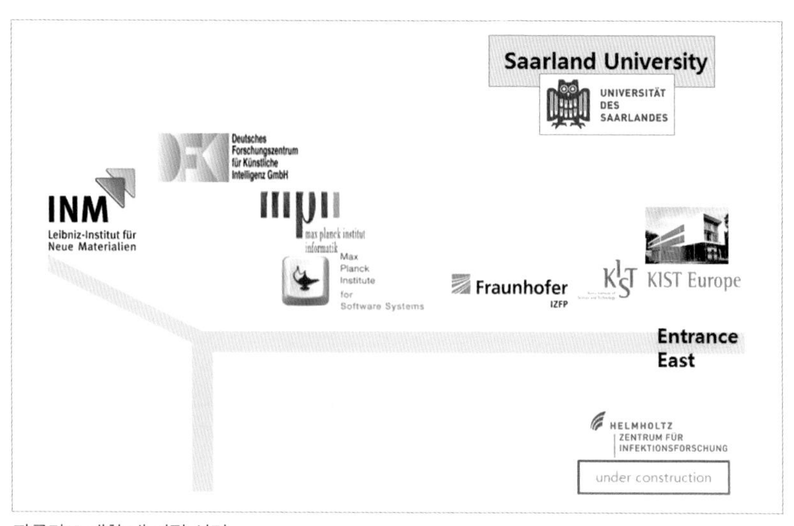

자를란트 대학 내 거점 설명

양이다. 하지만 사실은 내 떡이 가장 좋고, 맛있으며, 내가 지금 앉은 이 자리가 가장 소중한 싱싱한 꽃자리이다. KIST 유럽에게 있어서 파랑새가 있다면 그것은 바로 자를란트일 것이고, 그곳에서 행복한 정답을 찾아서 성장할 것이다.

2장

KIST유럽, 개방형 연구로 무한 확장하다

1. 개방형 혁신 플랫폼을 지향하다

새로운 패러다임의 발견

플랫폼(Platfom)이란 본래 기차를 타고 내리는 공간이나 무대, 강단 등을 뜻한다. 그러나 차츰 그 의미가 확대되어 특정 장치나 시스템 등을 구성하는 기초가 되는 틀을 지칭하는 용어로 확장되어 컴퓨터 시스템이나 자동차 분야에 사용되다가 오늘날에는 다양한 분야에 적용 가능한 보편적인 개념으로 확대되어 쓰이고 있다. 플랫폼의 속성을 분석해보면 근본 원리는 비슷하다. 즉, 플랫폼은 공통의 활용 요소를 바탕으로 본연의 역할도 수행하지만, 보완적인 파생 제품이나 서비스를 개발하고 제조할 수 있는 기반도 된다는 것이다.

따라서 '플랫폼 사고'를 통해 문제를 해결하는 방식은 스스로 해결하는 것이 아니라 외부의 힘을 통해 해결함으로써 가치를 증가시키는 데 있다. 플랫폼 사고는 문제를 외부에 공개하고 참여자에게 인센티브를 제공함으로써 쌍방이 WIN-WIN하는 혁신적 방법이다. 따라서 개방형 혁신은 플랫폼 사고와 밀접한 관련이 있다. 개방형 혁신은 외부의 기술과 아이디어를 통해 역량을 향상시켜나가는 것이기 때문이다.

사실 일상화한 연구 환경에서 내부 자원만으로 혁신을 지속하기란 쉬운 일이 아니다. 이에 외부 자원을 활용하도록 하는 개방형 혁신이 새로운 패러다임으로 부상했다. 그리고 이러한 개방형 혁신의 효과적 추진을 위한 전략적 대안으로 혁신 플랫폼이 발견됐다. 특히 참여자들 모두가 쌍방향 소통을 하는 가운데 혁신 아이디어를 주고받으며 이에 대한 객관적 가치평가가 이루어지도록 하는 것이 중요하다. 연구는 '적용'과 '아이디어'가 중요하기 때문이다.

1980년대에 미국에서 시작된 혁신은 우리나라의 경우에는 1980년대 후반부터 대기업을 중심으로 본격적으로 추진되기 시작했다. 그러나 이제 전 세계 기업들이 매일같이 혁신으로 고민해야 하는 상황에 직면하게 됐다. 조직의 규모나 복잡성과는 상관없이 대부분의 회사들은 무한경쟁에서 살아남기 위해 혁신을 추진하고 있다.

하지만 혁신은 끊임없는 변화를 추구하기 때문에 내부 자원만을 가지고 추진하는 것은 곧 한계에 봉착하게 된다. 같은 집단의 사람이 혁신을 추구하기 때문에 시야가 편협해지고 '무늬만 혁신'인 상태가 된다. 더구나 비용은 더 많이 소요된다. 결국 혁신의 지속적인 성공은 외부의 전문지식과 참신한 아이디어의 수혈이 있을 때 비로소 가능해진다.

성공하는 플랫폼, 성공하는 개방형 혁신 전략

캐나다의 금광업체 골드코프(Goldcorp)는 2003년 당시, 비효율적인 생산원가에 의한 부채의 증가 및 파업으로 채굴 사업을 중단했다. 생산성 증가를 위해 새로운 광산이 필요했지만 탐사 노력은 모두 수포로 돌아갔다. 그때 골드코프의 사장인 맥 이웬(Rob McEwen)은 기발한 해결책을 제시했다. 그것은 회사가 보유한 전 세계 금광에 대한 모든 정보를 100% 인터넷에 공개했다. 회사가 가진 모든 자료였다. 그리고 새로운 금광구에 현상금 57만 달러를 내걸었다. 경쟁사나 신생회사들만 도와주고 끝날 수도 있는 위험이 있었다.

내부에서 엄청난 반대가 있었지만, 맥 이웬 사장은 흔들림 없이 계획을 진행시켰다. 골드코프 웹사이트에 약 6,700만 평에 달하는 광산과 지질적 분석 정보가 공개됐고, 웹을 통해 각종 지질전문가, 컨설턴트, 관련 분야 대학원생 등 전문가들의 자발적인 참여가 폭발적으로 일어나기 시작했다. 전 세계 50여 개국 최고의 민간 전문가들이 데이터를 분석, 금광 후보지를 예측하고 전송하기 시작했다. 골드코프의 전문가를 뛰어넘는 다른 분야(수학, 고급물리, 인공지능 시스템, 컴퓨터 그래픽 등)의 지식이 총동원됐고 결과는 금 220톤 이상의 신광구를 발견해 세계 2위의 금 생산 회사로 거듭나게 됐다. 이러한 예는 역발상, 집단 지성의 결과라고 할 수 있을 것이며, '외부에서 준비된 해결책을 찾자'는 개방형 혁신으로 볼 수 있을 것이다.

이처럼 개방형 혁신 플랫폼이 성공하려면 몇 가지 선행 조건이 필요하다. 먼저 스스로 존재 가치를 창출해야 한다. 존재감을 인정받아야 하는 것이다. 다음은 대상이 되는 그룹 간의 교류를 자극해야 한다. 그리고 규칙과 규범을 만들고 일정 수준의 품질을 유지할 수 있어야 한다. 그리고 너무나 당연한 말이지만, 플랫폼에 참여하는 다수의 사람들이 시너지를 낼 수 있는 구조가 만들어져야 성공할 수 있다. 이 과정에서 비용 절감효과까지 가져와야 한다. 마지막으로 방심하지 않고 정체되지 않으며 끊임없이 고민하고 진화하는 플랫폼이 되어야 한다는 것이다.

'KIST 해외 거점 모형 및 발전방안 연구'(장용석, 2012. 12)에서는 이런 개방 혁신(Open Innovation)에 대해서 구체적으로 언급하고 있다. '개방 혁신'이란 말은 헨리 체스브로(Henry Chesbrough)의 저서 〈Open Innovation〉(2003)에서 처음 소개됐다. 그는 이 책에서 기업이 기술 혁신을 이루기 위해서는 내부에서 생성 개발된 아이디어뿐 아니라 외부에서 생성 개발된 아이디어도 활용하여야 한다는 개방형 혁신 개념을 소개하고 있다.

사실 이전까지는 기업(혹은 조직)에서 내부 자원과 아이디어에 의존하는 폐쇄형 혁신 모형이 지배적이었다. 연구소는 그 폐쇄성이 더욱 심했다. 그러나 기술 혁신의 속도가 갈수록 빨라지고, 연구개발비용은 갈수록 급증하며, 연구개발인력 및 아이디어의 저변 확대가 일어나면서 기업들은 기술 혁신을 더 이상 내부 자원 및 아이디어에만 의지할 수 없게 된다.

글로벌 개방 혁신(Global Open Innovation)

기업들은 협동 R&D, 연구개발 아웃소싱, 컨소시엄 참여, 합작투자(Joint Venture), 전략적 제휴(Strategic Alliance) 등의 형태로 기술 혁신의 자원 및 아이디어를 기업 외부에서 찾게 되는 상황이 되었고, 2000년대 초반부터는 '개방 혁신'이란 말이 하나의 특별한 패러다임으로 자리매김하게 됐다.

그런데 이 패러다임은 비단 기업뿐만 아니라 이제 생존을 스스로 모색해야 하는 입장까지 온 공공연구기관의 연구개발에도 영향을 미치게 된다. 국가 R&D의 문제점 등을 지적당한 공공연구기관 또한 모든 것을 내부 역량에 의존할 수 없는 상황에 직면하게 된 것이다. 결국 공공연구기관도 외부 자원 및 아이디어를 적극 흡수하고 활용하는 전략 및 역량을 필요로 하게 됐다.

KIST유럽은 여기에 한 단어를 더 붙여서 생존에 대한 고민을 해야만 했다.

바로 'Global'이다. '글로벌 개방 혁신(Global Open Innovation)'이 KIST유럽의 패러다임이 된 것이다. 물론 국내의 공공연구기관들도 교통/통신 및 ICT(Information and Communications Technologies)의 발달에 따라 급속히 진전된 세계화로 인해 글로벌 차원의 개방형 혁신 패러다임을 준비해야 하는 것은 당연하다. 그리고 해외 최초의 공공연구기관인 KIST유럽은 이 여파의 맨 앞에 서게 됐다.

글로벌 개방 혁신의 두 가지 전략은 IN & OUT일 것이다. 우수 해외 과학기술 자원을 국내로 유인하여 자국의 영토 내에서 활용하는 전략인 유치 전략(Inward Strategy)과 우수 해외 과학기술 자원이 있는 곳으로 진출하여 그 자원들을 해외에서 활용하는 전략인 진출 전략(Outward Strategy)이 그것이다. 그런데 최우수 연구인력, 연구시설, 연구 문화 등은 국내 유치가 불가능하거나 매우 큰 비용이 소요되는 등 분명한 한계가 존재한다. 국내로 유치할 수 있는 선진 과학기술 자원(우수 인력, 시설, 문화 등)은 매우 한정되어 있고, 실질적으로 국내로 유치할 수 없는 과학기술 자원이 보다 선진화되어 있고 가치 있는 경우가 많다. 그래서 우수한 해외 과학기술 자원에 접근하기 위해서는 진출 전략이 필요하다. 연구기관의 경우 해외 거점 설립 및 네트워크화를 통해 활발한 진출 전진기지화 노력이 필요하다. 그렇다면 현재 고려할 수 있는 대상은 유럽에 있는 KIST유럽이 유일하지 않았을까.

사실 KIST유럽은 진입과 진출이라는 두 전략의 상호 소통 방식이며, 쌍방향 연결고리인 허브형 전략이 더 적합하다고 할 수 있을 것이다. 그래서 글로벌 개방 혁신을 이룰 연구소로서 KIST유럽 발전방안 모델로 등장한 것이 바로 '개방형 연구 플랫폼(Open Research Platform) 구축'이다.

개방형 연구 플랫폼은 국내 출연연, 대학 및 기업에 개방된 유럽 연구 거점을 제공하여 다양한 연구 시너지를 창출할 수 있도록 하며, 유럽의 선진 연구 역량을 신속히 습득하고 유럽 현지의 우수 연구 집단과 우리의 대응 연구 집단 간의 협동연구를 지속적으로 중계하는 전략으로, 이를 통해 선진 지식 및 연구 역량이 국내로 이전될 수 있는 통로를 구축하는 한편 현지 다자협력 및 국제기구에 지속적으로 참여하여 최우수 연구 네트워크에 진입할 수 있다.

현지 최우수 연구 집단 및 네트워크에 진입하려면 먼저 현지 과학기술 혁신 정책 및 연구 동향에 대해 지속적인 모니터링을 실시하여야 한다. 이를 통해 연구 패러다임의 변화, 최우수 연구자, 연구 집단 발굴, 국내 파트너 발굴 등을 수행하는 것이다. 이런 수행에 있어서 현재의 자문위원들을 현지 네트

자를란트 주에 입지한 국제 기업들

워킹 강화의 지렛대로 활용하는 것은 좋은 시도가 될 것이다. 또한 한국과 유럽의 공동 관심사에 대한 합동 심포지엄 등을 개최하여 이를 통한 네트워크 구축으로 자연스럽게 한-유럽 공동연구를 강화하는 방안도 적절한 시도가 될 것이다.

이런 내용들을 주요 골자로 하는 KIST유럽의 활성화방안은 이미 제2연구동 기공을 즈음한 2006년부터 전략적으로 구상됐다.

2. KIST유럽의 개방형 연구와 기록들

첫 번째 기록

KIST유럽의 개방형 연구 시도의 첫 단추는 2006~2007년을 즈음하여 채워지기 시작했다. '2006년 유럽연구소 활성화 전략'에는 현지 거점화 사업의 일환으로 공동연구실 및 온 사이트 랩(On-Site Lab) 운영 계획 건이 잡혀 있었다. KIST유럽의 '공동연구실/온 사이트 랩'신축 사업을 추진하여 한국 과학기술의 세계화 중심 거점기관 역할을 수행하겠다는 것이 그 목표였다. 제2연구동이 준공되면 이를 통해 국내 산·학·연이 모두 사용할 수 있는 온 사이트 랩으로 개방 운영하여, 원천기술 확보를 위한 국가 차원의 유럽 내 한-EU 공동연구를 위한 전략적 거점으로 삼고 범부처적 과학기술 세계화의 구심체로서 연구개발 글로벌 네트워크 구축의 중심 역할을 수행토록 하겠다는 것이었다.

2006년 KIST유럽 활성화 전략 현황 분석 및 개선 방향

활성화 전략	현황 및 문제점	개선 방향
제2연구동 건설 및 개방 운영	• 연구 및 협력 사업 개방을 위한 인프라 확충 필요 • KIST 유럽연구소 자체 팀 위주 폐쇄적 운영(외부 인력과의 교류는 과제 베이스 단기 체류 중심) • 과기부, KIST 사업 중심 운영	• 2010 제2연구동 건설, 개방화 • 한국 산학연과의 협력 네트워크를 강화하며, 기존 연구팀과 협력하되 차별화된 개방된 조직 운영 • 환경부, 산자부 등 범부처적 과기 협력 수요와 연계
한국 산학연 공동연구실/ 온 사이트 랩 구축	• 독일 자를란트 지역 중심 협력 한계 • 재원 부족으로 인한 현지 협력 연구 추진 한계 • 분산된 연구로 강점분야 집중 부족 • 현지 연구소로서 한국 산학연에 홍보 부족 • EU FP 등 현지 연구 참여 • KIST 명칭으로 인한 외부기관 참여 곤란	• 인근 독일, 프랑스, 베네룩스, 스위스 등 현지 네트워크 확충 • 안정적 기본 연구비 확보 및 현지 전문 연구기관과의 협력연구 확대 • KIST 유럽연구소 강점 기술 분야 공동연구실 구축 • KIST 유럽연구소 홍보를 통해 한국 연구기관의 온 사이트 랩 및 현지 협력사무소 유치 및 활성화 • EU FP, BMBF, DFG 사업에 적극 참여 • 필요시 현지화된 명칭 변경 검토

이런 계획을 세우게 된 배경은 당시의 추세를 선도적으로 반영한 결과였다. 글로벌 프로젝트인 공동연구는 이제 선택이 아닌 필수이며, 출연연들은 대외 협력을 강화하는 추세였다. 빠른 속도로 발전하는 기술과 세분화되는 전문성, 그리고 기업 못지않은 치열한 경쟁을 생각해볼 때 이제 연구개발 현장에서 협력과 공동연구가 필수적인 키워드로 떠오른 것은 전혀 이상할 것이 없었다.

아울러 2006년이란 시기는 한국과학기술연구원(KIST) 설립 40주년, KIST유럽 설립 10주년을 맞은 해였다. KIST는 이 해에 KIST유럽의 위상을 새롭게 정립한다는 목표를 세웠다. 국내 연구기관 가운데 유일하게 10년 동안 해외 연구소를 운영해왔기에 KIST유럽에 거는 기대가 남다를 뿐만 아니라, 당시 KIST유럽은 연구동 건설과 연구시설 확충 등 기반 인프라 구축을 마치고 이제 연구 활성화 및 역할 재정립에 나설 계획을 세우고 있었기 때문이었다.

우선 대한민국과 EU 간 확대되는 과학기술 협력의 거점으로 사용하며, 향후 10년 내 프라운호퍼 수준의 연구소로 발전한다는 계획을 세웠다. 이에 따라 현지 거점화를 위해 EU 프레임워크 프로그램(이하 'EU FP'등 현지 수탁과제를 수주하고, 제2연구동 건설을 2010년까지 매듭짓는다는 계획을 세운 것이다. 이와 함께 국내의 연세대학교, 한국생명공학연구원 등 산·학·연 공동연구실을 설치해 연구를 확대하기로 했다.

이 당시 바이오 전문 정부 출연연구기관인 한국생명공학연구원도 미국 프레드 허친슨 암연구센터와 손잡고 내부에서 공동연구실을 운영하고 있었고, 해양환경 보전, 자원관리, 극지환경 조사, 기후변화, 항만운송 시스템 개발 연구 등을 담당하던 한국해양연구원도 중국 칭다오에 한·중 해양과학공동연구센터를 운영하고 있었다. 이와 함께 해양연구원 부설 극지연구소는 남극과 북극에 각각 세종과학기지와 다산과학기지를 두고 극지방 연구를 수행하고 있었다. 바야흐로 출연연구기관의 공동연구, 대외협력이 화두였던 때였다.

그러나 실제로 KIST유럽의 개방형 협력 체제 활성화는 제2연구동이 준공된 이후인 2011년에야 본격화된다. 2011년 8월 'KIST유럽 VISION 2016'에서는 현재 KIST유럽이 과제 위주의 소규모 팀으로 분산되어 있으며, 내부 중심 독자 연구 수행 방식으로 성장이 더딜 뿐만 아니라 현지화 체제 구축도 미흡하다고 판단했다. 때문에 향후 KIST 본원과 전략적 파트너십을 맺고 전략 분야를 통합 혹은 네트워크를 구축하여 개방형 협력 체제를 활성화하여 향후 유럽에서 세계적 COE 수준으로 설 수 있도록 하겠다는 계획을 세웠다. 이 계획의 핵심은 개방형 협력 체제이며 본원 브랜치 랩(Branch Lab)과 국내외 산학연 공동연구 온 사이트 랩이 중심방향이었다. 당연히 이 계획은 제2연구동 활용을 중심으로 흘러갔는데 제2연구동에 대한 활용 계획은 크게 세 가지로 구성, 진행되고 있었다.

1. 한-EU 산학연 공동연구 온 사이트 랩 (On-site Joint Research Lab.)

운영 계획 : 국내 산학연 현지 공동 랩 또는 사업단 유치

연구 분야 : KIST유럽 중점 분야, 글로벌 이슈 분야, EU 강점 분야

발전 계획 : 기초연구 → 현지 과제 도출 → 상용화 단계별 활성화

추진 현황 : 2개 기관 유치(고려대, 목포대), 4개 기관 협의 중(Ursapharm, 연구재단 등)

2. 한-EU 연합 캠퍼스 (On-site Union Campus)

운영 계획 : 현지 교육 / 연수 프로그램 연계(글로벌 인턴십, 특성화 대학원, 전문가 교육 등)

교육 분야 : 바이오, 기후변화, 환경규제, 기술경영 등 교육 대상자 중심의 탄력적 선정

발전 계획 : 단기 연수 → 중장기 교육 → 공동학위제 단계별 활성화

추진 현황 : NRF 글로벌 인턴십, 포항공대 MOT, 기후변화특성화대학원, 무역협회 인턴십

3. 한-EU 과기 정책 아카데미 (On-site S&T Policy Academy)

운영 계획 : 국내 과기 정책 관련 기관 유치, 현지 과학관 연계

정책 분야 : 융합기술, 글로벌 어젠다 분야 정책 개발, 정보 분석

발전 계획 : 정보 분석 → 정책 사업 → 정책 아카데미 단계별 활성화

추진 현황 : 기관 고유 사업에 관련 내용 반영, 재 EU 과학관 초청 간담회

개방형 협력 체제로 브랜치 랩(Branch Lab), 온 사이트 랩을 중심방향으로 해서 제2연구동을 활용한 시도는 2012년 KIST유럽 운영에서 일정 부분 성과를 거둔다. 제2연구동을 활용한 실적 및 지원 현황으로 공동연구를 위해 독일 우사팜(Ursapharm), 고려대, 성균관대, 목포대 등 대학의 온 사이트 랩 활용을 위한 협약이 완료됐고, 롯데정밀화학, 노루홀딩스(Noroo Holdings) 등 산업체와 협의가 진행되는 등 한-EU 산·학·연 공동연구 현지 랩(On-Site Joint Research Lab)으로서의 기능을 조금씩 수행하기 시작한 것이다.

또한 포항공대, 경성대, 한국연구재단 및 무역협회 인턴십 프로그램을 실시하는 등 한-EU 연합 캠퍼스 역할을 수행하기 위한 시도도 있었으며, 2012년에는 한국에너지기술평가원 현지 사무소 개설이 추진됐다. R&D 협력 및 인력양성을 위한 유럽 내 전진기지로서의 활용을 모색한 것이다. 이와 함께 한국연구재단 지부 유치 노력 및 EU 과학관 초청 간담회 실시(2011년 8월), KIST 본원의 지원을 받아 필수 연구 인프라인 '고위험군 전염성질병 연구실'을 50평 규모로 구축했다.

당시 KIST유럽은 그동안의 연구역량을 바탕으로 독일을 비롯한 유럽의 선진 연구기관들과 한국의 연구기관들의 연구협력을 증대하고 상호보완적 협력 관계도 구축했다. 대표적인 주요 연구협력기관은 한국에서는 KIST 본원 의공학연구소, 원주 의료기기 테크노밸리, 고려대, 성균관대, 삼성의료원, 국립암센터 등이 있었고, 독일에서는 칼스루헤 기술연구소(Karlsruher Institut für Technologie, 이하 'KIT'), Fh-IBMT, 나노바이오 넷(Nano-Bio Net), 함부르크 의대 등이 있었다.

이밖에 국제 공동연구 프로그램 활성화의 결과로 자를란트 대학과의 공동

국제 공동연구 프로그램 활성화

<table>
<tr><th>프로그램</th><th colspan="2">주요 내용</th></tr>
<tr><td>자를란트 대학과의 공동연구 프로그램</td><td colspan="2">• 연구기간 / 연구비 : 2008. 1~2011. 12 / 연간 33만 유로
• 참여기관 : 독일 자를란트 대학, KIST유럽
- 자를란트 주정부와 공동으로 예산 확보, 2008년부터 공동연구 시작</td></tr>
<tr><td>독일 연방 경제과학부(BMWi) ZIM-협력연구 프로그램</td><td colspan="2">• 연구기간 / 연구비 : 2011. 4~2012. 8 / 총 15만 7,500유로 (독일 정부 지원)
• 연구 과제명 및 연구 책임자
- Ultra-trace-detection에 기초한 의학적 병인성 병원체 신속 테스트 연구(Dr. J. Baumbach)</td></tr>
<tr><td>KIT-KIST유럽 공동연구 프로그램</td><td colspan="2">• 연구기간 / 연구비 : 2011. 6~2014. 5 / 총 25만 유로
• 연구 과제명 및 연구 책임자
- 파아지-폴리머 복합체를 이용한 바이오센서 개발(남창훈 박사)
- 3차원 세포 배양을 위한 세포 분배 시스템 개발(김정태 박사)
- 나노선을 이용한 비표지 바이오센서 개발(Dr. P. Neuzil)</td></tr>
<tr><td>자를란트 대학과 공동연구 프로그램</td><td colspan="2">• 연구기간 / 연구비 : 2011. 6~2014. 5 / 총 10만 2,858유로
• 연구 과제명 및 연구 책임자
- 효모 이용 유전자 전달을 통한 세포항암치료기법 수립(Dr. A. Philippi)</td></tr>
<tr><td rowspan="2">온 사이트 랩 활용 프로그램</td><td>독일 현지와 협력</td><td>• 연구기간 / 연구비 : 2012. 1~2014. 6 / KIST유럽 30만 유로+우사팜 24만 유로
• 연구 과제명 및 연구 책임자
- 신약 및 용기 개발을 위한 국제 연구/산업/제조 클러스터 (김정태 박사)</td></tr>
<tr><td>한국 대학과 협력</td><td>• 연구기간 / 대상 : 2011. 1~2013. 12 / 협력 대상 : 고려대 및 성균관대
• 연구 과제명 및 연구 책임자
- 파아지 공학을 통한 한-EU BINT 클러스터 구축(남창훈 박사)</td></tr>
</table>

연구 프로그램, 독일 연방 경제과학부(BMWi) ZIM-협력연구 프로그램, KIT-KIST유럽 공동연구 프로그램, 독일 자를란트 대학과 공동연구 프로그램, 온사이트 랩 활용 프로그램을 들 수 있다.

세 번째 기록

부분적으로 이루어지던 협력 관계가 보다 확산된 해는 2013년으로 볼 수 있다. 당시 기관 고유 사업상의 협력 관계가 눈에 띄게 늘어난 것이다.

신속 정확한 암 진단이 가능한 선택형 표적 항체물질과 초고감도 진단 센서 시스템 개발을 목표로 한 '암 대응 새로운 선택형 표적 항체물질과 진단기술 개발(Development of New Biomarker and Diagnosis Tools for Cancer)'의 협력기관은 독일 자를란트 대학, 에센-두이스부르크 대학, KIT, 막스플랑크 도르트문트(MPI-Dortmund), INM이 있으며, 국내에서는 KIST/생체재료단과 아산병원이 협력했다. 아래는 당시 기관 고유 사업과 협력기관들이다.

암의 면역 치료적 접근을 위한 세포 및 항체 치료법 개발(Development of Cell and Antibody Therapeutics for a Novel Cancer Immunotherapy Approach)

【 협력기관 】

독일 : IMTEK 연구소, 츠바이브뤼켄 대학, 자를란트 대학, 에센-두이스부르크 대학, INM, KIT, 드레스덴 대학, DKFZ 암 센터 연구소

국내 : KIST 생체재료단, 고려대, 연세대

제조나노물질 환경 안전성 연구(Development of Methods and Strategies for Environmental Risk Assessment of Engineered Nanomaterials)

【 협력기관 】

독일 : 아헨 공대, 코블렌츠-란다우 대학, 연방재료연구소, 헬름홀츠 환경연구센터, INM

불가리아 : 소피아 대학 / 포루투갈 : 민호 대학

국내 : KIST, 안전성평가(연), 표준(연)

차세대 전기화학에너지 저장 시스템 개발(Development of Novel Electrochemical Energy Storage System)

【 협력기관 】

독일 : 자를란트 대학, INM, MPG, 율리히 연구소, KIT

네덜란드 : 루벤 대학

미국 : MIT 화학과, 신재생에너지연구소(NREL)

국내 : KIST - 연료전지연구센터, 고온에너지재료연구센터, 에너지융합연구단 /
서울대, 서강대, KAIST, 전북대 / CNL 에너지(Carbon & Fuelcell)

한국-EU-KIST유럽 간 과학기술 분야 협력 및 네트워크 구축(Study on scientific cooperation and networking among Korea, EU and KIST Europe in S&T)

【 협력기관 】

국내 : KIST, 생명(연), 화학(연), 표준(연)

독일 : INM, FhG, 자를란트 대학

신약 및 용기 개발을 위한 국제 연구-산업-제조 클러스터(On-Site-Lab)

【 협력기관 】

독일 : 우사팜-제품공동개발 및 제품화

국내 : H사-제품생산/자동화(우사팜의 요청으로 한국 제조업체의 사명 보안 중)

개방형 연구를 핵심 전략으로 삼다

2014년 12월에 작성된 2015년 사업 계획서에서는 KIST유럽의 기본연구를 개방형 연구로 개편 추진하는 내용이 구체적으로 나타난다. 이것은 EU와 국내 연구기관과의 개방형 플랫폼으로서, 사회 문제 해결을 위한 첨단연구 테마를 공동으로 발굴하여 국내 산학연을 지원하겠다는 의지를 전면에 내세운 것이었다. 당시는 자브릿지(Saarbridge) 일반 사업을 기본 사업으로 전환하여 소장 주관하에 사업을 재편하고 개방형 연구 사업으로 확대 추진했다.

이후 '2015~2017 경영성과 계획서'(2015. 6. 10)에서는 본격적으로 KIST유럽의 비전이 '출연연 및 산업계의 EU 진출을 지원하는 개방형 연구 거점기관'임을 분명히 설정하고 이를 이루기 위한 핵심 전략으로 '개방형 연구'와 '산업계 지원'을 발표했다.

이것은 당시 KIST유럽이 설립 19주년을 맞이하는 시점에 왔으나, 역할과 위상이 구체적으로 정립되지 못한 상황이었으며, 특히 국내외 연구기관과의 협력과 융합이 간절히 요구되는 시점에 와 있기도 했기 때문이다. 따라서 EU 내 타 산업계 지원 관련 기관 및 한-EU 연구혁신센터와의 상호보완적 역할을 통해 설립 목적 및 임무에 충실하도록 하며, KIST유럽만의 차별화된 산업계 지원 및 한-EU 간 개방형 혁신을 통해 설립 당시 부여받은 임무의 달성 및 기관 위상을 강화해나갈 필요가 절실했다. 그러므로 19년의 시간 동안 넘지 못한 임계 규모 한계를 극복하고 20년을 앞둔 기관의 위상을 강화하기 위해서는 연구 사업의 개방성을 강화하는 개방형 연구 거점 역할 수행만이 답이었다.

이를 위해 구체적으로 기관 고유 사업 예산 중 개방형 연구의 비중을 점차 확대하며(2014년 8% → 2015년 30% → 2018년 35%), 이 비중은 다시 국내 출연연과의 개방형 연구(25%)와 유럽 현지 연구기관/대학과의 개방형 연구(10%)에 균등 배분하는 방식을 선택했다. 또한 KIST 본원 의공학연구소/연료전지연구센터 및 자를란트 대학과 기본연구 사업 공동연구를 2015년에 4개 과제에 걸쳐 추진했으며, 자를란트 대학-KIST유럽 전기화학 분야 공동랩을 오픈(2015. 3. 3)했다.

개방형 혁신의 문화가 세계적으로 대세가 되기 전부터 생존과 변화, 성장을 위해서 나름의 방법을 동원했고, 이제 개방형 연구라는 길을 걸어가고 있는 KIST유럽. 살얼음판 위를 걷는 심정으로 보낸 시간을 지나 이제 다시 해외 유일 연구 거점기지로 개방하고 확장하려고 도전 중인 KIST유럽. 누군가는 이 도전을 무모한 도전이라고 할지도 모르고, 또 다른 누군가는 출연연구기관이라면 반드시 가야 할 길을 먼저 걸어 무한확장시킨 도전이라고 할지도 모른다. 그럴 때마다 아래 시를 떠올려보자.

답설야중거 踏雪野中去
불수호란행 不須胡亂行
금일아행적 今日我行蹟

수작후인정 遂作後人程

눈밭 속을 걸어가더라도 모름지기 함부로 걷지 마라.

오늘 나의 발자국이 마침내 뒷사람의 길잡이가 될 것이니.

정말 중요한 본질은 KIST 유럽이 지금 내딛는 이 개방과 혁신의 발걸음이 훗날 다른 모든 연구기관이 해외 진출과 허브, 거점 연결, 개방과 혁신이라는 단어를 맞닥뜨려 길을 잃고 헤맬 때 든든한 길잡이가 되었으면 하는 바람일 것이다. 비록 지금 걷는 이 길이 어둠 속 차디찬 눈밭이라도 굴하지 않고 당당히 걸어가는 그 신념이 언젠가 그 바람을 이루어줄 것이다.

3장

KIST유럽, 신중하게 선택하고 핵심에 집중하다

1. 독자적인 연구소 모델의 중요성

EU를 향한 의욕이 짐이 되다

'정신일도 하사불성(精神一到 何事不成)'이란 말이 있다. 정신을 집중하여 노력하면 어떤 어려운 일이라도 성취할 수 있다는 말이다. 그래서 정신을 집중해서 사력을 다하면 바위에도 화살이 박히게 할 수 있다는 이야기가 나왔다. 이른바 중석몰촉(中石沒鏃) 혹은 사석위호(射石爲虎)가 그것이다. 사마천이 지은《사기(史記)》〈이장군열전(李將軍列傳)〉에 나오는 말로 이광이란 장수는 조상으로부터 물려받은 궁술과 기마술에 남다른 재주가 있는 맹장으로, 하루는 사냥하러 갔다가 풀숲 속에 호랑이가 자고 있는 것을 보고 급히 화살을 쏘아 맞혔는데 호랑이는 꼼짝도 하지 않는 것이었다. 이상하게 생각되어 가까이 가 보니 그가 맞힌 것은 화살이 깊이 박혀 있는 호랑이처럼 생긴 돌이었고 너무나 신기한 생각에 다시 화살을 쏘았으나 이번에는 화살이 모두 튕겨져 나왔다고 한다. 정신을 집중하지 않았던 때문이다. 바위를 호랑이라고 생각하고 목숨을 걸고 쏘는 것과 그냥 화살을 바위에 쏘는 것은 분명 시위를 당기는 순간의 집중에 차이가 있었던 것이다.

KIST유럽이 출연기관 해외 거점기지로 제대로 자리 잡지 못하고 흔들린 이유 중에는 역설적으로 독일과 EU라는 공간과 국내 최초의 해외 출연연구소라는 타이틀이 주는 중압감이 컸기 때문이라는 분석은 매우 중요한 의미를 가진다. 기대에 부응해야 한다는 의욕이 오히려 짐이 됐던 것이다. 이것은 KIST유럽에 정체성 혼돈을 가져왔다. 해외의 든든한 거점기지가 되기 위해서 연구에 중점을 두고 발전해서 성과를 빨리 보여주어야 한다는 입장과 독일과 EU라는 공간에 나가 있는 만큼 연구 기능보다 정책 및 기술 모니터링, 한국 연구기관 및 기업의 유럽 진출 지원 등 정책 지원 기능에 초점을 맞추는 것이 보다 적절하다는 입장 사이에서 갈피를 잡지 못했던 것이다. 즉 초기의 실패는 모두 이 두 기능을 충실하게 수행해서 성과를 보여주겠다는 과욕에 기인한 것이었다.

예산 및 인력 규모의 제약이라는 현실 속에서 선택과 집중이 필요했으나 그러지 못했다. KIST유럽의 우수 연구 거점 구축에 동의하면서도 현실적으로는 임계 규모에 미치지 못하는, 국내 개별연구 사업단의 규모에도 미치지 못하는 예산과 인력 지원의 한계로 번번이 좌절한 것이다. 그래서 설립 초기 환경과학 분야를 중점 연구 분야로 규정했음에도 불구하고 새로운 도약을 위해서 R&D 담당 소장 제도 실시와 영입이 이루어졌다. 지나치게 많은 권한이 부여됐고 R&D 담당 소장의 전문 분야인 바이오/의료기기 분야에 연구가 집중되면서 내부 인력의 정체성 혼돈은 더욱 심화됐다.

독일 연구소 모델은 한국 모델이 될 수 없다

여기에 'R&D의 효율화'로 항상 거론되던 독일의 FhG 모델도 부담감을 안겨주었다. 막스플랑크, 헬름홀츠, 라이프니츠와 함께 독일의 4대 연구협회 중 산업화기술을 전담하고 있는 FhG가 추구해왔던 성공적인 성장·운영 모델을 이제 막 독일로 건너간 KIST유럽이 흡수하고 따라잡을 수 있을 것이라는 막연한 기대감이 부담으로 작용한 것이다. 실제로 프라운호퍼는 재정의 70%를 기업과 정부 과제로 충당하고, 30%를 차지하는 연방과 주정부의 보조금은 미래를 위한 과제 기획에 사용한다. 그러나 이것은 2015년 현재의 KIST유럽은 물론이고 어떤 출연연구소도 아직 해내지 못한 성과이다. 게다가 FhG 모델이 성공한 진짜 이유와 운영 시스템을 우리 것으로 완전히 소화하지 못한 채 외형만 따라 해서는 성공할 수 없는 것이 당연했다.

독일에 있는 4대 연구협회인 막스플랑크, 프라운호퍼, 헬름홀츠, 라이프니츠. 이 연구기관들은 세계 최고의 연구소로 이름이 나 있다. 그런데 이런 독일식 연구소의 운영 시스템을 잘 들여다보면 철저하게 권한을 주고, 철저하게 책임지는 구조를 가지고 있다. 먼저 연구소의 중추적인 역할을 담당하는 소장의 경우를 보면 연구소는 연구소 소장이 자율적으로 운영하고 이에 대한 책임을 모두 진다. 만일 새로운 분야의 연구소를 설립한다고 하면 후임소장 초빙 여부를 본부에서 결정하는데 이때 소장 초빙 절차에 대학도 함께 참여해서 연구 영역과 범위가 정해진다. 그리고 초빙 소장 요구조건 제시에 합의하게 되는데 이때 시설, 예산, 인원, 기본연구비 등이 이미 대부분 정해지고, 예산 집행 및 인사는 소장의 권한이 된다. 그리고 본부에서는 5년마다 평가하여 문제가 없다면 소장이 거의 정년까지 임기를 가져간다.

석·박사과정 학생은 최대 12년 동안 활용이 가능하다. 또한 대학과의 관계에 있어서도 연구소가 속한 인접 대학에서 교수 자격을 부여하여 지위도 보장해준다. 논문지도에 중점을 두고 학사 참여는 최소로 진행하는(주 2시간 정도 강의) 것이 보통이다. FhG 산하 연구소의 경우는 대학 정교수가 소장을 겸임하는 경우도 많다.

자금운영과 관련해서는 MPG, HGF의 경우는 연구 기능 내지는 연구 과제가 예산과 더불어 정해진다. 따라서 산업계 수탁에 신경을 쓰지 않고 주어진 연구에만 전념할 수 있다. 다만 특허, 논문발표, 학술회의 및 발표회에 중점을 둔다. 반면 FhG는 새로운 분야 개척에 기본운영비를 투입, 기존 연구부서들은 독립채산제(self-supporting accounting system)의 압력을 받고 있어, 각 팀의 그룹장에게 권한과 책임이 주어진다.

독립채산제란 한 기업 내에서 사업부별로 따로 손익계산을 내는 책임경영 제도를 말한다. 사업부 책임자는 운영에 전권을 부여받고 자산, 부채, 자본까지도 독립적으로 운영한다. 책임과 권한을 모두 이양하는 대신 수익이 발생하면 직원들이 보상을 받게 되고 반대로 실적이 나빠 사업부가 도산하면 이에 대한 책임을 져야 한다.

여기에 국가 과제는 매칭펀드 50%를 요구받는데, FhG는 이를 산업체에서 얻어올 것을 요구한다. 연구소의 매칭펀드(matching fund)란 말 그대로 예산을 요구하기 전에 먼저 자체적으로 노력을 하면 그에 상응한 예산 지원을 한다는 것이다.

자율성이 있는 만큼 국책 과제들은 프로젝트 관리기관을 통해서 철저하게 관리하고 평가한다. 이 평가는 연구 책임자의 자질, 능력, 연구팀 및 장비의 구비 여부, 전문성 등을 전문평가위원에게 비밀리에 의뢰하여 결정하고, 조정관은 국가 정책 목표에 부합하는지에 주안점을 두어 심사한다. 만약 연구 결과의 평가가 좋지 못하면 다시는 연구 용역을 받지 못한다.

위에서 언급한 내용 중 당장 출연연구소에 적용할 수 있는 것들이 몇 개나 될까. 아마 거의 없을 것이다. 이처럼 한국 실정과는 맞지 않는 내부적인 운영 현황을 알지 못한 채, 다만 성공적인 성장·운영 모델이라는 점과 KIST유럽과 인접한 연구기관들이 독일에 있는 세계 최고의 연구소라는 이유만으로 알게 모르게 그런 연구소가 되라고 강요받았던 것도 사실이다.

《장자(莊子)》〈추수편(秋水篇)〉에는 한단지보(邯鄲之步)라는 고사성어가 등장한다. 중국 전국시대 때 조나라 한단 사람들의 걸음걸이가 매우 멋있고 품격이 있었다고 한다. 어느 날 연나라에 살던 한 청년이 이 소문을 듣고 품격 있다는 걸음걸이를 배우려고 한단에 도착해서 보니 정말로 그곳 사람들의 걸음걸이는 소문대로 매우 아름다웠다고 한다. 청년은 한단 사람들의 걸음걸이를 관찰하고 흉내를 내었다. 그러나 한단 사람들처럼 걸을 수가 없었다. 그래서 이제까지 자신이 걷던 방식을 모두 버리고 따라했다. 하지만 그는 결국 한단 사람들처럼 걷지도 못하고 자신의 걸음걸이마저 잊어버렸다. 마침내 한단 사람들의 걸음걸이를 포기한 청년은 연나라로 돌아가려고 했다. 하지만 이미 자신의 걸음걸이를 잊어버린 까닭에 양팔로 기어서 고향으로 돌아갔다고 한다. 자신이 가진 것을 버리고 무조건 남을 따라 하려고 하는 폐해는 결국 모든 것을 다 잃게 할지도 모른다.

KIST유럽은 자신만의 모델이 필요하다

사실 KIST유럽이 무슨 일 또는 어떤 연구를 할 것인가 하는 문제는 1996년에 발간된 '유럽연구소 설립을 위한 조사연구'에 이미 독일의 과학기술 체계 분석과 우리나라의 수요 조사를 통해 잘 드러나 있다. 또한 정관으로도 잘 정리되어 있다. 대한민국 최초의 정부출연 해외 연구소의 설립배경은 한 마디로 '해외 원천기술의 전략적 활용'이라고 할 수 있다.

KIST유럽의 설립 목적과 사업 내용은 1996년에 세워진 이래, 20년이 지난 지금도 여전히 동일하다.

특정한 종이 새로운 환경에서 성공적으로 경쟁하기 위해 스스로를 근본적으로 재정의해왔다는 진화론. 찰스 다윈(Charles Darwin)은 1842년 갈라파고스 섬에서 살아남기 위해 환경에 적응해왔고, 그 결과 대륙의 동종 새들과는 전혀 다른 모습과 행동을 보이고 있는 핀치(Pinch)의 변종에 주목했다. 유럽의 일반적인 핀치와는 달리 이 새들은 가늘고 긴 부리를 가지고 있어서 갈라파고스 섬에만 서식하는 먹이들인 곤충, 견과류, 열대 과즙을 섭취할 수 있었다. 이런 진화와 재정의는 동물뿐만 아니라 인간의 조직에서도 반드시 일어난다. 그래서 핵심 사업을 근본적으로 재정의하는 작업이 점점 중요해지고 있는 것이다.

따라서 새로운 환경에서 성공적인 모델을 찾아서 살아남으려면 핵심에 집중해서 변화하고 성장하는 모델을 찾아야만 한다. 무엇이 영향력과 수익성이 있는 핵심 사업이며, 그 핵심을 강화하는 방법은 무엇인가, 핵심 사업의 잠재적 가치를 완전히 발휘할 수 있는 충분한 전략과 운영 잠재력을 지금 가지고 있는가, 아니면 어떻게 하면 획득할 수 있는가, 현재 KIST유럽이 속한 연구와 산업의 미래는 어디로 흘러가고 있으며 또 무엇을 잡아야 하는가, 이에 대한 팀원들 간의 합의와 열정은 있는가, 그 핵심 사업이 내부에서 만들어져야 하는가, 아니면 외부인가, 그도 아니라면 둘 다인가 등등.

그동안에 유럽과 우리나라의 강산이 2번 바뀌고 환경이 다소 변한 것은 사실이지만, 앞서 언급한 KIST유럽 설립 목적과 사업 내용은 큰 틀에서 여전히 유효하고 여전히 매력적이다. 그러므로 그 설립 목적 안에서 핵심 사업을 찾아야 했다. 다행스러운 점은 그동안 일정 부분의 성과가 꾸준히 나왔다는 점이다. 대표적인 예는 유럽에서 생산되거나 유럽으로 수입되는 화학물질과 관련한 환경규제법인 신화학물질관리제도(REACH)에 대한 대응이다. 이 업무는 KIST유럽이 잘 알고, 잘할 수 있었던 일이었다. 우리나라의 기업체들도 REACH에 등록 해야만 해당 제품을 유럽으로 수출할 수 있었다. KIST유럽의 설립 목적과 사업 내용과도 일치한다. 그런데 그 업무도 초기에는 제대로 평가받지 못했다. 하지만 중간에 포기하지 않고 선택을 믿고 집중한 결과 지금은 사업단 규모로 발전했으며, 롯데정밀화학 등 기업체들도 KIST유럽에 입주하여 공동연구를 수행하는 등 무수한 파생효과를 낳았다.

2. 선택과 집중의 활을 쏘다

가장 잘하는 것을 선택하라

'선택과 집중'은 한정된 자원을 배분하는 데 있어서 가능성 없는 곳에 투자하지 않거나 반대로 꼭 필요하거나 가능성이 높은 곳에다가 많은 자원을 투자하는 것을 말하는데, 기업 경영을 비롯한 다양한 조직 운영과 개인의 자산관리에까지 쓰이는 전략 중 하나이다. 단체든 개인이든 사용 가능한 자원은 모두 한정되어 있기 때문에 더욱 중요한 전략이다.

MIT 교수에서 컨설턴트로 전직한 전설적인 인물인 마이클 트레이시(Michael Treacy) 박사와 프레드 위어시마(Fred Wiersema) 교수가 전 세계 80개 기업을 대상으로 실시한 연구를 통해 시장을 지배하는 1등 기업이 되기 위해서는 모든 측면에서 최고가 되려고 하기보다는 선택과 집중이 필요하다는 단순한 개념을 재발견했다.

그들이 밝혀낸 1등 기업의 비밀은 극도로 단순했다. 고객을 선택하고, 초점을 좁히고, 시장을 지배하라는 것이었다. 자신들이 선택한 시장에서 탁월하게 제공할 수 있다고 여기는 것 하나를 선택해서 모든 운영의 초점을 거기에 맞춰서 집중하라는 것이다. 탁월하게 제공할 수 있는 것이 최저비용이건, 최고의 제품이건, 최상의 솔루션이건 말이다.

이때 최고의 선택이 되기 위해서는 그저 좋은 것이 아닌 가장 잘하는 것을 선택하고 집중할 필요가 있다. 스스로의 핵심역량을 점검하고 그저 좋은 것이 아닌 정말 잘할 수 있고 열정을 가질 수 있는 일을 선택하고 집중해야 하는 것이다. 나의 강점은 무엇이고 무엇을 경쟁 무기로 활용할 수 있을지에 대한 나만의 경쟁력에 대해서 제대로 파악해야 한다. 그리고 이런 일련의 선택과 집중이 이루어진 후에는 모든 선택과 집중의 기술들을 실천하고, 이를 가속화시켜 성공으로 이어지도록 해야 한다.

KIST유럽은 2015년 비전을 '출연연 및 산업계의 EU 진출을 지원하는 개방형 연구 거점기관'으로 잡으면서 핵심 전략을 개방형 연구와 산업계 지원으로 설정했다. 이것은 당면 현안에 대한 인식과 환경 및 역량 분석 결과를 토대로 새로운 비전 달성을 위해 KIST유럽이 마땅히 해야 하는 것이기도 하면서 동시에 정말로 잘할 수 있는 것을 택한 것이었다. 이는 현재 기관의 임계 규모 한계 등 제약조건을 고려한 선택이었다. KIST유럽이 이 선택에 집중하여 성과를 창출하겠다고 생각을 굳힌 것이다.

'핵심 연구 분야'를 향해 날아가는 화살

'선택과 집중을 통한 연구력 강화'란 더 이상 '모든 것을 다 잘하겠다'는 생각을 할 필요가 없으며, 선택과 집중을 통해 KIST유럽이 가진 임무 중심의 과제를 재편성하고 강점 핵심 분야로 연구역량을 집중하겠다는 의미이다. 이런 선택이 이루어진 배경을 살펴보면 내부적으로는 일정 부분 성과를 낸 것들은 KIST유럽이 현지 공간의 이점과 협력기반 등을 이용해서 시너지 효과를 내는 등 잘할 수 있는 것을 선택하고 집중한 결과라는 것에 동의했기 때문이다. 외부적으로는 연구 책임자급(Principle Investigator, PI) 연구자 수 등 전반적 인력 규모의 제약으로 인해 핵심 연구 분야 중심으로 연구역량을 집결해야만 핵심 분야에서의 수월성 추구가 가능하다는 판단에서였다. 즉, 항상 문제였던 임계 규모의 제약을 역설적으로 연구역량의 집중으로 풀어낸 것이다. 세계적인 연구기관 대비 부족했던 임계 규모를 선택과 집중을 통해 극복하고, 여기서 나온 핵심 분야에서 세계적 수준의 수월성을 확보할 수 있는 기반을 마련하겠다는 것이다.

실천의 주요 내용은 크게 두 가지로 정리될 수 있다. 인력과 예산이 그것이다. 인력의 운영 측면에서는 이미 진행 중인 연구 사업을 순차적으로 전환, 정리하는 동시에 기관 임무 중심의 과제 편성으로 KIST유럽이 강점을 가진 글로벌 환경규제 대응기술 및 관련 원천기술 연구 등 핵심 분야에의 선택과 집중을 실현하는 것이다. 세부적으로는 박사급/박사과정 연구인력의 연구 주제 전환, 학제 간 연구 활성화 등을 통해 연구 분야 집중에 따른 혼란과 낭비를 최소화하는 방향으로 정해졌다. 핵심 연구 분야에 투입되는 인력 비율은 2015년 41.7%→2016년 45%로 확대할 예정이다.

예산과 관련해서는 사업 예산 편성, 연구 계획 검토, 평가의 전 주기에 거쳐 핵심 분야와의 부합성을 먼저 생각하고 중점 관리하여 핵심 분야의 수월성 확보에 역량을 집중하도록 하며, 이를 위해서 연구 사업 연차별 실행 계획 및 예산 배분 과정에서 핵심 연구 분야의 집중을 최우선으로 예산 집행하는 것을 고려하도록 정해졌다. 기본연구비 중 핵심 연구 분야로 연구비용을 확대하는 것은 2015년 46.9%→2016년 55%로 증가 예정이다.

이를 이루기 위해서 '경영 시스템 선진화를 통한 효율적 연구 지원 체계 구축'도 실시되고 있다. 경영 시스템 선진화를 추진하게 된 배경은 연구관리 기준 확립을 통해 효율적 연구 지원 시스템 구축이 필요했으며, 예산운영 및 예

2015~2016 선택과 집중을 통한 연구력 강화 비교

2015년도 실적	2016년도 계획
선택과 집중을 통한 연구력 강화	
• 핵심 연구 분야 인력 투입 비율 확대 * 비율 : 67명 중 28명(41.7%) • 기관 고유 사업비 중 핵심 연구 분야 비중 확대 * 비율 : 26억 5,300만 원 중 12억 4,600만 원(46.9%)	• 핵심 연구 분야 인력 투입 비율 확대: 45% • 기관 고유 사업비 중 핵심 연구 분야 비중 확대 : 55%

산집행의 투명성 제고를 위한 관리 체계에 대한 요구가 증가할 것이며, 향후 성과 평가를 통한 적정 수준의 보상 체계를 현재에 미리 마련해두어 구성원들에게 강력한 동기부여를 하기 위해서이다.

주요 내용으로는 연구관리 규정·지침 및 표준서식 마련, 연구비 집행 내역을 실시간으로 연구자와 관리자에게 제공하여 연구비 지출 관리의 편의성을 높이고 기관 차원의 예산 모니터링 기능도 강화했다. 또한 통합정보 시스템을 통한 연구실적 종합관리 체계 운영을 주요 골자로 하는 '효율적 연구 지원 체계 구축'과 기관 비전·경영 목표와 연계한 부서별 성과평가 제도 마련, 성과 창출 유인 제공을 위한 보상 체계 정비 및 개인평가 제도 개선 등을 주요 골자로 하는 '성과평가 및 환류 시스템 구축'이 있다. 이런 경영 시스템 선진화를 통해 연구 환경 개선 및 연구 몰입도 제고를 기대하고 있다.

활을 쏘기 위해서는 과녁을 정해야만 한다. 누구나 과녁을 정하고 활을 쏜다. 아프리카의 초원인 세렝게티 국립공원(Serengeti National Park)엔 매일 아침마다 선택과 집중으로 생(生)과 사(死)가 갈리는 경주가 펼쳐진다. 가녀린 톰슨가젤과 동물의 왕이라고 불리는 사자가 그들이다. 공교롭게도 두 동물의 빠르기는 시속 80km로 똑같다. 사자는 톰슨가젤 무리 중에서 한 마리를 정해 놓고 달리지만 사냥 성공률은 20%에 불과하다. 열에 여덟 번 실패하는 셈인데 언제 성공하는가. 바위를 호랑이로 보고 쏘는 것처럼, 온 정신과 힘을 집중해서 절박하게 달릴 때이다. 먹느냐 먹히느냐. 성공은 더 집중한 자의 것이다.

4장

KIST유럽, 산업계 EU 진출의 전진기지로 우뚝 서다

1. 제조업의 화두, 인더스트리 4.0

제조업의 고부가가치화

제조업 경쟁력 강화를 위해 독일 정부가 추진하고 있는 핵심 전략은 한마디로 '인더스트리 4.0'이다. 인더스트리 4.0은 사물인터넷(Internet of Things, IoT)을 통해 생산기기와 생산제품 간의 정보교환이 가능한 제조업의 완전한 자동생산체계를 구축하고 전체 생산과정을 최적화하고자 하는 산업 정책을 말한다.

독일의 경우 제조업 경쟁력이 세계 최고 수준으로 유럽 총 제조업 부가가치의 30%를 차지하며, 경상수지 흑자도 2011년 이후 세계 1위를 유지하고 있다. 세계시장 경쟁이 심화되면서 점차 기술력이 평준화되고 있다는 점에 주목, 독일 정부가 미래 경쟁력을 높일 필요성을 느끼고 2010년부터 이 정책을 적극적으로 추진하고 있기 때문이다. 인더스트리 4.0은 이런 배경에서 탄생한 제조업 혁신 전략인 것이다. 세계 최고 수준의 독일의 제조업 경쟁력을 다시 회복시키고자, 4차 산업혁명이라는 모토를 내걸고 정부 및 대학, 연구기관, 산업이 협력하여 추진 중인 전략이다. 기존에 1차 산업혁명은 증기기관의 발명, 2차 산업혁명은 대량생산, 3차 산업혁명은 자동화와 더불어 IT가 산업에 접목된 정보화를 통해 이뤄졌다면, 4차 산업혁명은 네트워크기반의 지능형 제조시스템이 가져올 것이라 내다보고, 전통 제조산업에 정보통신기술을 결합하여 지능형공장(smart factory)으로 진화하자는 내용이다. 기존의 산업계 정보화가 생산공정 간 수직·수평적 분리, 제한된 정보교환 등 부분적 최적화 실현에 그쳤다면, 인더스트리 4.0은 제품 개발에서부터 생산, 판매, 서비스 단계까지 전 공정에 걸쳐 최적화가 가능하다.

2013년부터 본격적으로 추진되기 시작한 독일 정부의 하이테크 전략인 인더스트리 4.0은 독일 기업의 47%가 참여(2013년 1월 기준)하고 있으며, 참여 기업의 18%는 관련 연구를 수행 중이고, 12%는 이미 실행에 옮기고 있는 것으로 나타났다. 미국과 일본도 ICT와 제조업을 융합하여 최첨단 제조업 전략을 추진하고 있지만 정부 차원에서 체계적으로 도입한 나라는 독일이 유일하다. 독일은 인더스트리 4.0을 통해 2025년까지 자국에서만 780억 유로 이상의 부가가치를 거두게 될 것으로 보고 있다.

대한민국 제조업의 위기, 독일에서 답을 찾다

최근 한국은행이 발표한 우리나라 제조업 관련 통계 수치를 보면 국내 제조업체들의 2014년 매출액이 전년보다 1.6% 감소한 것으로 나타났다. 이것은 1961년 통계 조사를 시작한 이래 첫 마이너스 성장으로 정부는 물론 기업체에도 큰 충격을 안겨주었다. 2014년 국내 제조업 매출액은 1,726조 원으로 전년 대비 1.6% 감소했는데, 더 주목해야 할 사실은 불과 5년 전만 해도 대한민국 제조업이 매년 두 자릿수 이상 성장을 유지했다는 것이다. 제조업의 후퇴 속도가 너무나 빠르다는 점이 더 심각한 현실인 것이다. 이것은 걷잡을 수 없는 속도로 치고 올라오는 중국과 선진국들 사이에 낀 한국 제조업의 현실을 그대로 드러내는 수치이다. 더 이상 방치해서는 안 된다는 의견이 여기저기서 대두됐다. 왜냐하면 한 국가의 제조업 중요성은 단순히 내수 경제를 이끄는 원동력에 그치지 않고, 세계시장에서의 경쟁력 강화 차원에서도 대단히 중요한 필수 요소이기 때문이다.

지난 2008년의 글로벌 금융 위기 당시 아이슬란드 경제가 국가부도 사태 직전까지 간 것과 대조적으로 독일이 상대적으로 빠른 회복세를 보인 것은 제조업이 탄탄했기 때문이었다. 탄탄한 제조업의 기반 없이 금융과 서비스산업에만 의존하는 국가의 성장 전략이 얼마나 위험한지를 잘 보여준 사례라고 할 수 있다. 이런 경고와 교훈을 알기에 미국과 일본도 인건비 상승과 3D산업 기피 등의 이유로 쇠퇴의 길을 걷던 제조업을 다시 일으켜 세워 강력한 제조업 육성 정책을 펼치고 있다.

세계적인 제조업 육성 정책과 맞물려서 한국도 제조업 혁신을 통해 한국 경제의 기반을 다져야 할 시점에 와 있다. 급변하는 세계 제조업 패러다임의 변화에 대비해야 한다. 사실 대한민국 제조업의 미래는 암담하기까지하다. 넛 크래커(nut cracker) 현상이 통계 수치로 드러난 이상 이대로 방치할 수 없다. 1인당 국민소득이 1970년 255달러에서 현재 2만 5,000달러까지 100배 가까이 성장한 기반은 제조업이 있었기 때문이다. 천연자원이 거의 없고, 좁은 국토를 가진 우리나라가 이런 눈부신 성장을 이룰 수 있었던 뿌리, 즉 제조업이 흔들리는 상황에 와 있는 것이다.

독일 역시 우리와 마찬가지로 천연자원이 부족한 나라이지만, 자동차, 기계, 정밀화학 등 기술기반 제품을 생산·수출하는 세계 3위(2013년)의 무역국가다. 그렇다면 독일의 경쟁력은 어디에서 비롯되는가. 기계, 첨단소재, 부품 등의 분야에서 견실한 기술력을 가진 기술기반 중소기업이 산업의 바탕을 이루고 있으며, 이것이 경쟁력의 핵심이다. 여기에 제조업 경쟁력 강화를 위해 2013년부터 본격적으로 독일 정부가 추진하고 있는 '인더스트리 4.0'은 한국이 벤치마킹하기에 대단히 적절한 사례로 볼 수 있다.

특히 KIST유럽이 소재하고 있는 자를란트 주 및 인근 지역은 EU내에서 인더스트리 4.0에 가장 특화된 지역 중의 하나이다. 자를란트 주정부는 1980년대 후반부터 전통제조업의 부가가치를 높이기 위하여 과감한 구조조정, 적극적 투자유치, 연구개발 투자확대 등의 도전적 혁신 정책들을 추진했다. 이와 같은 정책방향과 추진 전략을 통하여 자를란트 주는 독일에서 세 번째로 큰 자동차산업 기지가 됐다. 독일 자동차 두 대 중 한 대에는 자를란트 주에서 생산한 부품이 들어 있다고 얘기될 만큼 다양한 자동차 부품들이 생산되고 있다. 자동차산업과 함께 자를란트 주는 일찍이 ICT 분야 강화에 주력하여왔다. 특히 독일연방교육연구부에서는 다름슈타트, 칼스루헤, 카이저스라우터른 등의 인근 지역을 포함하여 자를란트 주를 소프트웨어 클러스터로 지정했다. 그리하여 이곳은 유럽 내 가장 우수한 ICT 인프라가 집적되어 있는 지역으로 평가받고 있다. 독일인공지능연구소(이하 'DFKI'), 막스플랑크 컴퓨터공학연구소/소프트웨어연구소, 정보보안센터(CISPA) 등 선도적 연구소들이 인접하고 있고, 프라운호퍼 IOSB/IESE/IAO/IPA, SAP, KIT 등 스마트팩토리를 포함한 ICT 분야의 세계적 산학연들이 1~2시간 이내에 도달할 수 있는 곳에 밀집해 있어 독일 선진기관과의 네트워킹 및 공동연구를 위한 최적의 위치라 할 수 있다.

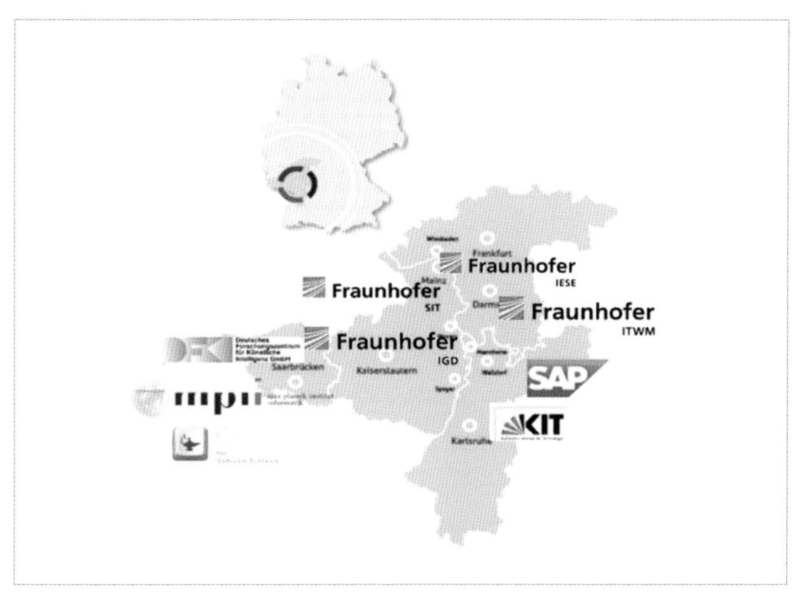

독일 소프트웨어 클러스터

세계 최대 인더스트리 4.0 네트워크에 합류

DFKI는 2005년부터 이미 스마트팩토리 연구를 시작한 인더스트리 4.0의 발상지이며, Technologie-Initiative SmartFactoryKL(이하 'SmartFactoryKL')이라는 세계 최대의 인더스트리 4.0 컨소시엄을 구성하여 여러 선진기관들과 공동연구 및 리빙 랩(Living Lab)을 운영하고 있다. 리빙 랩에서는 47개 참여기관들이 관련 핵심기술을 공동연구할 뿐만 아니라, 개발기술이 실제 산업현장에서 어떻게 적용될지를 테스트하고 생산유연성 및 효율성 제고를 위한 다양한 방안들을 함께 논의하고 있다. 현재 연속공정에 들어가는 각

모듈을 참여기관들과 함께 개발하고, 자체 개발한 개방형 플랫폼에 연계하여 명함을 제작하는 데모 시스템을 구축했다. 이를 통해 Plug & Play 실현을 구체화하고, 관련 분야 주도권을 확보하기 위한 개방형 플랫폼의 표준화를 추진 중이다. 또한 플랫폼 시스템을 통해 전 세계로 독일의 인더스트리 4.0을 홍보하며, 제조업 혁신 트렌드에 방아쇠를 당기고 있다.

KIST유럽도 2016년 4월부터 SmartFactoryKL 컨소시엄에 합류하여, DFKI를 비롯한 선도적 산학연들과의 공동연구 및 기술 협력 활동을 본격화했다. 세계 유수의 업체 및 연구소들과 어깨를 나란히 하며 스마트팩토리 트렌드를 선도하고, 표준화 제정에 목소리를 낼 수 있게 된 것이다. SmartFactoryKL 컨소시엄 활동을 통해 인더스트리 4.0 트렌드 및 주요 이슈를 파악하고, 선진 기관들과의 공동과제 등을 통해 주요 기술을 공동개발하고 한국의 우수기술을

KIST유럽 스마트팩토리 한-독 공동연구 KBS 방영(2016.5.4)

소개할 예정이다. 이와 같은 사실은 KBS 과학다큐멘터리 '빅아이디어'에서 방영되었는데, 이때 스마트팩토리 한국-독일 공동연구에 대해서도 소개됐다.

또한 SmartFactoryKL의 리빙 랩을 벤치마킹하여 KIST유럽 내 글로벌 리빙 랩(Global Living Lab)을 구축하고 한-EU 인더스트리 4.0 공동연구 및 글로벌화를 위한 현지 거점으로 활용할 계획을 가지고 있다. 그 시작으로 2015년 12월 3일에 'ETRI-KIST유럽 스마트팩토리 공동연구실'을 설립하고, 양 기관 간에 업무협약을 맺었다. 스마트팩토리 공동연구실에서는 ETRI와 KIST유럽이 공동주관하여 독일의 스마트팩토리기술 분석 및 현지 테스트베드 연계기술 연구를 하고 있으며, 이를 기반으로 현지기반 네트워크와의 다양한 연계를 시도, 국내 산업의 유럽 진출 지원을 위한 현지 거점 활성화 등 그 기능을 점차 확대해나갈 예정이다.

ETRI-KIST유럽 스마트팩토리 공동연구 랩 개소식

CPS 플랫폼 연구개발 과제 Kick-off 워크숍 (2015.07.08)

EU 내 활동뿐만 아니라 한국 내 인더스트리 4.0 보급 확산을 위한 활동도 진행 중이다. 2015년 6월부터 ETRI, 코오롱인더스트리, 브이엠에스솔루션스, 한국플랫폼서비스기술과 함께 커넥티드 스마트팩토리 국책 과제에 참여하고 있다. 그리고 2016년 5월 코오롱 인더스트리와 스마트팩토리 관련 협업을 위한 양해각서를 체결하여 인더스트리 4.0 전략 수립 및 지원 활동을 하고 있다. 이뿐만 아니라 한국 우수기술연구센터협회(이하 'ATCA')에 소속된 중소기업의 스마트팩토리 개발 및 지원 업무도 동시에 진행하고 있다. KIST유럽이 가진 정부출연연구소, 대기업, 중소기업 등과의 파트너십을 바탕으로 연구개발에서부터 기업 지원 활동까지 전방위적인 스마트팩토리 보급 확산을 위해 만전을 기하고 있다.

또한 인공지능기술을 산업계에 적용하는 노력도 기울이고 있다. 2016년 3

코오롱인더스트리-KIST유럽 업무협약 체결식 (2016.05.03.)

월 '이세돌-알파고'대국으로 인해 인공지능에 대한 전 국민적 관심과 인식이 증대되면서, 인공지능 및 스마트 기술의 산업계 활용을 촉진하기 위해 정부 및 산학연 차원에서 다양한 논의가 진행되고 있다. 미래부에 따르면 우리나라 인공지능기술은 선진국 대비 2.6년 뒤처진 것으로 조사됐다. 그러나 정보통신기술진흥센터(IITP)에서는 전문가를 대상으로 분석한 결과 그보다 더 큰 격차가 있을 것이라고 추정했다. 인공지능기술 개발을 위해서는 뇌과학, 슈퍼컴퓨터, 머신러닝, 인지과학, 소프트웨어 개발 등 다방면의 복합적인 기술 개발이 필요한데, 우리나라에는 이러한 기반이 약하다는 점이 지적된 것이다.

국내에서 인공지능에 대한 관심이 커진 것은 매우 고무적인 일로, 미래부나 산업부 등 정부 차원에서의 과감한 투자를 통하여 로봇, 교통, 제조설비, 의료서비스 등 다양한 부분에 대한 인공지능 및 스마트 기술 적용을 확대하고자 노력하고 있다. 국내는 물론 유럽 역시도 아직은 인공지능 및 스마트 기술의 적용이나 산업화가 초기단계이기 때문에, R&D, 인력양성, 인프라 마련 등 다각적 노력이 기울여진다면 국내 산업계 역시 스마트화 및 인공지능 활용에서 세계 선도 반열에 오를 수 있을 것이다.

이에 KIST유럽 역시 2016년부터 스마트융합사업단을 새로 신설했고, 기계장비제품에 대한 인공지능/IoT 기반의 원격유지관리 시스템의 개발을 시작했다. 최근 특히 기계장비 분야에서는 비용절감, 고객만족 등의 측면에서 원격 A/S에 대한 수요가 증가하고 있다. 특히 해외 수출품인 경우, 원격 A/S의 중요성이 크게 강조되고 있다. 한편 학계에서는 고장/불량 신속 대처 및 사전 방지를 위해 실시간 데이터 분석에 대한 연구도 활발히 진행되고 있다. KIST유럽은 알파고의 근간이 된 기술인 인공지능기술, 즉 실시간 데이터 분석과 기계학습을 이용하여 공장의 기계장비제품에 대한 이상 징후 및 비효율성 진단이 가능한 스마트 원격유지관리 시스템을 개발할 계획이다. 단일/복합 센서를 이용한 기계 상태 정보 획득 및 기계학습을 이용한 이상 검출 알고리즘이 연구의 핵심이라 할 수 있다. 이를 통해 KIST유럽은 인더스트리 4.0 분야 중 스마트 서비스 분야에서 유지비용 및 시간 절감, 효율화 등을 달성할 수 있는 핵심기술을 확보하여 국내 제조업 분야 혁신 및 국내 스마트팩토리 선진화, 기계장비 제조업자의 서비스 향상과 제품 성능 향상에 기여할 수 있을 것으로 전망하고 있다. 또한 스마트 융합사업단은 인더스트리 4.0 국제 협력연구 및 한-EU 기업 간의 교류 활성화에 지속적인 노력을 기울이며, 국제 인더스트리 4.0 연구의 허브가 될 것으로 기대한다.

2. KIST유럽, 히든 챔피언들과의 협력을 지원하다

한국 기업의 EU 전진기지가 되다

1996년 당시 설립 목적에 약간의 단어를 수정하여 정리된 설립 목적(2013. 11. 11.)은 현지 연구를 통한 과학기술 국제화 촉진, 독일, EU, 동구권과의 기술 교류 및 공동연구 거점 확보, 그리고 한국 기업들의 중간진입 기술개발 활동의 전진기지 구축이었다. 이 내용은 2014년 12월 6일에 제7대 소장인 최귀원 박사가 취임하면서 산업체 지원이란 명제를 전면에 내세우며 약간의 변화 및 강화의 의미를 가지게 된다.

이것은 당시 기관 비전 재정립과도 밀접한 관련이 있다. 기존의 '과학기술 글로벌화를 선도하는 탁월성 연구기관으로 도약'이 '국내 출연연 및 산업계의 EU 진출 지원을 위한 개방형 연구 거점기관'으로 변경되면서 보다 구체화되고 실체화된 목적과 방향성을 가지게 된 것이다. 이런 방향성은 EU 지역의 진출 필요성과 가치가 증대됐고 이에 따라 국내 기업의 EU 진출에 따른 지원 요구 및 국내 출연연구소의 공동활용 요구가 증가했던 배경을 가지고 있다.

이에 따라 유럽 현지 국가연구소의 강점을 살리고, 이를 창조경제 글로벌화의 추진동력으로 활용하기 위해 KIST유럽의 기능 및 역할의 전략적 재정립이 요구됐다. 따라서 KIST유럽의 기능 및 역할을 과거 EU 현지 독자 연구소에서 창조경제 글로벌화를 위한 개방형 플랫폼으로 전환하여 KIST 본원 및 타 출연연 간 융합·협력의 EU 거점으로 활성화하는 것은 물론, 국내 중소·중견기업의 유럽 현지 진출을 지원하는 창조경제 전진기지로 육성하는 방침이 주어졌다.

'창조경제 글로벌화의 전진기지 역할 수행'이란 구체적으로 국내 중소·중견기업의 독일 등 유럽 현지 진출의 가교 역할을 수행하는 것은 물론, 국내 중견기업협회, 산업기술협회, 벤처재단 등 국내 산업체 수요분석 및 협력체계 강화와 EU시장 정보 및 정책 현황, 운영자문 등 EU 진출 및 글로벌 기술사업화를 위한 지원 활동 전반을 모두 포함하고 있다.

On-site 기술 허브 랩 & One-Stop 기업 지원 시스템

2015년 대한민국은 잠재성장률 감소, 주력산업의 신흥경쟁국 추격 등으로 경제 체질 개선이 요구되고 주력산업 경쟁력 강화 및 핵심 원천기술 확보를 통한 신성장동력 확보 필요성이 증가하던 시기였다. 또한 한-EU 개방형 혁신 수요가 증가하고 있었고, 특히 창조경제 추진으로 독일의 중요성 부각(중소기업의 글로벌 히든 챔피언 육성 등)이 눈에 띄게 언급됐다. 이로 인해 KIST유럽에도 미래 사회 대비 국가·사회적 문제 해결, 중소·중견기업 지원과 같은 새로운 역할이 제시됐다.

따라서 산업계와 연구기관 등을 KIST유럽에 유치하고, EU 진출 기업의 수요기술을 발굴하는 것 등을 주요 골자로 하는 'EU 지역 내 R&D 거점으로서 차별화된 산업계 지원 기능 강화'와 REACH 및 유사규제는 물론 국내외 환경규제 대응 솔루션 제공 등을 골자로 하는 '환경규제 대응 분야 리더십 확보를 통해 특화된 산업계 지원'만 더 강화하여 이행한다면, KIST유럽의 존재감을 크게 부각시킬 수 있는 절호의 기회인 셈이었다. 이런 환경 변화와 목표를 근거로 경영 계획 목표상의 산업계 지원은 크게 두 가지 줄기로 나누어 실천됐다. 바로 On-Site 기술 허브 랩 유치와 One-Stop 기업 지원 시스템 구축이 그것이다.

산업계 EU 진출 지원 목표

성과지표	현황	목표		
	2014	2015	2016	2017
On-Site 기술 허브 랩 유치	1개 (롯데정밀화학)	기술 허브 랩 : 1개 (신규)	기술 허브 랩 : 2개 (신규)	기술 허브 랩 : 2개 (신규) 입주기업 대상 만족도 조사 실시
One-Stop 기업 지원 시스템 구축	(신규)	유관기관협의체 구성: MOU 체결 1건(신규)	유관기관협의체 구성: MOU 체결 1건(신규)	유관기관협의체 구성: MOU 체결 1건(신규)

기술 허브 랩 유치는 ATCA와 같은 국내 중소기업 관련 기관과의 협력을 통해 유럽으로 사업 확대를 계획 중인 기업 수요 조사를 실시하는 한편, 유럽 진출 시 성과도출 가능성이 높은 기술 분야 및 대상기업 선정을 통해 효과를 극대화하며, 국내 기업의 EU 현지 기술 허브 랩 구축 거점을 제공하고 공동사업을 추진하는 방향으로 잡혔다. 이를 위해서 먼저 KIST유럽에 자리를 잡은 롯데정밀화학 기술 랩 등 KIST유럽의 기업 지원 실적을 적극적으로 홍보하고 대상 기업과 접촉했다.

기업의 현지 진출 활성화를 위한 One-stop 기업 지원 시스템 구축은 EU 내 산업계 지원기관의 분산된 서비스를 통합할 수 있는 유기적 지원 체계 구축을 의미한다. 중진공, 대한무역투자진흥공사(이하 'KOTRA'), 한국산업기술진흥원(KIAT), 지식재산연구원(KIIP), 한국기업협회(KBA), 한국생산기술연구원, 한-EU 연구혁신센터(이하 'KIC-Europe') 등이 협력하여 독일 중심의 중소·중견기업을 지원하고, 국내 관련 기관들과도 협력 관계를 확대하여 국내 수요 연계, 국내 유관 사업 연계 등을 통해 성과도출 실효성을 확대해나갈 예정이다.

대한민국 강소기업의 협력자가 되다

2015년 1월부터 '중소/중견기업 국제 공동기술 협력 허브 구축 사업'이 한창이다. KIST유럽 인프라를 적극 활용하고 국내외 우수재원을 체계적으로 연계하여 신산업 창출을 위한 공동연구는 물론 기술사업화에 이르기까지 한국과 유럽을 연결하는, 말 그대로 허브 역할을 수행하겠다는 의미다. 이를 통해서 한국과 유럽의 상호 관심 어젠다를 지속적으로 발굴하고, 지속발전 가능한 KIST유럽만의 고유 모델(산업기술 협력)로 삼겠다는 의지의 표명이기도 하다.

2015년 3월 23일은 ATCA가 KIST유럽 내에 글로벌 허브 랩(Global Hub-Lab)을 개소한 날이다. 국내 중소·중견기업들의 국제 공동연구 및 독일 히든 챔피언들과의 글로벌 산업협력 지원을 위하여 ATCA가 KIST유럽과 손을 잡은 것이다. 글로벌 허브 랩의 개소 배경은 EU 시장 확대와 EU와의 산업협력 수요증대로 인하여 EU권 진출을 희망하는 기업이 증가하고 있던 상황에서 KIST유럽과 연결된 것이다. 이후 KIST유럽은 ATCA와 국가과학기술연구회와의 MoU 체결을 유도하여 중소/중견기업 글로벌화를 위하여 자체 지원 뿐 아니라 연구회 차원의 체계적 지원기반을 마련하는 데 기여했다. 또한 자를란트 주정부와 공동으로 자를란트 주 산학연들과 ATCA 간의 구체적 협력 분야를 발굴하고 협력방안을 논의하기 위한 ATCA CEO 워크숍을 KIST유럽 내에서 개최했다.

KIST유럽은 1996년 설립 이후 꾸준히 유럽 주요 연구기관들과 협력 네트워크를 구축하고 확보된 기술과 현지 경험을 기반으로 유럽에 진출하는 국내 기업을 지원하며 한국-EU 기술 협력의 가교 역할을 수행해왔다. 특히 누적 보유한 연구 인프라와 네트워크를 활용하여 현지 기술 랩을 설치하고 유럽에 진출하고자 하는 국내 기업들의 기술적인 수요 지원을 강화해나갈 예정으로 있던 KIST유럽으로서는 ATCA 글로벌 허브 랩이 적절한 시기에 좋은 협력 모델이 될 것으로 보고 있다.

독일의 경영학자 헤르만 지몬(Hermann Simon)이 펴낸 책에서 비롯된 말, 히든 챔피언(Hidden Champion)은 제조업의 근간인 중소·중견기업들이 휘청거리는 지금 주목해야 할 단어이다. 작지만 강한, 강소기업(强小企業)으로 불리기도 하는 이 기업들은 대부분의 모델이 독일에 있으며, 말 그대로 중소기업이다. 특이한 점은 독일 일자리의 70% 가량이 중소기업에 속해 있다는 사실이다. 또한 연수생 80% 가량이 중소기업에서 교육을 받고 있으며 50만여 건의 특허 중 대부분을 출원하는 기업도 중소기업이다. 대기업 중심의 한국과 대조되는 부분이다. 나아가 약 35만 개의 독일 수출업체 중 98%가 중소기업이다. 이는 독일의 중소기업이 얼마나 탄탄한가를 보여주는 한 증거라 할 수 있다.

우리나라의 속담에 '작은 고추가 맵다'는 말이 있다. 이것은 작아도 본질적인 '매운 맛'은 더 강력하다는 것과 '작은'것과 맵다는 것은 별개의 문제라는 의미를 함축적으로 가지고 있는 말이다. 만만하게 보고 덥석 물기라도 하는 날에는 눈물이 핑 돌 정도로 호된 맛을 경험하게 된다. 국내 사업체 전체의 99%, 고용의 76%라는 상징적인 의미 이상의 책임과 미래 비전을 내포하고 있는 국내 중소기업과 중견기업. 흔들리는 제조업의 위기 속에서 얻은 해답은 같은 위기의식과 책임을 가진 작은 고추, KIST유럽이다. KIST유럽은 지금까지 연구소의 임계 수치인 국내 연구기관 사업단 규모에도 미치지 못하는 인력과 예산으로 미래를 향해 책임감 있게 나아갔다. 그리고 이제 이 둘은 독일의 히든 챔피언과 함께 위기를 극복해나갈 것이다. 작고 강한 연구소, 작지만 강한 강소기업, 그리고 히든 챔피언의 만남은 앞으로 한국과 유럽에 더 큰 의미를 새기며 상호 발전해나갈 것이다.

5장

KIST유럽, 다음 시대의 EU 규제에 대응하다

1. 기회는 준비하는 자의 것이다

터닝 포인트는 기회다

미국의 정치가이자 발명가인 벤자민 프랭클린(Benjamin Franklin)의 명언 중에는 '준비에 실패하는 것은 실패를 준비하는 것이다(By failing to prepare, you are preparing to fail)'라는 말이 있다. 미국의 소설가인 게일 고드윈(Gail Godwin)도 '훌륭한 가르침은 1/4이 준비 과정, 3/4은 현장에서 이루어진다(Good teaching is one-fourth preparation and three-fourths theater)'라고 말했다. 우리나라의 비슷한 속담으로는 '솥 씻어놓고 기다리기'라는 것이 있다. 아무것이나 넣기만 하면 바로 끓일 수 있도록 솥을 깨끗이 씻어놓고 기다린다는 뜻으로, 모든 것을 다 준비해놓고 기다리는 경우를 이르는 말이다.

흔히 '인생을 바꾼 터닝 포인트'라는 말을 사용한다. 그런데 터닝 포인트(Turning point)란 말은 체육학 용어로는 경기의 승패를 좌우하는 분기점. 특히 그 원인이 된 플레이를 말한다. 보통 터닝 포인트라고 하면 전환점, 전기(轉機)를 뜻한다. 우리의 인생에도 인생을 바꾼 어떤 전환점이 분명 존재하기 때문에 사람들이 이 말을 흔히 사용하게 된 것이 아닌가 싶다.

터닝 포인트에는 몇 가지 중요한 공통점이 있다. 첫째, 기회를 바라보는 관점이다. 똑같은 시간, 상황에서 같은 경험을 해도 본인이 그것을 어떻게 받아들이는지, 또 그것을 토대로 어떠한 행동을 취하는지에 따라 결과는 완전히 달라진다. 누군가에게는 인생을 바꾸는 터닝 포인트가 될 수도 있고, 다른 누군가에게는 평범한 일상처럼 아무렇지 않은 일이 될 수도 있다. 둘째, 그런 터닝 포인트를 발견하면 잡을 준비가 되어 있었다는 것이다. 그래서 마지막으로 실제로 행동한 것이다.

누구나 터닝 포인트를 알아차리고 모두가 기회를 거머쥘 수 있는 것은 아니다. 끝없이 질문하고 준비하고 도전하는 사람만이 우연을 필연으로, 필연을 훌륭한 결과로 이끌어낼 수 있다. KIST유럽의 전환점, 터닝 포인트 중 하나로 '환경규제 선제 대응'을 언급하는 데 반대할 사람은 아마 아무도 없을 것이다.

REACH 대응 지원을 준비하다

현대 산업화 사회에서는 거의 모든 분야에 대해 환경규제가 이루어지고 있다. 그중에서 가장 엄격한 규제가 이루어지고 있는 분야 중 하나가 바로 화학산업이다. 화학물질은 사람의 건강과 환경에 직간접적인 피해를 미치는 원인물질로, 대부분의 환경오염 피해는 화학물질에 의해 발생한다고 해도 과언이 아니다. 이런 이유로 세계 각국은 화학물질, 나아가 화학산업에 대한 규제를 엄격히 함으로써, 안전한 화학물질 생산과 사용을 유도하고 위해성(risk)을 최소화하려는 노력을 기울이고 있다.

EU의 경우 화학물질의 안전한 관리를 위해 지난 40여 년간 화학물질 및 소비자 보호, 작업장 안전, 환경 보호, 공정 및 수송 안전, 물질 관리와 관련된 500개 이상의 지침서, 규정 판결문, 권고문을 만들어왔으며, 이러한 법들은 국가 차원의 규정과 국제적인 협약과 함께 화학물질 관리에 대한 기본법을 구성하고 있다. 이런 배경 속에서 지난 2001년 1월 EU 미래 화학물질 관리 전략을 위한 백서(White paper on Strategy for a future EU Chemicals)를 발표하게 된다. 이것이 '신화학물질관리 제도' 도입의 공식적인 시작이었다.

곧이어 2003년 10월에 초안이 발표된 신화학물질관리제도(Registration, Evaluation and Authorization of Chemicals, 이하 'REACH')는 2005년 EU 의회 First Reading 및 이사회를 통과하여 2006년 12월 18일 EU 이사회에서 최종 채택되면서 2007년 6월 1일 발효됐고, 2008년 6월 1일부터 사전등록이 시작됐다. REACH의 발효로 인해 연간 1톤 이상 화학물질을 유럽 역내에서 제조하거나 수입하는 사업자의 해당물질 등록이 의무화됐다.

과거에는 모든 신규 및 기존물질의 위해성 평가의 책임은 정부에 있었다. 하지만 시장에 유통되던 10만 종 가량의 화학물질의 유해성 및 위해성 평가를 정부주도하에서 수행하는 것이 사실상 비효율적인 측면이 강했기에, EU는 이러한 문제점을 극복하고 건전한 화학물질 관리 체제를 확립하기 위해 기존 40여 개 EU 내 화학물질 관련 법률을 통합한 REACH를 도입한 것이다. 따라서 앞으로는 신규 및 기존 화학물질에 대한 위해성 평가를 "생산자책임원칙"하에 기업에서 직접 생산하여 등록하도록 그 평가 주체가 변경된 것이다. 또한 1톤 이상의 발암물질, 돌연변이물질, 생식독성물질 및 100톤 이상의 수생태 저해 화학물질을 제조, 수입하는 경우에는 2010년까지 화학물질의 안전한 사용을 입증하여야 하고, 추가적인 자료 제출 의무가 신설되는 등 유럽 내 유통되는 화학물질 규제가 보다 엄격해졌다.

게다가 REACH 법안 발효 이전까지는 '물질' 또는 '제재'에 대한 관리가 주로 이루어졌으나 해당 법안이 발효되면서, 유해화학물질을 함유하는 제품(완제품)까지 규제 대상으로 확대되어, 사실상 국내 모든 업종의 기업체가 등록대상이 된다고 할 수 있는 상황이 된 것이다.

REACH에서 물질의 등록기간은 종류와 양에 따라 시행 후 3년 6개월에서 11년까지 유예되지만, 이것은 사전등록기간(2008. 6. 1~12. 1.) 내에 등록한 기업체에 한정되는 혜택이므로, 제도 시행 초기의 신속한 준비가 요구됐다. 유럽 지역으로의 수출은 우리나라 무역의 15% 이상을 차지할 정도로 수많은 국내 기업체가 참여하고 있기에 기업체를 지원할 대응 체계 마련이 반드시 필요한 시점이었다. 하지만 국내 기업들의 관심 부족과 함께 관련 부처의 전문성 부족으로 인해 실질적이고 적극적인 대처가 이루어지지 못하고 있었다.

KIST유럽은 2007년 6월 발효된 REACH가 EU이 이미 시행 중인 전기 및 전자장비 내에 특정 유해물질 사용에 관한 제한 지침인 전자제품유해물질제한지침(Directive on the restriction of the use of hazardous substances in electrical and electronic equipment, RoHS)이나 폐전기전자제품처리지침(WEEE)보다 더 강력하고 포괄적인 환경규제라는 것을 알아차렸다. 그리고 REACH가 국내 산업계에 큰 파급효과를 미칠 것으로 예상했을 뿐만 아니라, 사전등록 기간의 제한성으로 인해 신속한 대응 체계 마련이 시급하다고 판단했다. 그래서 REACH 시행에 대비한 세부 이행지침(RIPs)의 방향을 논의하는 EU 집행위의 관계 전문가 회의(SEG)에 참가하여 최신 정보를 파악함과 동시에 EU 및 비 EU 국가의 REACH 대응 동향을 조사하는 한편, 국내 산업계의 REACH 제도 대응 체계 구축 지원과 산업계의 REACH 이행비용을 최소화하기 위해 기업들 스스로 의무사항을 파악하고 전략을 수립

할 수 있도록 실질적 정보 수집을 제공하는 웹기반의 지원 프로그램 구축을 계획했다. 2008년 6월에 환경부에 제출한 '국내 산업계의 REACH 대응 지원을 위한 세부 추진 과제 이행' 보고서에는 이런 당시 시급한 상황이 잘 정리되어 있다.

대한민국을 대표하는 REACH 유일 대리인, KIST유럽

환경 관련 규제 중 가장 강력하고 다른 국가들의 환경규제에도 큰 영향을 미치고 있는 REACH가 2006년 제정되어 시행 중이다. 그리고 지난 2013년에는 등록 2단계를 마치고 이에 대한 평가가 집중적으로 진행 중에 있으며, 시장 퇴출 화학물질 목록 작성 단계인 허가 단계가 본격적으로 시작될 전망이다.

KIST유럽은 REACH와 관련하여 '유일 대리인(Only Representative Service)'으로서 규제 대응에 앞장서고 있다. 유일 대리인이란 유럽 역외(域外)에 설립된 기업을 대신하여 화학물질을 등록하는 유럽 역내(域內) 자연인 또는 법인으로 사전등록과 본등록 전 과정에서 수입자를 대신하여 수입자에게 부여되는 화학물질 위해성 관리 의무를 이행하는 자를 말한다. 즉, 비EU생산자는 물질의 사전등록을 위해 EU 내 유일 대리인을 선임해야 하는 것이다.

현재 국내 최초로 REACH 대표 등록자(Lead Registrant)가 된 KIST유럽은 유일 대리인으로서 사전등록 및 본등록, 허가 대응을 포함한 REACH 의무사항을 수행하고 있다. REACH 의무사항 중 등록은 유통량에 따라 3단계로 구분되는데, 현재는 25개 기업, 51개 물질 등록의 2단계 등록 종료와 40개 기업,

380개 물질의 3단계 준비 중에 있다. 한편 금호, 미원과 같은 기업들은 처음에는 외국계 유일 대리인을 선정했으나, 외화 유출 및 외국계 유일 대리인의 비효율적 대응을 이유로 스스로 KIST유럽으로 유일 대리인을 변경하기도 했다.

결국 REACH 규제 대응은 물질등록이 최종목표가 아니라, 글로벌 화학물질 규제에 따른 지속적인 관리가 핵심이기에, KIST유럽의 통합 관리를 통해 유럽 수입자 규제 대응 요청 및 단계별 의무사항에 대해 효과적인 대응하는 것이 가장 바람직하고 안정적이라는 것에 국내 기업들이 모두 동의한 셈이다.

KIST유럽은 유일 대리인으로서 사전등록 및 본등록, 허가 대응을 포함한 REACH 의무사항을 수행하는 데 그치지 않았다. 앞서 말한 것처럼 물질등록이 최종목표가 아니라, 글로벌 화학물질 규제에 따른 지속적인 관리가 핵심이기에 REACH 관련 연구개발 활동이 사실상 본업에 더 가깝다고 할 수 있다. 'REACH 수준의 화학물질 안전성 평가기반기술 연구'나 '화학물질 위해성 평가 시스템 최적화 연구'는 물론 'REACH 규제 대응을 위한 노출 시나리오 생성기술 개발' 등의 연구개발 사업을 성공적으로 완료했으며, 지속적으로 현지 정보(규제 동향, 대체 물질 등) 파악 및 시장 분석 자료를 국내에 소개하고, 각종 교육 프로그램을 운영(국제 공동워크숍 및 세미나)하는 등 REACH 관련 서비스 및 기술 지원 제공을 지속적으로 해나가고 있다.

2. KIST유럽, NEXT REACH를 준비하다

환경규제에 적극 대응하다

KIST유럽의 EU 환경규제에 대한 대응의 역사는 그야말로 시험과 도전의 역사, 그리고 준비와 기회 포착과 행동의 역사라고 불러도 손색이 없다. 2008년 혁신연구 그룹 산하에서 작게 출발했으나 사전등록, 본등록 등으로 이어지는 지속 사업군 속에서 역으로 화학물질 등록 및 평가에 관한 법령(K-REACH, 이하 '화평법')이라는 국내 환경규제 대응뿐만 아니라, 보다 상위의 단계인 나노안전, 혼합물 규제 대응을 미리 준비했다. 그리고 이를 위해 필요한 핵심기술인 혼합독성 예측, 노출 평가 모델 개발, 동물 대체 시험법 등으로 확산되며 연결됐다.

KIST유럽은 2015년 4월1일 기준으로 기존 환경바이오 그룹을 환경안전성사업단으로 승격시켰다. 이것은 산업계 지원 중 '환경규제 대응 지원'을 더 적극적으로 해나가겠다는 의지의 표명이다. 기존의 REACH 및 유사 규제 대응 지원을 국내 기업 규제 이행 지원, 대표등록 확대를 통해 확산, 강화하는 것은 물론 화평법 대응 지원도 적극적으로 펼치겠다는 것이다. 이런 의지가 반영되어 2015년 REACH 및 화평법 유사 규제 대응 지원과 관련하여 신규 계약 4건(총 2억 3,000만 원)이 이루어졌고, 환경규제 대응 이행 체계 구축 및 홍보강화를 위해 교육 세미나와 워크숍을 10회 개최했으며, 웹기반 혼합물 EU CLP 산정 툴을 구축했다. 이런 실적을 바탕으로 2016년에는 신규 계약 5건,

화학물질 위해성 평가 성과 및 전망(since 2008)

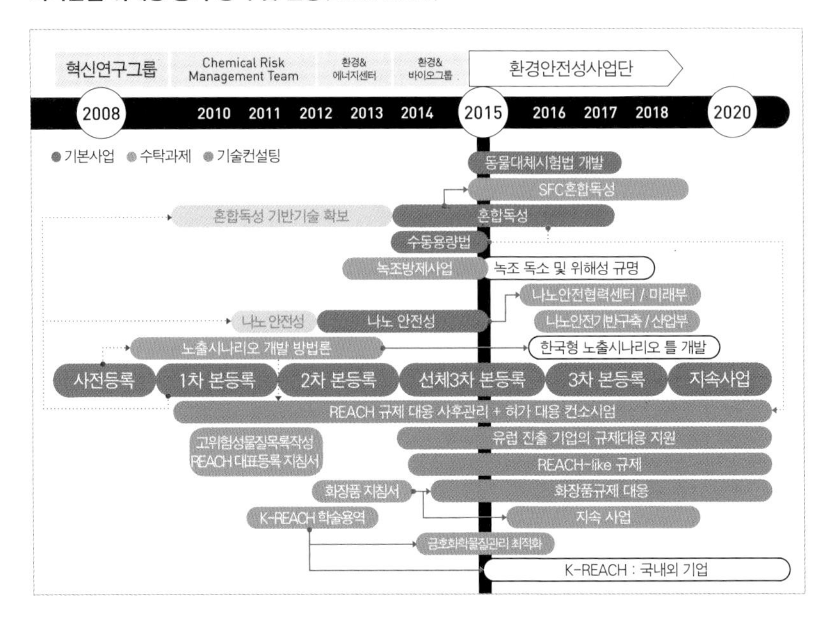

계약확대 3건을 이끌어내고, 환경규제 대응 이행 체계 구축 및 홍보강화와 관련해서는 대응지침서 2건, 교육 세미나 10회를 열 예정이며, 웹기반의 Eco-PDS 툴을 개발해낼 계획이다.

환경규제에 적극 대응한 배경에는 REACH 및 유사 규제가 국내 산업계의 EU 진출에 기술장벽으로 작용했기에 대응 체계 강화의 필요성이 더욱더 증가한 것도 있었고, 국내 화평법 이행에 맞서 EU 환경규제 대응 경험 및 노하우를 갖춘 외국계 기업에 대한 국내 산업계의 경쟁력 강화를 위해서는 환경규제 대응을 위한 기술 지원이 필수적이라는 판단을 정부 차원에서 했기 때문이다. 이에 국내 기업의 REACH 등록 지원, REACH 및 유사제도 유관 연구 과제 수행, 화평법 규제 이행 체계 구축, 화평법 이행을 위한 유럽 현지 홍보 강화의 4개

항목이 적극 대응을 위한 주요 추진 과제로 잡히게 됐다.

'REACH 및 유사 제도 유관 연구 과제 수행'과 관련해서는 롯데정밀화학과 공동연구 수행으로 셀룰로스에테르(Cellulose Ether) 제품의 혼합독성 평가 및 예측 플랫폼을 구축하여 친환경 제품 개발을 지원하고, 국내 기업의 화학물질 관리체계를 최적화하여 EU 지역 환경규제 및 화평법 대응 체계를 구축하기로 했다. 한편 유럽 내 나노안전기술을 확보하고, 나노물질의 REACH 등록, 프랑스, 벨기에, 덴마크 등 개별 국가의 나노 규제 대응 지원을 위하여 미래부가 유럽나노안전협력센터를 구축(2015. 7)하기도 했다.

향후 10여 년에 걸쳐 진행될 '화평법 이행'을 위한 유럽 현지 활동으로 유럽 파트너(예: Danish Hydraulic Institute, 유럽 화학산업협회, REACH Centrum 등)와 공동으로 유럽 기업 대상 화평법 세미나 제공 및 협력 강화를 준비 및 운영하고 있으며, 국내 기업 요청 시 유럽의 파트너 기업에 화평법 헬프 데스크를 운영할 계획이다. 또한 화평법 대응이 필요한 유럽 기업에 기술 컨설팅을 제공함과 동시에 유럽 기업에 화평법을 소개하는 K-REACH Info Day 행사를 외교부, 환경부, 지역 상공회의소와 협력하여 개최(2015. 11, 2016. 3, 2016. 6)하고 있다.

이를 통해 얻을 수 있는 기대효과는 국내 기업의 EU 기술 장벽 극복, 국내 산업계의 EU 수출 경쟁력을 강화, 대응 과정에서 발굴한 기술 개발 수요를 R&D 기획에 반영하여 관련 기술역량 제고, 화평법 대응 체계 구축, 유럽 기업의 규제 이행 지원으로 국내 화학산업 간접 지원 등 폭넓은 기대효과를 거둘 것으로 판단된다.

미리 대응하고 충실히 준비하자

KIST유럽은 앞으로 만들어질 환경규제에 필요한 기술을 예측하고, 환경규제의 선제대응에 필요한 기술적인 해결방안을 미리 준비하기 위하여 초기 응용연구 단계에서부터 기업이 직접 활용할 수 있는 수준까지 필요한 각 단계의 기술을 수직계열화하고 있다. 그야말로 꼬리에 꼬리를 물고 이어지고 연결되고 준비하고 또 대응하는 시간의 연속이다.

특히 국가과학기술연구회가 주관하는 대표적인 융합 연구 사업에 지원하고자 5개 정부출연연구소가 참여하는 연구팀을 만들어 "화학물질 관리 선진화를 위한 위해성 평가기술 개발"이라는 융합 과제를 발굴하여 범국가적으로 이슈인 화학물질의 안전한 사용방법을 과학적으로 설명할 수 있는 체계를 만들

화학물질 및 혼합물 안전성 평가기반 동물대체기술 개발

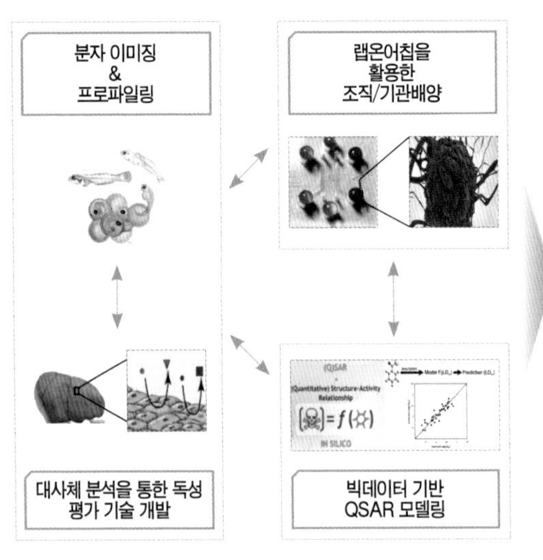

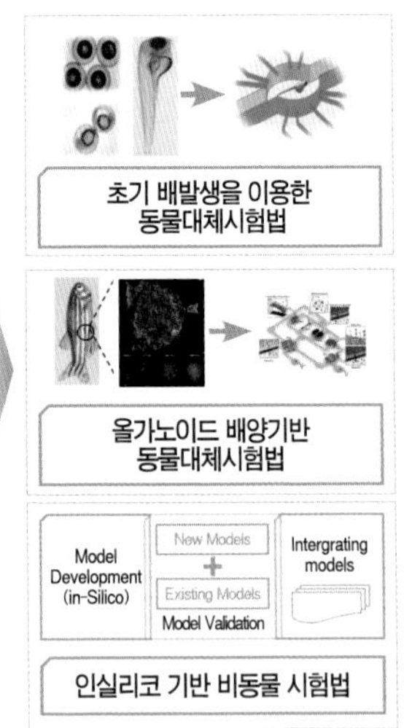

어갈 계획이다. 이 과제의 최종목표인 산업계의 화학물질 위해성 평가 (Regulatory Chemical Risk Assessment)기술 체계를 확립하기 위하여 화학물질의 동질성 검토를 위한 물질확인 분석체계와 비동물시험법을 이용한 환경독성 예측기술, 화학물질 노출평가툴을 개발하게 된다.

유럽은 동물실험을 제한하고자 3Rs (Replacement, Reduction, Refinement) 원칙을 따라야 한다. 의약품, 농약, 화장품, 화학물질의 생산에서부터 소비 및 폐기까지 필수적으로 수행해야 하는 안전성 평가 연구에 동물실험을 배제한 하등동물 또는 배양 세포 및 어류알로 대체하여 화학물질에 대한 독성을 미리 예측해야 한다. 이러한 필요성을 실용화하기 위하여 환경 감응성 인공조직 배양기술과 랩온어칩(Lab-on-a-Chip) 기술, 조직 및 기관배양 등 첨단기술을 융합하여 미래 환경규제에 적용하기 위한 기술 개발에 집중하고 있다. 특히 OECD에서 제안한 독성발현경로(AOP, Adverse Outcom Pathway)를 이용하여 예측도가 높은 모델을 구축하고자 한다.

한류 화장품의 바람이 실크로드를 넘어 유럽 화장품 규제를 극복하다

이런 NEXT REACH의 진행 과정에서 눈여겨볼 부분이 있는데 바로 '화장품 규제 대응'과 관련된 것이다. 일반적으로 화학 혼합물질인 화장품은 연간 수입 규모가 1톤을 넘지 않고 특별히 사용이 제한적인 화학물질이 아니라서 REACH나 CLP 규정 의무를 이행할 필요가 없었다. 그러나 화장품 규제가 유럽 국가별로 상이했던 지침 형태에서 2009년 통합 개선되면서 'EC

1223/2009'이라는 신규 규제가 도입되고 2013년 7월부터 전면 시행됨에 따라 화장품 완제품, 주문생산 화장품 및 원료의 EU 수출 시 신규 제도의 한층 엄격해진 의무사항을 준수해야 하는 상황이 됐다. 이 규제는 몇 차례 개정을 통해 동물실험 전면금지 및 나노물질 표기 의무화를 도입해 강화됐다. 이러한 내용 역시 현재 KIST유럽이 착실하게 NEXT REACH를 준비하는 과정에 모두 포함되어 있다.

KIST유럽이 이러한 문제에 관심을 가지게 된 것은 REACH와 관련이 없었던 기존의 국내 화장품산업계의 대응기술이 전혀 준비되지 못한 상황일 뿐만 아니라 상대적으로 열악하고 규모가 작은 국내 화장품산업을 위한 정부 차원의 전방위적 대책이 요구되고 있었기 때문이다. 또한 EU 화장품 규제 대응을 위한 컨설턴트의 부재로 인해 외국계 컨설턴트(유일 대리인)에 의존해야 하는 상황인데 이것은 과거 EU REACH의 경험을 토대로 볼 때 외국계 컨설턴트와는 커뮤니케이션의 어려움, 정보교환 제한, 과도한 비용, 대응기술 축적의 어려움, 기업의 비밀사안 누출 등의 문제 도출이 명약관화(明若觀火)한 상황이다.

그렇다고 EU에 화장품 수출을 포기할 수도 없는 노릇이었다. 왜냐하면 2011년 7월 한-EU FTA 발효 이후 대EU 화장품 수출액은 4,000만 달러 규모로 전년대비 255% 성장했으며, EU의 감성사회로의 변화, 웰빙/지속가능성을 고려한 생활 소비패턴 전환, 고령화 시대 도래 등의 화장품에 대한 소비환경 변화에 따라 지속적으로 큰 폭의 성장이 기대되고 있던 시점이었기 때문이다. 뿐만 아니라 EU에 화장품을 수출한다는 것은 다른 국가의 모델이 되고 있는 EU 화장품 규제에 대한 대응기술을 우선적으로 확보함으로써 EU 화장품 규제의 영향을 받은 기타 지역의 화장품 규제에 대한 대응기반기술로 활용할 수도 있는 일석이조의 효과까지 있었다. 여기에 KIST유럽이 속한 독일의 화장품시장 매출만 해도 매년 1~3% 소폭 상승해 2014년에는 130억 유로(약 17조 원)를 기록, 글로벌 4위, 유럽 최대 시장임을 나타내고 있다. 결코 포기할 수 없는 시장인 것이다.

KIST유럽은 EU 신규 화장품 규제 대응기술 지침서 개정 등을 주요 골자로 하는 화장품 규제 대응기술기반 조성과 온라인/오프라인 EU 화장품 Help-desk 운영(웹페이지 구축) 등을 내용으로 하는 화장품 규제 대응기술 지원을 목표로 착실한 준비 과정을 거쳐 'EU 화장품 규제 대응기반 구축'사업(2016. 1~2017. 12)을 펼치고 있다.

또한 향후에는 국내 화장품산업의 선진화 및 글로벌 경쟁력 강화를 위하여 대한화장품산업연구원과 함께 화장품 원부재료(Ingredient) 및 완제품의 인벤토리 관리 선진화방안을 IT기반으로 마련하여 기업들에게 배포할 예정이며, 국제적으로 화학물질의 독성을 평가할 때 동물실험이 점차 금지됨에 따라 In-vitro, QSAR 와 같은 화장품 원료의 동물대체 시험법 개발을 계획하고 있다.

국내 최초로 유럽 살생물제 규제 선제 대응하다

유럽은 2013년 국가별로 나눠져 있던 살생물제 지침을 모아 EU 살생물제 규제(Biocidal Product Regulation)를 제정 · 시행했다. 이전 지침보다 살생물제 범위를 '처리제품(Treated Article)'까지 확대한 강력한 법이 탄생한 것이다. EU 살생물제 규제는 생물을 살상할 수 있는 제품의 특성으로 인해 매우 복잡하고 강력한 법구조를 갖추고 있으며, 이에 따라 유럽에 수출 중인 국내 살생물제 제품을 생산하는 기업뿐만 아니라 살생물제 원료생산 기업들에게도 큰 부담으로 작용하고 있다. 더구나 국내에는 EU 살생물제에 대응할 수 있는 전문 컨설팅 업체가 없는 상황이므로 대상 기업들은 수출 길이 막히게 되는 상황에 직면해 있었다. 이에 KIST유럽은 EU REACH, EU 화장품 규제 등의 화학물질/제품 규제에 대응해왔던 경험과 노하우를 바탕으로 국내 선박 균형수에 장착되는 미생물제거용 구리 전기분해장치 생산업체의 '대리인(Representative)' 자격으로 국내 최초로 EU 살생물제의 '활성물제승인' 및 '제품허가'를 성공적으로 수행했다(2016년 4월). 이러한 경험과 노하우를 확산시키기 위하여 국내 다수의 살생물제 관련 기업을 위한 'EU 살생물제 대응 지침 및 교육자료 개발 사업'을 수행하여 EU 살생물제 규제 유예기간인 2020년까지 국내 기업들을 적극 지원할 예정이다.

From REACH to K-REACH

KIST유럽은 2008년부터 EU REACH 규제 전문가 그룹으로 활동하며 규제 동향 및 대응 전략을 마련하여 정부와 기업에 전달해왔다. 뿐만 아니라 이러한 경험을 바탕으로 2015년 제정된 화평법(일명 K-REACH) 하위법령 제정 당시 EU REACH를 벤치마킹하기 위한 전문가로도 참여했다. 그리고 KIST유럽은 국외(독일)에 소재하고 있는 만큼 국내 기업의 화평법 대응 직접 지원보다는 국외 기업의 화평법 이행을 지원함으로써 국내법의 실효성 증대에도 기여하고 있다. 이를 위하여 화학물질 위해성 평가 전문가 그룹인 덴마크 DHI 연구소, 화평법 이행에 필요한 독성 시험 자료를 생산할 수 있는 국내 최대 GLP 시험기관인 안전성평가연구소, 화학물질 동질성 시험 및 노출평가 전문기관인 한국생산기술연구원, 한국화학연구원과 컨소시엄을 구성하여 화평법의 이행을 위한 공동지원 체계를 구축하여 국내 화학산업계를 지원해나갈 것이다.

흔히 '호미로 막을 일을 가래로 막지 마라(An ounce of prevention is worth a pound of cure)'는 말을 쓴다. 미리 준비하면 나중에 일을 크게 벌이게 되거나, 비용과 시간을 더 투입하거나, 큰 재난을 당하는 일을 막을 수 있다는 것이다. 요즘은 시골에 가도 가래를 보기는 힘들다. 그런데 호미와 가래를 비교하자면 호미는 한 사람의 힘으로 땅을 파는 데 한 번에 흙 한줌이다. 가래는 크고 긴 삽처럼 생겼는데, 양쪽에 구멍을 뚫고 줄을 꿰어서 한 사람이 자루를 잡고 흙을 떠서 밀면 양쪽에서 두 사람이 그 줄을 당겨 흙을 던지면서 일하는 방식의 농사기구다. 많게는 7명이 한 팀이 되어서 한다. 단순비교해봐도 일이 무려 14배나 커진 셈이다. 이것을 퍼낸 흙더미로 치면 족히 30~40배로 불어난다.

KIST유럽의 REACH로 대표되는 'EU 환경규제 대응'은 미리 준비하고 호미로 대응해서 가래로 할 일을 막았을 뿐만 아니라, 가래가 퍼낸 흙더미 이상의 가치를 가져온 적절한 판단과 행동이었다고 할 것이다.

KIST Europe

Appendix

부록

1. 정관
2. 연표(1996-2016)
3. 정부 출연금 지원 현황(1996-2015)
4. 연도별 인력현황(1996-2015)
5. 자문위원회 및 연도별 주요 안건(1996-2015)
6. 연도별 조직도(1996~2015)
7. 수행과제현황(1996~2015)

정 관

제 1 조 : 상호, 소재지, 사원

(1) 서울에 있는 한국과학기술연구원(KIST)은 KIST 유럽연구소(Korea Institute of Science and Technology Europe Forschungsgesellschaft, mbH)라는 상호로 유한회사를 설립한다.

(2) 회사의 소재지는 (독일의) Saarbrücken이다.

제 2 조 : 회사의 목적

회사의 목적은 특히 환경공학의 분야에 있어 응용을 위한 기초연구와 응용연구의 촉진에 있다. 이를 위하여 회사는 구체적으로 다음과 같은 사항을 수행한다.

1) 연구소(이하 "연구소"라 한다) 또는 경우에 따라 기타 조직의 운영
2) 대학교, 연구기관, 산업체와의 기술교류를 통한 협동하에 과학적 지식의 응용연구 및 사용을 촉진
3) 자체 선정한 연구 및 개발 프로젝트의 수행 및 주정부 또는 연방정부로부터 위임된 과제와 계약연구를 무제한적인 독점권의 행사 없이 수행한다.
4) 연구작업의 범위 내에서 전문지식과 정보의 교환을 위한 행사 개최

제 3 조 : 공익성

(1) 회사는 전적으로 또한 직접적으로 세법상 명시된 "조세감면 목적"의 장에 규정된 의미에 있어서의 공익목적을 추구한다. 회사는 비영리적으로 활동한다. 즉, 일차적으로 자기 영리의 목적을 추구하지 않는다.

(2) 회사의 재산은 정관에 규정된 목적을 위하여만 사용될 수 있다. 누구도 회사의 목적에 맞지 않는 지출 또는 비정상적으로 높은 보상에 의하여 우대를 받아서는 안 된다. 사원은 이익배당을 받을 수 없고 사원의 자격으로 기타 어떠한 분배를 받을 수 없다.

(3) 사원은 회사를 탈퇴하거나 회사가 해산된 때, 또는 조세감면 목적에서 이탈할 경우, 그가 출자한 금액 및 이행한 현물 출자의 일반가격보다 큰 금액을 환급받을 수 없다.

제 4 조 : 기본자본금, 기본출자

(1) 회사의 기본자본금은 50,000DM이며 현금으로 출자해야 한다.

(2) 사원은 추가로 영입할 수 있다.

제 5 조 : 지분의 처분과 선매권

(1) 지분의 전부 또는 일부에 대한 모든 처분(양도, 저당, 담보제공)과 그를 위한 채무부담이 효력을 발생하기 위하여는 사원총회의 동의가 필요하다. 유한회사법 제17조 제1항은 그에 의하여 영향을 받지 않는다.

(2) 각 사원은 제1항의 의미에 있어서의 지분을 처분하고자 할 때, 제3자에게 처분하기 이전에 우선 KIST에게, 또는 KIST가 이를 거절할 경우에는 회사에게 지불가가 액면가 이하인 경우는 일반가격에, 그러하지 않는 경우는 액면가액으로 지분을 제공할 의무가 있다(선매권). 이러한 신청은 등기우편으로 수령증을 첨부하는 방법으로 의하여야 하며, 사원이 의도하는 지분의 처분방법에 대한 기재를 포함하여야 한다. 양도인은 취득자와 체결한 계약의 내용을 선매권을 가지는 자에게 즉시 통지하여야 한다.

(3) 사원 또는 회사는 (유한회사법 제33조를 준수하여) 수령증에 의하여 증명되는 등기우편의 수령일로부터 3개월 이내에 신청의 수락 여부를 통지하여야 한다. 만일 이 기간 내에 회신이 없으면 신청은 거절된 것으로 본다.

제 6 조 : 지분의 회수

(1) 완불한 지분은 해당 사원의 서면동의하에 언제든지 회수할 수 있다. 지분의 회수는 사원총회의 결의에 근거하여 이사가 수행한다.

(2) 지분의 회수는 주요한 사유가 발생하였을 때는 해당 사원의 동의 없이도 행해질 수 있다. 특히

(a) 그의 파산 또는 법정화의 절차가 개시된 경우 또는 그 절차개시가 파산재단의 결여로 거절된 때

(b) 그의 지분이 강제집행에 의하여 압류되었을 때

해당 사원은 지분회수 결의에 참여할 수 없다.

(3) 회수된 지분에 대하여는 유통가격을 보상한다. 다만, 이에 대하여 지급된 자본금의 액면가액을 한도로 한다.

제 7 조 : 회사의 기관

(1) 회사에는 다음의 기관을 둔다.

(a) 사원총회

(b) 이사

(2) 그 외에 회사에 자문회를 둔다.

제 8 조 : 사원총회

(1) 통상의 사원총회는 다음 사항을 의결한다.

(a) 연말결산의 확인 및 결산이익의 사용

(b) 지난 사업년도의 영업활동에 관한 보고(현황보고)에 기한 이사의 면책

(c) 이사가 제출하는 차기 사업년도의 사업계획, 연구계획 및 재정계획

(d) KIST 원장의 사전승인 후 선정인에 대한 이사의 임명 및 해임

(e) 이사와의 임명계약의 체결

(f) 다른 기업에 대한 출자의 취득, 취소, 변경 기타 처분

(g) 토지 또는 토지와 동일한 권리의 취득, 양도 및 담보제공

(h) 그 외에 회사의 통상의 업무범위를 넘는 것으로서 회사의 활동에 중대한 영향을 줄 수 있는 이례적인 업무 및 조치

(2) 그 외에 사원총회는 다음 사항을 의결할 의무가 있다.

(a) 이사 또는 사원에 대한 회사의 손해배상청구권의 주장

(b) 지분의 회수

(c) 정관의 변경

(d) 사원의 추가 영입

(e) 회사의 해산

(f) 회사의 공익성을 고려하여 반드시 준수하여야 하는 조건을 이행하는 조건하에 회사해산시 회사재산의 사용(정관 제19조 참조)

(3) 사원총회의 의결은 회사의 다른 기관에 대하여 내부관계에 있어서 구속력을 갖는다.

제 9 조 : 사원총회에 있어서의 의결권과 결의

(1) 적법한 형식과 절차로 소집된 사원총회는 최소한 기본자본금의 75%가 대표된 때에는 결의를 할 수 있다.

(2) 매 1,000DM의 지분은 1개의 의결권을 가진다.

(3) 의결권은 대리인에 의하여 행사될 수 있다. 위임을 위하여는 서면의 방식에 의하여야 하고 그것으로 충분하다. 사원총회가 결의할 수 없는 경우 참석자의 단순과반수의 찬성으로 - 가부동수인 경우 신청은 부결된 것으로 본다 - 결의할 수 있다. 이 경우 즉시 또는 그 후 늦어도 10일 이전에 동일한 안건으로 다시 회의를 소집한다. 이 경우 기본 자본금의 최소 51%가 대표된 때에는 사원총회는 결의를 할 수 있다. 소집시 이러한 취지를 명기해야 한다.

(4) 법률 또는 정관에 달리 규정되어 있지 않는 한, 사원

총회의 결의는 행사된 의결 권의 단순과반수를 필요로 한다. 기권은 과반수 계산시 산입되지 않는다. 가부동수인 경우 신청은 부결된 것으로 본다.

(5) 소집절차에 하자가 있는 경우에는 사원 전원이 대표되고 동의한 때에는 적법한 결의를 할 수 있다.

(6) 법률이 달리 규정하지 않는 한, 사원총회의 결의는 서면, 전보, 텔레타이프 또는 팩스에 의하여 할 수 있다. 안건은 이사가 작성하며 표결을 위하여 제출한다. 이사는 결의 결과를 확인하여 사원에게 즉시 통지하여야 한다. 사원이 결의제안서가 송부된 후 14일 이내에 아무런 의견을 표명하지 않는 경우 그 사원은 서면 결의방식에 동의한 것으로 간주된다. 이 14일의 기간은 의결안건이 첨부된 요구서가 송부된 후의 날로부터 개시된다.

제 10 조 : 사원총회의 소집, 의장과 회의록

(1) 사원총회는 이사가 소집하며 KIST 원장 또는 그 가 지명한 대리인에 의하여 진행된다.

(2) 사원총회는 회사의 소재지에서 개최된다.

(3) 사업연도의 최초 6개월 이내에 통상의 사원총회가 개최되어야 한다. 그밖에 회사의 이익을 위하여 필요한 경우 소집할 수 있다. 사원총회는 최소한 1인의 사원 또는 이사가 안건을 제시하여 요구하는 경우 소집되어야 한다.

(4) 소집은 최소한 3주 이전에 시간과 장소 및 안건의 통지 및 필요자료의 송부와 함께 서면으로 행해져야 한다. 소집기간의 계산시 소집통지의 발송일과 회의 개최일은 포함되지 않는다. 시급한 경우 사원총회의 의장은 소집기간을 단축할 수 있으나 이는 최소한 5일 이상이어야 한다.

(5) 회의내용은 회의록에 기재하여야 한다. 회의록에는 회의의 일시 및 장소, 참석하거나 대표된 사원의 성명과 그의 대리인 및 기타 참석자, 의사일정, 주요 회의경과, 신청문언, 결의 및 표결결과를 기재하여야 한다. 회의록을 작성한 서기는 6주 이내에 의장의 서명을 받은 후 4주 이내에 사원들에게 송부하여야 하며 다음 회의에서 승인을 받기 위하여 제출하여야 한다.

(6) 사원총회의 결의는 결의로부터 1개월 이내에 한하여 취소될 수 있다.

제 11 조 : 이사와 대리

(1) 회사는 1인 또는 수인으로 구성된 이사 또는 이사들에 의해 재판상 및 재판 외에서 대표될 수 있다. 만일 1인의 이사만 있을 경우 그가 단독으로 회사를 대표한다. 그러나 수인의 이사들이 있는 경우 2인의 이사에 의해 또는 1인의 이사와 지배인에 의해 공동으로 대표된다. 사원총회의 결의에 의해 이사 중 1인, 수인 또는 전원에게 언제나 회사를 단독으로 대표할 수 있는 권한을 부여할 수 있다. 그 외에 이사에게 일반적으로 또는 특정한 경우에 한해 민법 제181조의 제한을 면제할 수 있다.

(2) 이사는 사원총회에서 최고 5년간 임명될 수 있다. 연임은 허용된다. 사원총회는 언제든지 기존계약으로 인한 손해배상청구권에 영향을 미침이 없이 임명을 철회할 수 있다.

(3) 사원총회는 이사를 위한 업무분담을 포함한 업무규정을 제정할 수 있다.

제 12 조 : 이사의 임무

(1) 이사는 법률, 정관 및 사원총회의 결의에 따라 회사의 업무를 수행한다. 보다 세부적인 사항은 정관 제11조 제3항에 따라 사원총회에서 결의된 업무규정에 의한다.

(2) 이사는 회사의 업무와 그 결과에 대하여 총괄적인

책임을 진다. 이사는 정관에서 달리 규정하지 않는 한, 회사의 모든 업무를 처리한다. 이사는 특히 다음의 의무를 가진다.

(a) 매 사업연도 개시 전에 그 사업연도의 작업계획을 포함한 사업계획과 재정계획을 작성한다. 필요한 경우와 적어도 매 반기마다 이를 계속 작성한다. 재정계획은 성과계획 및 예산계획으로 구성된다. 예산계획에는 투자계획이 포함되어야 하며 성과계획에는 인원계획이 포함되어야 한다.

(b) 연말결산 및 현황 보고서의 작성, 결산이익에 대한 사용제안서를 작성하여 적시에 결산검사인과 사원들에게 제출한다.

(c) 회사 기관의 결의의 준비 및 수행

(d) 회사 내에서 상호 신뢰하에 업무협조가 이루어지도록 한다.

(e) KIST 원장의 동의하에 정관의 범위 내에서 자문위원의 인원수의 결정과 자문위원의 임명 및 해임

(3) 이사는 최소한 반년마다 사원총회에 경제적 상황과 재정계획의 수행 상황에 대한 정보를 제공하여야 한다. 그 외에도 사원총회의 요구에 따라 정보를 제공하여야 하며, 특별히 중요한 사항에 관하여 사원에게 즉시 통지하여야 한다.

(4) 다음의 사업에 대하여 이사는 사원총회의 동의를 받아야 한다.

(a) 500,000DM을 넘는 한, 장기채무와 특히 채무의 인수, 어음채무의 부담 및 여신의 수령 또는 공여, 보증, 손해담보채무 및 이와 유사한 채무의 부담

(b) 다른 기업에 대한 축자의 취득, 취소 또는 변경

(c) 토지 또는 토지와 동일한 권리의 취득, 양도 및 담보 제공

(d) 이사와 회사 간의 법률행위

(e) 주식법 제89조와 제115조 상의 여신의 공여

(f) 이사의 구성원이나 그의 배우자, 삼촌까지의 친척, 또는 2촌까지의 인척 또는 이 사람들의 법정대리인 또는 임의대리인에게 직접적으로 이익 또는 손실을 줄 수 있는 조치

(5) 그 외에 회사의 통상의 업무범위를 넘는 것으로서 회사의 활동에 중대한 영향을 줄 수 있는 이례적인 업무 또는 조치

제 13 조 : 자문회의 구성

(1) 자문회는 최소한 9명, 최대한 13명으로 구성된다. KIST 원장은 당연직 위원이다. 그 외의 위원은 정관 제12조 제2항 5)에 의하여 이사가 임명한다.

(2) 자문위원의 임기는 취임일로부터 4년이며 연임될 수 있다.

(3) 임기 이전에 자문위원이 사임하면 잔여임기에 대하여 제1항에 따라 후임자가 선임된다.

(4) 자문위원은 무상으로 직무를 수행한다. 그러나 회사의 이익을 위한 여행에 대하여는 사원총회의 결의에 따라 회사로부터 지출비용과 경비를 받는다.

(5) KIST 원장은 자문회의 의장이다. 자문회는 내부에서 1인 또는 수인의 의장 대리를 선임한다.

제 14 조 : 자문회의 임무, 위원회의 구성

(1) 자문회는 정관 제2조에 따른 회사의 업무분담을 고려하여 모든 과학적 및 경제적 사안에 관하여 이사와 사원총회에 조언을 한다.

(2) 자문회는 다음의 사항들에 대하여 이사에게 조언을 하여 추천한다.

(a) 연구정책의 요강

(b) 연구프로그램의 정의

(c) 학문적인 이익공동체 또는 협회에의 가입

(d) 연구소 및 기타 회사 조직에의 과학적 장비의 조달
(e) 전략적 및 경제적인 문제제기와 기업정책의 요강

(3) 자문회는 이사가 희망할 경우 상응하는 직위의 수당 및 승진에 관한 신청에 대하여 이사를 지원하고 조언을 한다.
(4) 조언과 추천을 준비하기 위하여 자문회는 각종 위원회를 구성할 수 있다. 자문회는 개개의 임무의 최종적인 처리를 위하여 해당 위원회들에게 위임할 수 있다.
(5) 회의의 소집과 결의 및 회의록 등에 관하여 준수하여야 할 형식은 사원총회에 관하여 정관 제10조가 정한 규칙들을 유추하여 준수하여야 한다.

제 15 조 : 자문회의 회의

(1) 자문회는 모든 자문위원이 적법하게 소집되었고 적어도 전체의 반이 참석하였으며 그중에 의장 또는 의장대리인이 참석한 때 결의를 할 수 있다.
(2) 자문회는 매년 최소한 1회는 소집되어야 한다.
(3) 이사는 회의에 참석한다. 자문회는 그 외의 사람도 참석시킬 수 있다.
(4) 결석한 자문위원은 다른 자문위원에게 자신을 대리하여 의결권을 행사하도록 수권함으로써 자문회의 결의에 참여할 수 있다. 의결권의 양도는 회의록에 기재되어야 한다.

제 16조 : 사업연도, 결산

(1) 사업연도는 역년으로 한다. 첫 번째 사업연도는 사업등기부에 등기됨으로써 개시되며 당해연도 12월 31일에 종료된다.
(2) 현황보고서와 연말결산은 사업연도가 종료된 후 4개월 이내에 이사에 의해 작성되어 결산검사인에게 제출되어야 한다. 결산검사인에 의한 검사 후 이사는 법적인 근거에 따라 서면에 의하여 의견과 결함을 제거하기 위하여 취하였거나 예정하고 있는 조치를 기재하고, 유한회사법 제42조 a를 고려하여 결산이익의 사용에 관한 제안을 첨부하여 즉시 검사보고서와 연말결산 및 현황보고서를 사원총회에 제출하여야 한다.

제 17 조 : 설립비용

회사는 공증인과 등록 법원에서 설립과 관련된 제반경비 및 수수료와 연방관보에의 공고 비용을 10,000DM까지 부담한다.

제 18 조 : 회사의 존속기간 및 해지

(1) 회사의 존속기간은 무기한으로 한다.
(2) 각 사원은 12개월 전에 통지를 함으로써 어느 사업년도의 말에 회사의 해지를 통지할 수 있다. 그러나 그로 인하여 회사가 해산되지 아니한다. 단 최초의 해지통지는 2000년 12월 31일에 할 수 있다. 이 통지는 다른 사원들에게 등기우편으로 행해져야 한다. 이 통지는 다른 모든 사원들에게 적법하게 도달된 때에야 비로소 효력을 발생한다. 그밖에 해지통지를 하는 사원은 이사에게도 이를 통지하여야 한다.
(3) 회사는 사원총회의 결의에 따라 그의 선택을 좇아, 유통가격으로 그러나 최대한 이에 대하여 지불된 액면가액을 지불함으로써 지분을 회수하거나, 다른 한 취득자 또는 여러 취득자들에게 양도할 것을 요구할 수 있다.
(4) 만일 해지 통지기간의 경과시까지 제3항에 따라 회수되지 않거나 양도가 요구되지 않을 경우 회사는 그 시점에 청산절차에 들어간다.

제 19 조 : 회사의 해산

회사의 해산 또는 지금까지의 목적이 상실된 때에는 회사의 재산은 채무의 변제 및 담보제공과 잔여재산분배금지기간(유한회사법 제73조 제1항) 경과 후, 납입된 자본 또는 사원들에 의해 이행된 현물출자의 상환을 위하여 사용된다. 그 후의 잔여 재산은 공익기관으로 인정되는 자에게 과학과 연구의 촉진을 위하여, 만일 이러한 자가 없으면 자를란트 주나 독일 연방에 교부된다. 재산의 수취인은 이를 조세감면의 방법 안에서 과학과 연구를 위하여 사용해야 한다. 그 잔여재산의 사용결정은 재무당국의 허가 후에 수행되어야 한다.

제 20 조 : 공고

회사의 공고는 연방관보에 한다.

제 21 조 : 보충조항

이 계약서의 규정들과 장래에 추가된 조항들이 전부 또는 일부 무효로 되거나 실행될 수 없거나 없게 된 때, 또는 이 계약에 흠결이 있을 때에도 다른 규정들은 영향을 받지 아니한다. 그 대신 회사는 정관을 변경함으로써 무효이거나 실행할 수 없게 된 규정들의 의미와 목적에 부합하는 규정들을 합의할 의무가 있고, 흠결이 있는 경우, 만일 그 점을 생각하였더라면 이 계약의 의미와 목적에 부합하는 것으로 합의되었을 규정들을 합의할 의무가 있다.

한국과학기술연구원 원 장 김 은 영

연표(1996~2015)

KIST유럽

1996

2. 16
· KIST유럽 개소식(임창렬 과기부 차관 참석)
· FhM와 운영지원 협약체결.
· 김은영 KIST 원장 KIST유럽 설립 정관 서명, 초대 사원총회 의장(단독사원) 취임.
· 자문위원 임명 및 제1차 자문위원회의 개최
- 의장 : 김은영 원장
- 위원 : 강신호, 배순훈, 조성락, 과기부 기술협력국장(한국 측 4인), Hans Jürgen Warnecke, Krajewski, Guenter Hönn, Maurer(독일 측 4인)

4. 15
· 초대소장 이춘식 박사(이사) 취임
· 현지 임시사무소 임대계약 체결

5. 8 ~11
· IFAT 박람회 (뮌헨) 자를란트 주정부 공동 전시관 전시 참석

5. 8
· 현지 법인 등기 gGmbH : 공익유한책임회사

KIST본원

1995

2.
· 독일 프라운호퍼 연구협회와 KIST 간 상호 협력각서 체결

3. 6
· 대통령 구주 순방 시 한독 양국 과학기술장관 간 독일 내 한국 연구소 설치 구두 합의

3.
· KIST유럽 설립을 위한 조사연구 착수

9.
· 입지, 운영방침 등 기본방침 결정(과기처 장관)
- 가칭 KIST Germany에서 KIST Europe으로 명칭 변경

12.
· KIST 이사회에서 KIST유럽 설립(안) 승인 의결

1996

3.
· KIST유럽 설립을 위한 조사연구 보고서 (연구책임자 : 이춘식 박사)를 KIST 제출
· KIST 창립 30주년 기념 국제심포지엄 개최

3. 29
· KIST 박원훈 17대 원장(제2대 사원총회 의장 겸 단독사원) 취임

5. 2
· 한·베트남 과학기술협력 및 평가센터 설립 합의

8. 8
· KIST 학연과정 졸업생 총동문회 결성

KIST유럽

1997

1. 17 · 자를란트 대학 MOU : 환경 분야 공동연구, 시설 공동활용

2. 13 ~14 · 설립 1주년 기념 환경기술 국제심포지엄 (Konggress Halle 자르브뤼켄)

2. 13 ~14 · 설립 1주년 기념 환경기술 국제심포지엄 (Konggress Halle 자르브뤼켄)

2. 17 · 자문위원회 개최 (Hotel La Residence, 자르브뤼켄)
- 의장 : 박원훈 원장
- 위원 : 강신호, 조성락, 송우근 기술협력 1과장, Hans Jürgen Warnecke, Krajewski, Prof. Mestres, Maurer 외

4. 22 · 칼스루헤 연구협회 MOU 체결
- 한국형 중소형 폐기물 소각로 공동연구

9. 29~ 10. 3 · Pollutec 환경 박람회 전시자 참석 (프랑스, 파리)

1998

4. 17 · 자문위원회 개최(자를란트 대학 총장실)
- 의장 : 박원훈 원장
- 위원 : 강신호, 김창수, Hans Jürgen Warnecke, Krajewski, Hönn, Maurer

4. 18 · 연구소 건설 기공식(연건평 750평 규모)

KIST본원

1997

2. · 특화연구센터 중심으로 연구조직 개편(재료화학, 휴먼 로봇, 트라이볼로지, 광기술, 전통화학센터 설립)

4. 7 · 한·중 신소재기술협력센터 설립

5. 28 · 최형섭 전 과학기술처 장관 '닛케이 아시아상'수상 및 수상상금 전액(300만 엔)을 KIST 발전기금으로 출연

11. 11 · 연건평 2,013평의 KIST 청정연구동(L-6) 준공

1998

7. · 조선일보·한국갤럽 공동여론조사, '정부수립 50년 업적 중 KIST 발족이 18위 차지'발표

12. 10 · IMF 체제 극복을 위한 인사평가, 재계약 강화, 전일제 활용제한 등 KIST 경영혁신 조치 발표

연표(1996~2015)

KIST유럽

1999

5.4~8 · IFAT 환경박람회 전시자 참여(KIST/KIST유럽 공동, 뮌헨)

5.7 · 1999년 자문위원회 개최 (프라운호퍼 연구협회 본부, 뮌헨)
- 의장 : 경종철 감사
- 위원 : 강신호, 배순훈, Hans Jürgen Warnecke, Krajewski, Hönn, Maurer

5.7 · 1999년 자문위원회 개최 (프라운호퍼 연구협회 본부, 뮌헨)
- 의장 : 경종철 감사
- 위원 : 강신호, 배순훈, Hans Jürgen Warnecke, Krajewski, Hönn, Maurer

5.10 · 제1연구동 상량식 거행

2000

4.6 · 식수 처리기술 세미나
· 빌딩 및 열공조환경 세미나

4.7 · 2000년 자문위원회 개최(신축건물 회의실, 자르브뤼켄)
- 의장 : 박호군 원장
- 위원 : 강신호, Hans Jürgen Warnecke, Krajewski, Hönn, Maurer

· 제1연구동 준공식 거행(한정길 차관, 채영복 이사장)

KIST본원

1999

5.3 · KIST 초고속 정보통신망 구축

5.20 · KIST 박호군 18대 원장(제3대 사원총회 의장 겸 단독사원) 취임

6.21 · 대형과제발굴 및 연구원 간 팀워크 확대를 위한 '중점분야연구회'제도 신설

7.30 · 인간과 유사한 오감과 판단능력을 지닌 휴먼로봇 1호 '센토'완성

2000

1.1 · 연구회 체제의 도입으로 설립 이후 과기부 사업으로 지원되었던 운영비 예산이 KIST 본원사업 예산으로 전환
· 세계 10대 연구기관 도약 및 6시그마 경영혁신 선포

9. · 러시아 모스크바 과학아카데미 내에 한·러 과학기술협력 창구로서 KIST 사무소 설치

KIST유럽

2001

3. 29 · 재독 2세 과학자 모임 KIND 창립 회의 개최(KIST유럽)
· 한독 간 환경정책 협력 세미나(KIST유럽)

4. 27 · 2001년 자문위원회 개최 (KIST유럽, 자르브뤼켄)
- 의장 : 박호군 원장
- 위원 : 강신호, 배순훈, 김창수, 윤세준 과장, Hans Jürgen Warnecke, Georgie, Hüfner, Hempelmann

7. · 한국보건산업진흥원 유럽사무소 개소 (KIST유럽 내 인큐베이팅)

8. 1 · 제2대 소장 권오관 박사 취임

2002

· MPRI MOU 체결 (Metal-Polymer Research Institute of National Academy of Science of Belarus) : 인력교류 및 공동연구

10. 2 ~14 · 기초기술연구회 이사장(정명세 박사) 방문

2003

3. 1 · 제3대 소장 이준근 박사 취임

KIST본원

2001

1. 30 · 홍릉벤처밸리 KIST 벤처타운 개소식 거행

2. 22 · 한·러 과학기술협력센터, 제1차 한·러 산업기술 심포지엄 개최

4. · 재료연구부에 Beowulf형 재료전사모사전용 슈퍼 컴퓨터 설치

6. 19 · 한국정보재료소자연구센터와 공동으로 KIST에 MEMS R&D Lab 오픈

11. · 미국 NIS 발표, 한국 내 연구기관 중 2000년도 과학기술논문 게재 수 1위 선정

2002

3. 22 · 국내환경기술발전에 기여한 공로로 '세계 물의 날'에 대통령 표창 수상

5. · 소기업청, KIST를 국내벤처기업 해외지원기관으로 선정

6. · KIST나노소재기술사업과 프로테오믹스를 이용한 질환진단 및 치료기술개발사업이 '과학시술부 프런티어사업'으로 선정

2003

4. 8 · KIST 김유승 19대 원장(제4대 사원총회 의장 겸 단독사원) 취임

5. 22 · KIST 신규 CI 개발, 선포식 개최

연표(1996~2015)

KIST유럽

2004

4. 22 · 2004 자문위원회 개최(화상 회의)
- 의장 : 김유승 원장
- 위원 : 배순훈, 이희국, 김상선 국장, Georgie, Wintermantel, Hempelmann, Reichrath

5. 14~19 · 한독 나노바이오 세미나 및 방문프로그램 개최

2005

4. 28 · 한·EU 국제심포지엄 개최

4. 29 · 2005년 자문회의 개최
- 의장 : 김유승 원장
- 위원 : 이귀로, 김주한 과장, Georgie, Tsichritzis, Hempelmann, Reichrath

4. 28~30 · 한국의 해 행사 개최
- 나노마이크로 기술 심포지엄
- 사물놀이
- 5Km 단축 마라톤 대회

2006

1. 1 · 제4대 소장 김창호 박사 취임

2. 11~13 · 기초기술연구회 이사장(박상대 박사) 방문

KIST본원

12. 30 · 국무총리 표창 수상(정부출연연구기관 중 최우수연구기관 선정)

2004

1. · KIST 통합정보시스템 구축완료 및 운영시작

5. 29 · KIST 초대 원장 최형섭 박사 별세

7. 27 · 2004년도 과학기술부 정부출연연 평가에서 최고등급(A)으로 국가과학기술위원회에 보고

12. 10 · KIST한국파스퇴르연구소, 연구협력 협정 체결

2005

1. · 지능로봇연구센터, 네트워크 기반의 '휴머노이드 NBH-1' 개발

3. 23 · 프랑스 국립과학연구소와 나노포토닉스 분야 국제연합연구실 설치 양해각서 체결

12. 28 · 국내 최초로 900MHz 기가급 자기공명장치(NMR) 설치

2006

1. 1 · KIST 연구혁신 원년 선포

2. 10 · KIST개원 40주년 행사

KIST유럽

4. 26 · 개소 10주년 기념식 개최
- 김우식 과학기술 부총리 및 국내외 귀빈 100여 명 참석

· 2006년 자문회의 개최
- 의장 : 금동화 원장
- 위원 : 배순훈, Georgie, Münch, Hartmann, Hempelmann, Reichrath

10. · KIST유럽의 밤 행사 개최
- 공동활용 및 연구협력의 장 마련 (한국 산학연 인사 100여 명 참석)

2007

4. 24 · 2007년 자문회의 개최(화상 회의)
- 의장 : 금동화 원장
- 위원 : 배순훈, 곽재규, Ege, Linneweber, Schneider, Rombach, Reichrath

10. 2 · KIST유럽-Freiburg 대학 공동 심포지엄.
- 바이오센서 및 세포추출기술 주제발표 및 협력방안 협의

11. 8~9 · KIST-KRICT-KIST유럽 세미나
- 나노메디칼, 나노재료, 나노바이오, MEMS, 나노환경, TSL, Robot 분야 협력과제안 도출 (11개 기관, 8개 과제)
- 한국 : KIST 정윤철 부장 외 8명, 화학연 정명희 부장 외 7명, KIST유럽 11명

11. 12 · EU 현지 국내기업을 위한 REACH 설명회 개최
- 독일 프랑크푸르트. 비유럽 국가를 위한 REACH 대응전략
- EU, 독일암연구센터 등 8개 기관 24명 참석

KIST본원

4. 8 · KIST 금동화 20대 원장(제5대 사원총회 의장 겸 단독사원) 취임

6. 2 · KIST-듀폰한국기술연구소(DKTC) 개소

10. · KIST 40주년 홈커밍데이 행사 개최

2007

7. 17 · REACH 관련 EU 네트워크 구축을 위한 MOU 체결

7. 27 · KIST-미국 UTD MOU 체결

9. 28 · 제2호 우수연구기관(COE)로 '연료전지연구단' 선정

10. · 기업유치 사절단 방문.
- 박종구 혁신본부장 등 산학연 대표 및 산기협 8개 회원사
- LG화학, 롯데정밀화학 등 REACH 관련 3개 기업 총 28명 방문

12. 26 · 연구윤리강령 선포식 개최

연표(1996~2015)

KIST유럽

12. 3~4 · 한-EU 공동 워크샵(서울 교육문화회관)
- 시스템, 재료, 환경 분야 연구 현황 발표 및 의견교환

2008

3. · 대학 연구처장단 방문.
- 서울대, 연대, 고대, 한대 현지 랩, 공동학위 과정 등 논의

5. 7 · 제2연구동 기공식 개최(박종구 차관)

7. 30~31 · 기초기술연구회 이사장(유희열 박사) 방문

10. 1 · KIST-KIST유럽 세미나.
- 나노메디칼, 나노바이오, MEMS 분야
- 한국 : KIST 정윤철 부장 외 5명, 포항공대 정민근 교수 외 2명, KIST유럽 15명
- EU : 자를란트 대학 벤츠 교수 외 4명, IBMT, 독일 암연구센터 등 3개 기관 4명 참석

10. 2 · 2008년 자문회의 개최
- 의장 : 금동화 원장
- 위원 : 배순훈, 최재익, Ege, Linneweber, Schneider, Stienen

11. 17~18 · 기초기술연구회 이사장(민동필 박사) 방문

2009

3. 17~18 · KOREA-EU Joint Workshop 개최.
- 참석인사 : KIST 금동화 원장, 김용근 KOTEF 이사장 등 400명
- 축사 : Brian McDonald(주한 EU 대사)

KIST본원

2008

1. 1 · KIST 전북분원 설치

2. 19 · KIST-Purdue 글로벌연구실 현판식

5. 15 · 대기오염 감시를 위한 초고감도 센서 개발

7. 18 · 포항가속기연구소에 KIST 전용 'X-선 빔라인'설치 준공식

10. 14 · 국내 첫 춤추는 인간형 로봇 '마루'개발

2009

2. 16 · 실버 도우미 로봇 '실벗'개발

2. 23 · 제3회 KIST-인도과학원(IISc) 국제공동심포지엄 개최

KIST유럽	
7. 16 ~17	· EU주재관 초청 간담회 주최
7. 28	· 광주과학기술원 부총장 방문
9. 1	· 제5대 소장 김광호 박사 취임
9. 30	· 제2연구동 상량식 행사 개최
10. 1	· 연구담당소장 만츠 교수 취임 · 서울대/경성대 기후변화 특성화대학원 MOU 체결 · 독일대사관 본분관 손선홍 총영사 방문

2010

4. 30	· 제2연구동(한-EU협력관) 준공식 - 참석인사 한국 : 송기동 교육과학기술부 국제협력국장, 한홍택 원장, 문태영 주독 한국대사 등 독일 : 피터 뮐러 자를란트 주지사, 피터 하우프트만 자를란트 주 경제성 차관, 랄프 라츠 자르브뤼켄 시장, 린네베버 자를란트 대 총장 등 · 2010년 자문회의 개최 - 의장 : 한홍택 원장 - 위원 : 송기동, 배순훈, 이현순, 박종용, Hartmann, Linneweber, Schneider, Stienen, Rombach
8. 23	· 목포대 총장 일행 방문
10. 25 ~26	· KIST-EU High-Level Network Meeting 개최 - 독일 현지 소장급 10여 명 참석. - 한-독 간 인적 네트워킹 강화

KIST본원	
5. 4	· 슈퍼 전자현미경 가동
8. 27	· KIST 한홍택 21대 원장(제6대 사원총회 의장 겸 단독사원) 취임
9. 23	· KIST 재도약 추진위원회 출범식
10. 19	· 베트남 과학기술아카데미(VAST) 연구과정 개설
10. 20	· KIST 연구동 마스터플랜 완료
10. 29	· KIST 과학기술창의상 수상

2010

1. 27	· KISTIISc 과학기술협력센터 개소
6. 9	· KIST이스라엘 와이즈만 연구소 협력협정 체결
6. 18	· WCI(기능커넥토믹센터) 개소식
10. 28	· 슈퍼캐패시터 성능 획기적 향상 기술 개발
11. 26	· KIST 문길주 22대 원장(제7대 사원총회 의장 겸 단독사원) 취임

KIST유럽

11. 09 · 광주과학기술원 과학기술응용연구소 MOU 체결

11. 15 · 한국에너지기술평가원 MOU 체결

2011

2. 17 · 체코 팔라키(Palacky) 대 MOU 체결

2. 28 · 한국기술벤처재단 오혁 사무총장 일행 방문
- 기술이전 사업 논의

4. 8 · 전남도·목포대 해상풍력 Hub센터 개소식
- 참석자
  한국 : 박준영 도지사, 고석규 목포대 총장, KOTRA 조병희 이사 등 20여 명
  독일 : 하우프트만 자를란트 경제·과학성 차관, 린네베버 자를란트 대 총장, 볼러 프라운호퍼 비파괴연구소장, 롤레스 신소재연구소 부소장 등

4. 11 · 교과부 방연호 과장, 구혁채 과학관 등 방문

4. 29 · 2011년 자문회의 개최
- 의장 : 문길주 원장
- 위원 : 배성근, 김기남, 양승욱, 김수원, Hartmann, Linneweber, Fuhr, Stienen, Rombach

· 교과부 1차관 외 3인 방문
- 한·스위스 양자회담

6. 9 · KIST 본원 Branch Lab 설치
· KIT(칼스루헤 기술연구소) 국제 공동연구 업무협약 체결

7. 20 · 연구재단 이승종 사무총장 방문

KIST본원

2011

5. 4 · KISTDST(인도과학기술청) MOU 체결

7. 26 · 최형석 박사 위인전 발간

10. 5 · 2011 서울 S&T 포럼 개최

10. 26 · 인재개발 우수기관 인증 획득

10. 27 · 제2호 휴머노이드 로봇 '키보'등장

12. 20 · 국내외 과학자간 소통 공간인 글로벌 라운지 오픈

KIST유럽	
8.	· EU과학관 초청간담회 개최 – 한-EU 과학기술 정책 실효성 확보
10	· Lab-on-a-chip 국제 학술 세미나 개최 – 마이크로유체 및 의료진단 분야 세계적 전문가들의 최신 연구성과 발표 및 LOC 분야 학술협력(14개국 106명 참가)

KIST본원	

2012 (KIST유럽)

3. 27 ~28	· 유영숙 환경부 장관 일행 방문
4. 27	· 2012년 자문회의 개최 – 의장 : 문길주 원장 – 위원 : 서유미, 김기남, 양승욱, 김수원, Jakoby, Linneweber, Fuhr, Stienen, Jörgens
7. 2	· 에너지기술평가원 MOU 체결 및 현지사무소 개설 – 한-EU 에너지 기술협력 네트워크 구축 공동연구
7. 3	· 국가과학기술위원회 임기철 상임위원 방문
7. 8	· 기초기술연구회 김건 이사장 방문
7. 25	· KIST유럽 Round Table 미팅 개최 – 참석자 : 과총 박상대 회장, 곽재원 부회장, 여성과총 김명자 부회장 등 20여 명 참석 · 고위험군 전염성 질병연구실(Biolab) 오픈 · 한국환경산업기술원(KEITI) 및 한국여성과학기술단체총연합회(KOFWST) MOU 체결

2012 (KIST본원)

4. 19	· KIST 과학기금나눔 약정식
5. 17	· KISTUBC MOU 체결
7. 5	· 홍릉포럼 출범
7. 13	· KIST 나노양자정보센터 개소
8. 17	· 사이언스 리더십 캠프 개최
10. 29	· KIST베트남 과학기술부 MOU 체결
11. 30	· KIST중성자극소각산란측정장치(KISTUSANS) 준공식 개최
12. 9	· 아트 브리지(L3~A1 연결통로) 외 40개소 펀 에어리어 조성
12. 17	· 마그네슘 전기자동차 개발

KIST유럽

- EU환경보건정책기술조사
- EU R&D 사업 국내 환경기술 참여방안 기획연구

7. 30 · 이화여대 김선욱 총장 일행 방문

9. 1 · 제6대 소장 이호성 박사 취임

9. 18 · 과학기술연합대학원대학교(UST) 이은우 총장 일행 방문

12. 12 ~14 · 기초기술연구회 김건 이사장 일행 방문

2013

5. 10 · 대구경북과학기술원 신성철 총장 일행 방문

6. 24 · 2013년 자문회의 개최
- 의장 : 문길주 원장
- 위원 : 김선옥, 김기남, 양승욱, 김수원, Lennartz, Linneweber, Fuhr, Stienen, Joergens

7. 22 · 한국기계연구원 이상민 원장 일행 방문

7. 23 · 한국건설기술연구원 우효섭 원장 일행 방문
· 건설기술연구원 MOU 체결 현지사무소 개설
- 에너지시설 분야 미래기술 동향조사 공동연구 수행

10. 14 · INM(라이프니츠 신소재연구소) MOU 체결
- 한-EU 공동워크숍 및 한-독 나노기술 공동 R&D 참여지원
· 과총 정책연구소 이장재 소장 일행 방문

KIST본원

2013

2. 1 · 한국과학기술원 부설 녹색기술센터 설립

3. 4 · KUKIST 융합대학원 첫 입학식

6. 30 · 글로벌게스트하우스 준공

9. 9 · 한베트남 정상회담 및 베트남 과학기술연구원(V-KIST) 설립 시행약정 체결

9. 9 · 한베트남 정상회담 및 베트남 과학기술연구원(V-KIST) 설립 시행약정 체결

12. 05 · KIST R&D 엑스포 개최

KIST유럽	
10. 15 ~16	· 한-EU 나노바이오워크샵 개최 - 나노과학 분야 한-EU 연구자 간 상호 분야 공유 및 공동연구과제 발굴 - 국내외 6개국 19개 기관

2014

KIST유럽	
1. 16	· 허언욱 본분관 총영사 및 과학관 방문
2. 26	· 김재신 주독 한국대사관 대사 방문 및 간담회 개최
4. 28	· 자를란트 대 창업캠퍼스 공식회원 가입 - 글로벌 창업지원 활성화 현지 협력
5. 6	· KIST유럽 통합정보시스템 구축
5. 13	· 국가과학기술인력개발원(KIRD) MOU 체결
5. 20	· 환경생태독성실험실 구축(Eco-Tox-Lab)
5. 31~ 6. 1	· 재독 과협 원로자문단 초청 간담회 - 독일 내 과학기술동향 및 KIST유럽 자문
6. 3	· 한-독 나노바이오 공동워크샵 개최
6. 25	· 서울지역창업보육협의회 및 한국벤처재단 MOU 체결 - 벤처 및 중소기업 지원 - 기술정보 및 인력교류
7. 21	· UST-자를란트 대학-KIST유럽 3자 MOU 체결 - 복수학위제 추진을 위한 삼자 협력
8. 27	· DHI(Danish Hydraulich Institute)와 MOU 체결 - 글로벌 규제대응 기술컨설팅 및 공동연구

KIST본원	
1. 20	· KISTEMPA MOU 체결
3. 13	· KIST 이병권 23대 원장 (제8대 사원총회 의장 겸 단독사원) 취임
4. 18	· KISTETRI 제1차 TOP 교류회 (협력사업 합의)
5. 29	· 최형섭 박사 10주년 추모식 개최
6. 4	· KIST 프론티어 지능로봇사업단 10년 연구 성과 공개
6. 27	· KIST 뇌과학연구소, 한국뇌연구원 상호협력협정 체결
6. 30	· KISTUST두산전자 전자BG 계약학과 설치를 위한 3자 협약 체결
8. 21	· KIST 50년 역사자료 기증 특별전 개최
9. 22	· KIST캐나다 워털루 대학 협력 협정 체결
12. 2	· KISTETRI 제2차 TOP 교류회 (협력사업 연구협약서 체결)
12. 26	· V-KIST 사업 공공협력 실행약정 체결

KIST유럽

9. 1
· UST학위 과정 설치 및 운영
- 전공 : 생화학, 에너지환경공학
- 석사 과정생 1명 채용

9. 5
· 2014년 자문회의 개최
- 의장 : 이병권 원장
- 위원 : 이재홍, 이은우, 김이환, 김수원, Lennartz, Linneweber, Fuhr, Stienen, Joergens

10. 10
· 롯데정밀화학 기술센터 입주
- 셀룰로오스 개질제품에 대한 혼합독성 평가 공동연구 수행

12. 6
· 제7대 소장 최귀원 박사 취임

2015

2. 11
· 한-EU연구혁신센터(KIC-Europe) MOU 체결

3. 3
· KIST유럽-자를란트 대 'Joint Electrochemistry Lab'구축
- 차세대 에너지 저장 분야 공동연구 수행
· Manz 교수 이란 크와리즈미상 수상
- 이란 대통령이 수여하는 전세계 우수과학기술인상

3. 23
· 우수기술연구센터(ATC)협회 글로벌 허브 랩 개소
- 현지 기업과의 네트워크 형성 등 글로벌 융합기술 협력기반 조성

5. 12 ~16
· 국가과학기술연구회 이상천 이사장 방문 및 간담회 개최

KIST본원

2015

2. 24
· 교육용 로봇프로그램 개발
· ROHU 설립

2. 25
· 창업공작소 개소식

4. 1
· KISTKRICT 네트워킹 회의

6. 4
· KISTSAST/SITI MOU 체결

6. 5
· 스마트U FARM 준공식 및 워크숍

6. 25
· KISTETRI 제3차 TOP 교류회 (협력사업 중간 점검)

8. 18
· KIST한국생산기술연구원 공동상용화 사업 관련 MOU

9. 01
· KIST한양대학교 융합인재양성프로그램 시작

	KIST유럽		KIST본원
6. 11	· Manz 교수 유럽특허청 주관 유럽발명가상(Lifetime Achievement) 분야 수상		
6. 23	· KOTRA 유럽본부 MOU 체결 - 기술지원 및 기술사업화 원스톱 서비스 구축		
7. 17 ~18	· EU 주재 과학관 회의 개최. - 국가핵심 R&D 및 글로벌 어젠다 공유		
7. 24	· 미래부 EU 나노안전 협력센터 개소 - 유럽 내 나노안전 규제 동향 파악		
9. 14 ~15	· ATC CEO 워크숍 개최 - 전기·전자 재료·화학, 바이오 등 각 분야별 기술교류 및 현지 기업·대학·연구소와 매치메이킹		
11. 4	· 2015년 자문회의 개최 - 의장: 이병권 원장 - 위원: 이재홍, 이은우, 김이환, 허탁 Lennartz, Linneweber, Fuhr, Schäffer, Joergens		
12. 3	· ETRI-KIST유럽 스마트팩토리 공동랩 구축 - 한-EU 간 Connected Smart Factory 테스트베드 상호운영 연구개발 및 스마트팩토리 분야 협력네트워크 구축		
2016		**2016**	
5. 6	· KIST유럽 20주년 기념식 · KRICT-KIST유럽 공동랩 구축. - EU 현지 화학 및 화학기술 현지 연구 동향 파악 및 EU연구기관과의 공동 연구 기획 · 추진	2. 4	· KIST 50주년 기념식

정부 출연금 지원 현황(1996-2015)

KIST유럽 예산총액 대비 연구비 현황

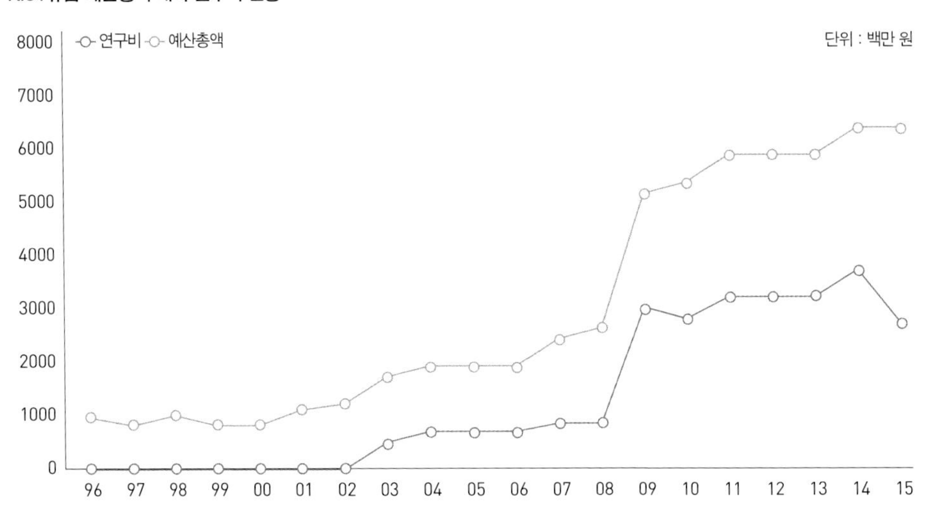

KIST유럽 인건비 증감 현황

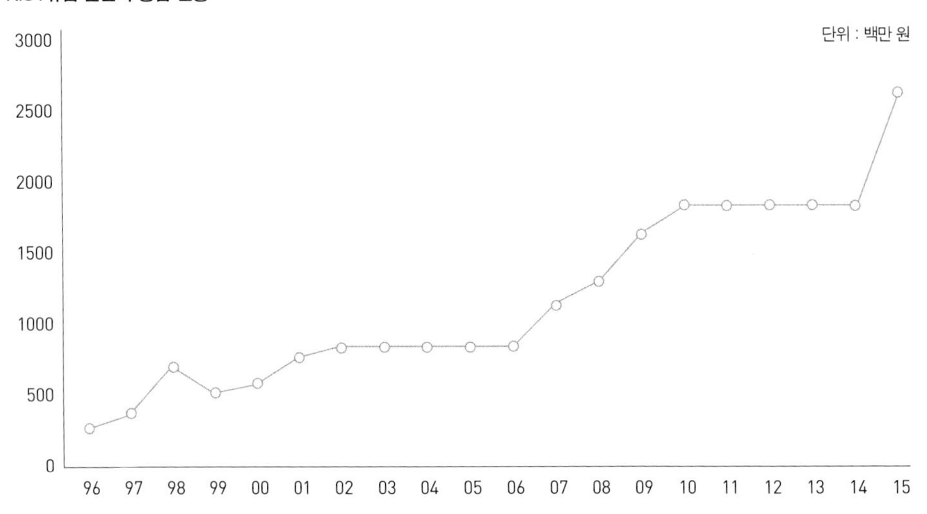

연도별 인력 현황(1996-2015)

구분	KIST 본원 파견				소계 A	KIST유럽 현지고용				소계 B	기타 C	합계 A+B+C
	행정직			연구직		행정직		연구직				
	소장	기타 (기획재정 부장 등)	협력관			정규직	계약직	정규직	계약직			
'96년	1	0	0	0	1	1	2	3	3	9	0	10
'97년	1	0	0	0	1	6	5	1	5	17	0	18
'98년	1	0	0	0	1	4	2	7	3	16	0	17
'99년	1	0	0	0	1	4	1	9	8	22	0	23
'00년	1	0	0	0	1	4	1	9	13	27	0	28
'01년	1	1	0	0	2	4	1	9	14	28	0	30
'02년	1	1	0	0	2	4	0	13	20	37	0	39
'03년	1	1	0	0	2	4	0	15	22	41	0	43
'04년	1	1	0	0	2	4	1	18	20	43	0	45
'05년	1	1	0	0	2	4	1	17	22	44	0	46
'06년	1	1	0	0	2	4	2	12	19	37	0	39
'07년	1	1	0	0	2	3	2	9	26	40	0	42
'08년	1	1	0	0	2	4	2	9	31	46	0	48
'09년	1	1	0	0	2	4	2	15	28	49	0	51
'10년	1	1	1	0	3	3	9	16	28	56	0	59
'11년	1	2	1	0	4	3	11	16	31	61	0	65
'12년	1	1	0	0	2	5	8	13	26	52	0	54
'13년	1	1	1	0	3	9	2	19	39	69	0	72
'14년	1	1	1	0	3	12	2	15	37	69	0	72
'15년	1	1	0	0	2	11	2	18	34	65	0	67

자문위원회 및 연도별 주요 안건(1996-2015)

일시	참석위원	주요 안건
1996. 2. 16 개소식	김은영 KIST 원장 유희열 과기부 국장 강신호 동아제약 회장 배순훈 대우전자 회장 조성락 산기협 부회장 독일 측 위원 Konrad Krajewski 자를란트 주정부 국장 Günther Hönn 자를란트 대학 총장 Hans-Jürgen Warnecke 프라운호퍼 총재 Paul-Gerhard Maurer Saarberg 사장	자문위원의 역할
1997. 2. 17	박원훈 KIST 원장 과기부 국장(대리) 강신호 회장 배순훈 대우전자 회장 조성락 산기협 부회장 독일 측 위원 Konrad Krajewski 자를란트 주정부 국장 Günther Hönn 자를란트 대학 총장 Hans-Jürgen Warnecke 프라운호퍼 총재 Paul-Gerhard Maurer Saarberg 사장	연구 과제의 개발 채용 및 인력관리 재정 및 건축

일시	참석위원	주요 안건
1998. 4. 17	박원훈 원장 과기부 국장 강신호 회장 배순훈 장관 김창수 LG원장 추가 조성락 산기협 부회장 독일 측 위원 Konrad Krajewski 자를란트 주정부 국장 Günther Hönn 자를란트 대학 총장 Hans-Jürgen Warnecke 프라운호퍼 총재 Paul-Gerhard Maurer Saarberg 사장	연구소 중장기 계획 연구동 건설 FhM 지원협약 및 부가세 환급
1999. 5. 7	박호군 KIST 원장 과기부 국장 강신호 회장 배순훈 교수 김창수 LG원장 독일 측 위원 Konrad Krajewski 자를란트 주정부 국장 Günther Hönn 자를란트 대학 총장 Hans-Jürgen Warnecke 프라운호퍼 총재 Paul-Gerhard Maurer Saarberg 사장	준공식, 차기회의 일정 KIST유럽의 발전방향 및 유럽 내 위상정립

자문위원회 및 연도별 주요 안건(1996-2015)

일시	참석위원	주요 안건
2000. 4. 7 준공식	박호군 KIST 원장 과기부 국장 강신호 회장 배순훈 교수 김창수 LG원장 독일 측 위원 Konrad Krajewski 자를란트 주정부 국장 Günther Hönn 자를란트 대학 총장 Hans-Jürgen Warnecke 프라운호퍼 총재 Paul-Gerhard Maurer Saarberg 사장	연구 개발 컨소시엄 및 공동연구 활성화 후임 소장 인선
2001. 4. 27	박호군 KIST 원장 과기부 국장 강신호 회장 배순훈 교수 김창수 LG원장 독일 측 위원 Konrad Krajewski 자를란트 주정부 국장 Günther Hönn 자를란트 대학 총장 Hans-Jürgen Warnecke 프라운호퍼 총재 Paul-Gerhard Maurer Saarberg 사장	연구 개발 활동 및 공동연구 과제 재원 확보

일시	참석위원	주요 안건
2004. 4. 22 화상 회의	김유승 KIST 원장 김상선 과기부 국장 배순훈 교수 이희국 LG전자 사장 독일 측 위원 Hanspeter Georgie 자를란트 주정부 장관 Margret Wintermantel 자를란트 대학 총장 Hans-JürgenWarnecke 프라운호퍼 총재 Reinhard Stoermer RAG Saarberg 사장	주정부 보조금 고용의무 인원 주정부 국제협력 재원 KIST와 자를란트 대학 간 MOU
2005. 4. 29	김유승 KIST 원장 과기부 국장 배순훈 교수 이희국 회장 독일 측 위원 Hanspeter Georgie 자를란트 주정부 장관 Margret Wintermantel 자를란트 대학 총장 Dennis Tsichritzis 프라운호퍼 총재 Reinhard Stoermer RAG Saarberg 사장	10주년 기념 심포지엄 제2연구동 건설
2006. 4. 26	금동화 KIST 원장 과기부 김차동 국장 배순훈 교수 이희국 회장 허영섭 녹십자 회장 독일 측 위원 Hanspeter Georgie 자를란트 주정부 장관 Margret Wintermantel 자를란트 대학 총장 Dieter Rombach Fh-IESE 소장 Rolf Schneider Ursapharm 사장	비전 및 전략 제2연구동 건설 및 주정부 재정지원

자문위원회 및 연도별 주요 안건(1996-2015)

일시	참석위원	주요 안건
2007. 4. 24 화상 회의	금동화 KIST 원장 김창동 과기부 국장 배순훈 KAIST 부총장 이희국 LG 회장 허영섭 녹십자 회장 독일 측 위원 Hanspeter Georgie 자를란트 주정부 장관 Volker Linneweber 자를란트 대학 총장 Dieter Rombach Fh-IESE 소장 Rolf Schneider Ursapharm 사장	인력계획 제2건설 및 한-EU 협력 플랫폼 구축
2008. 10. 2	금동화 KIST 원장 이은우 교과부 국장 배순훈 KAIST 교수 이현순 현기차 부회장 최재익 산기협 부회장 독일 측 위원 Joachim Rippel 자를란트 주정부 장관 Volker Linneweber 자를란트 대학 총장 Dieter Rombach Fh-IESE 소장 Rolf Schneider Ursapharm 사장 Christian Stienen BMBF 아시아담당 국장	R&D 담당 소장 채용 Saarbridge 프로그램 제2연구동 건설 자를란트 경제사절단 방한
2009. 11. 11 (국내위원 간담회)	한홍택 KIST 원장 이은우 교과부 국장 배순훈 국립미술관 관장 이현순 현대기아 부회장 박종용 산기협 부회장	R&D 담당 소장 채용 Saarbrigde 프로그램 KIST-KE 심포지엄

일시	참석위원	주요 안건
2010. 4. 30	한홍택 KIST 원장 송기동 교과부 국장 배순훈 관장 이현순 현대기아 부회장 박종용 산기협 부회장 독일 측 위원 Christoph Hartmann 자를란트 주정부 장관 Volker Linneweber 자를란트 대학 총장 Dieter Rombach Fh-IESE 소장 Rolf Schneider Ursapharm 사장 Christian Stienen BMBF 아시아담당 국장	R&D 담당 소장 연구개발 계획 보고 Saarbridge 연구사업 2단계 추진방안 논의 제2연구동 준공식
2011. 4. 29	문길주 KIST 원장 배성근 교과부 국장 김기남 상성종기원 사장 양승욱 현대기아유럽연구소 소장 김수원 고대 교수 독일 측 위원 Christoph Hartmann 자를란트 주정부 장관 Volker Linneweber 자를란트 대학 총장 Dieter Rombach Fh-IESE 소장 Günter Fuhr Fh-IBMT 소장 Christian Stienen BMBF 아시아담당 국장	중점 연구의 비전과 목표 한-EU 협력 플랫폼 개방형 혁신 시스템

자문위원회 및 연도별 주요 안건(1996-2015)

일시	참석위원	주요 안건
2012. 4. 27	문길주 KIST 원장 서유미 교과부 국장 김기남 삼성종기원 사장 양승욱 현대기아 유럽연구소 소장 김수원 고대 교수 독일 측 위원 Peter Jacoby 자를란트 주정부 장관 Volker Linneweber 자를란트 대학 총장 Dieter Rombach Fh-IESE 소장 Günter Fuhr Fh-IBMT 소장 Christian Jörgens BMBF 아시아담당 국장	중점분야 연구계획 및 학술자문위원회 녹색기술 연구협력 인력양성 및 교류
2013. 4. 26	문길주 KIST 원장 김선옥 미래부 국장 김기남 삼성종기원 사장 양승욱 현대기아 유럽연구소 소장 김수원 고대 교수 독일 측 위원 Jürgen Lennartz 자를란트 주정부 차관 Volker Linneweber 자를란트 대학 총장 Dieter Rombach Fh-IESE 소장 Günter Fuhr Fh-IBMT 소장 Christian Jörgens BMBF 아시아담당 국장	경영목표 2013~2015

일시	참석위원	주요 안건
2014. 9. 5	이병권 KIST 원장 이재홍 미래부 국장 이은우 UST 총장 김이환 KOITA 부회장 김수원 고대 교수 독일측 위원 Jürgen Lennartz 자를란트 주정부 차관 Volker Linneweber 자를란트 대학 총장 Dieter Rombach Fh-IESE 소장 Günter Fuhr Fh-IBMT 소장 Christian Jörgens BMBF 아시아담당 국장	개방형 연구 확대 - 한-EU-유럽(연) 삼자간 공동연구 네트워크 자를란트 주 인근 연구소들과의 인력교류 및 연구협력 확대 방안
2015. 11. 4	이병권 KIST 원장 이재홍 미래부 국장 이은우 UST 총장 김이환 KOITA 부회장 허탁 건국대 교수 독일측 위원 Jürgen Lennartz 자를란트 주정부 차관 Volker Linneweber 자를란트 대학 총장 Andreas Schäffer 아헨 공대 교수 Günter Fuhr Fh-IBMT 소장 Christian Jörgens BMBF 아시아담당 국장	경영목표 2015-2017 유럽파트너와 공동연구 추진 확대 산업계 지원 확대 - 환경규제 대응 - Industry 4.0 - Joint Venture 창립 20주년 기념행사

연도별 조직도(1996~2015)

1995년 설립 조사 시 구상 및 1996년 설립 초기(추진 체계)

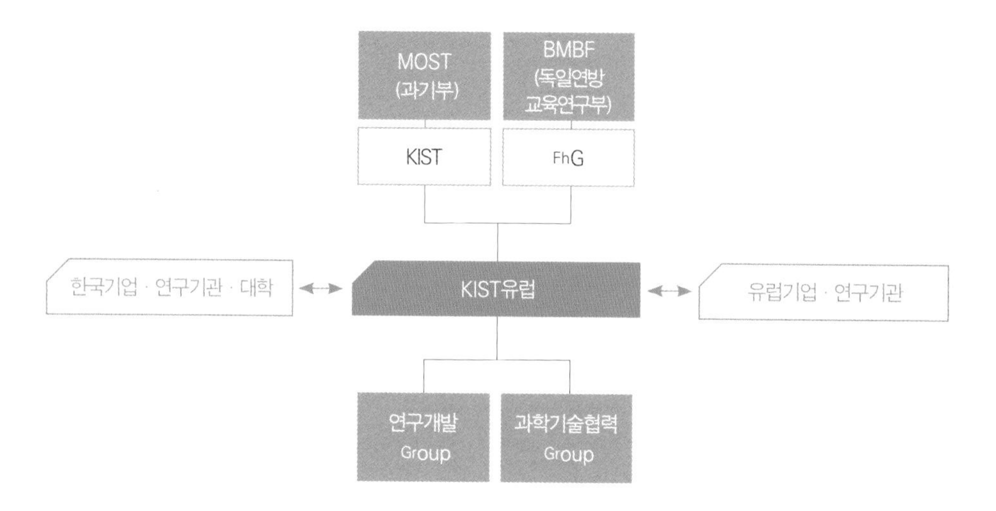

1996~1998년 중점 분야별 팀 구축 체제

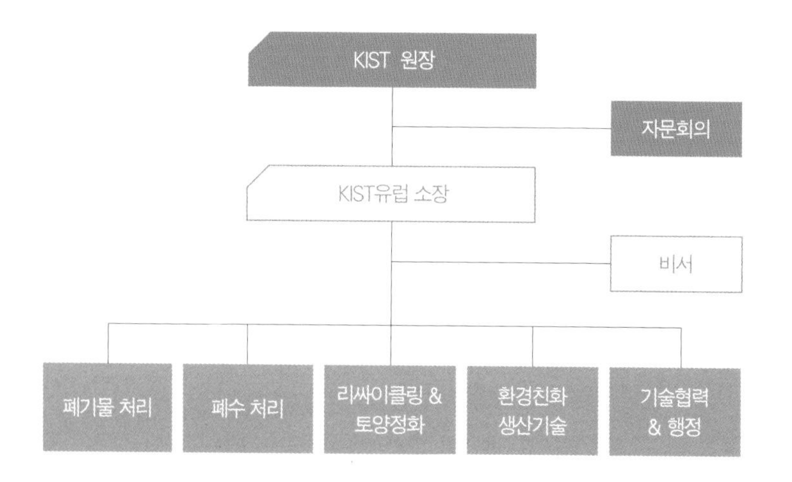

1999년~2000년 환경과 설비 · 장치기술 중심 체제

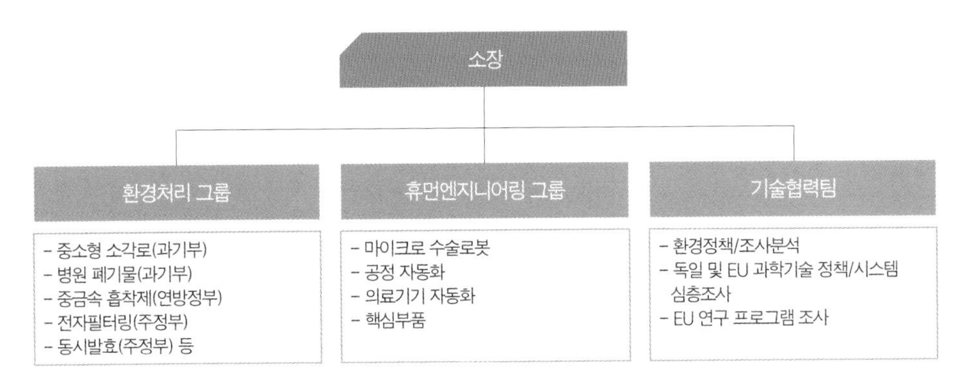

2001년 일부 변경된 모습

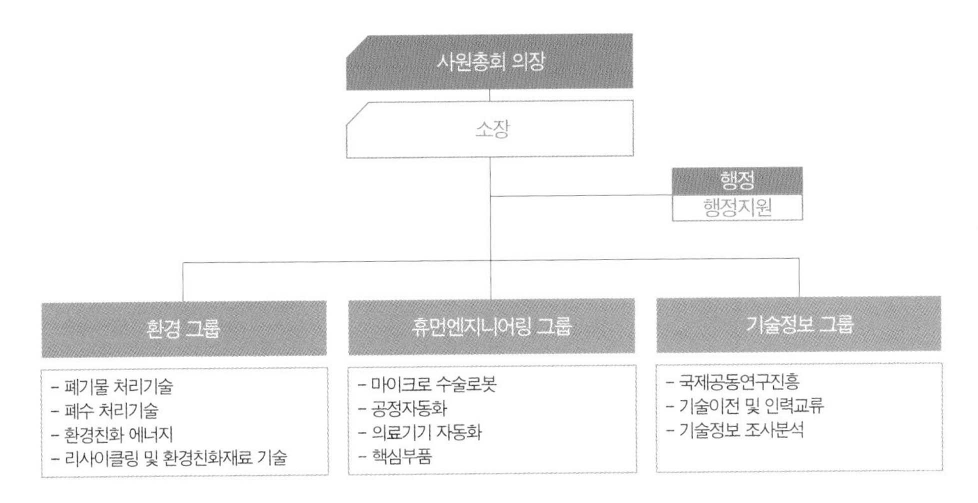

연도별 조직도(1996~2015)

2002년 NT, BT 중심의 운영 체제

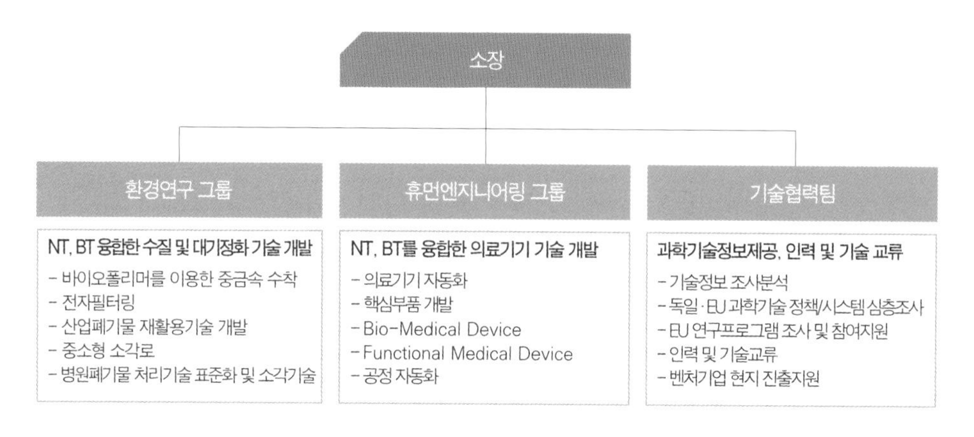

2004년 NT · BT에 학제(學際) 간 융합 기반의 운영 체제

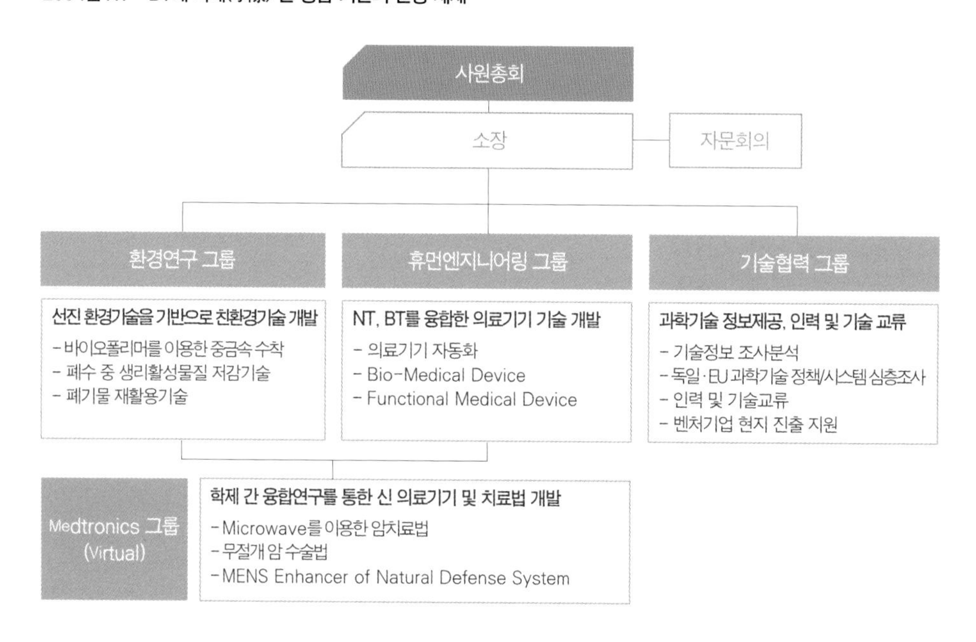

2007년 일부 변경된 모습

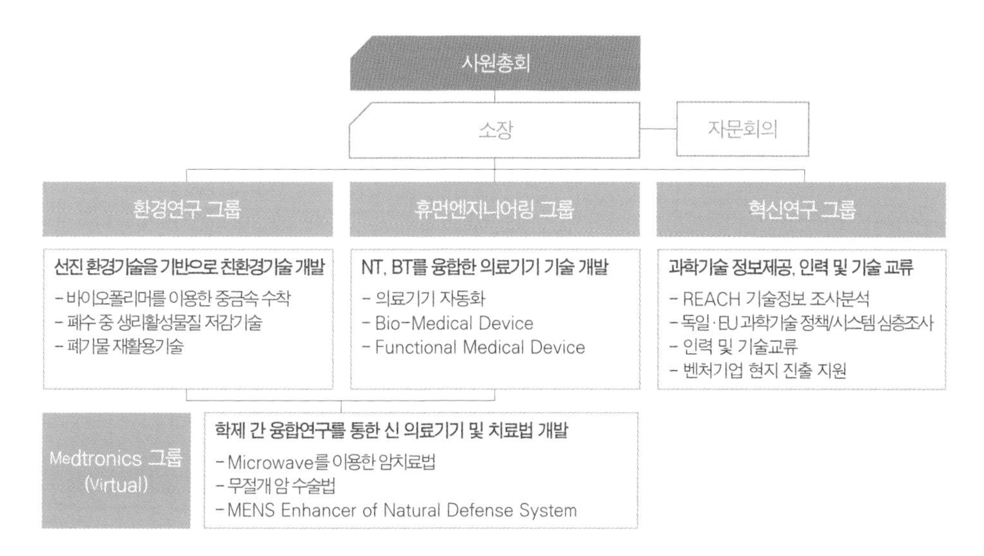

2010년 R&D 담당소장 영입에 따른 체제

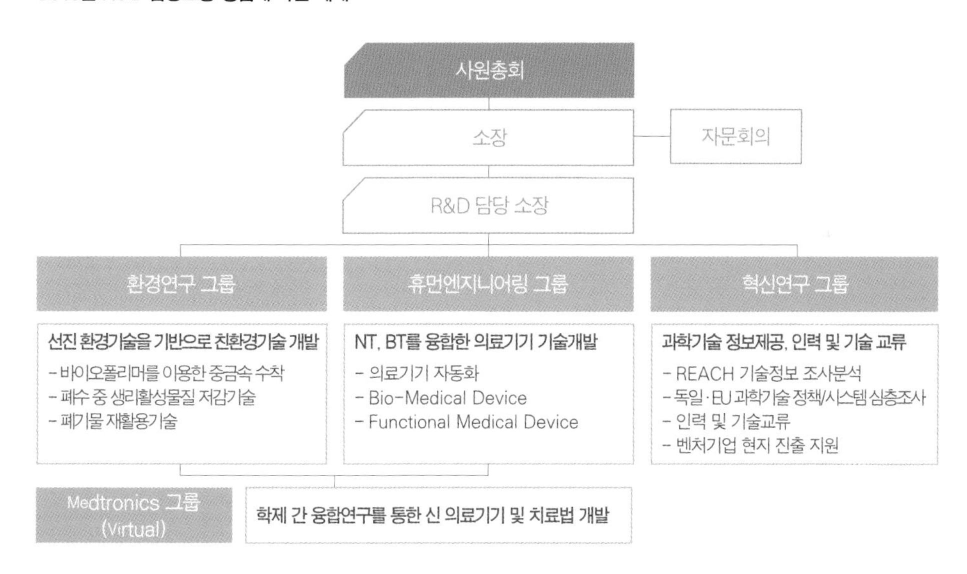

연도별 조직도(1996~2015)

2012년 R&D 담당 소장 전문분화 체제

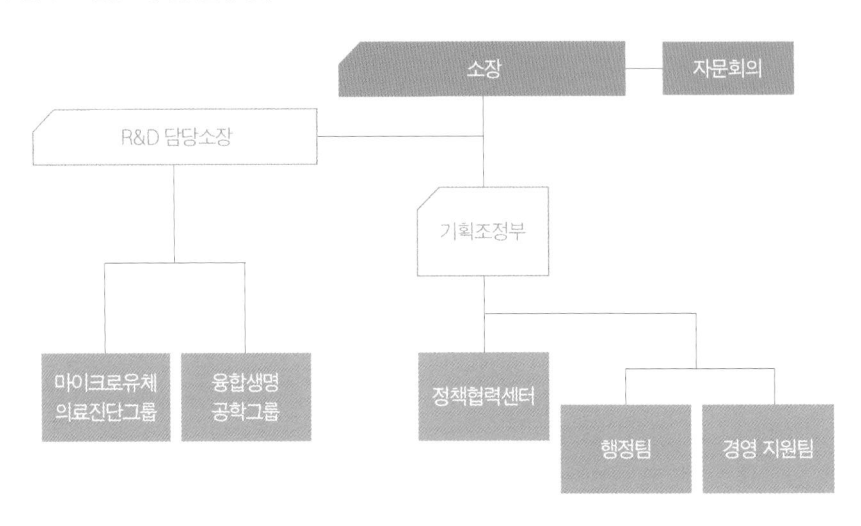

2014년 R&D담당소장제 해체 및 3개 연구그룹 체제(2014.10.1.)

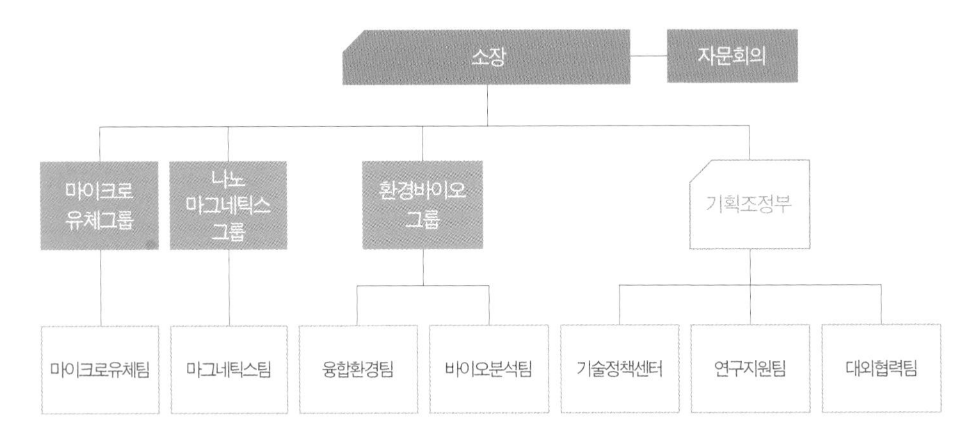

2015년 선택과 집중을 통한 연구역량 집중(2015.1.26.)
- 팀 단위 운영체재 개편

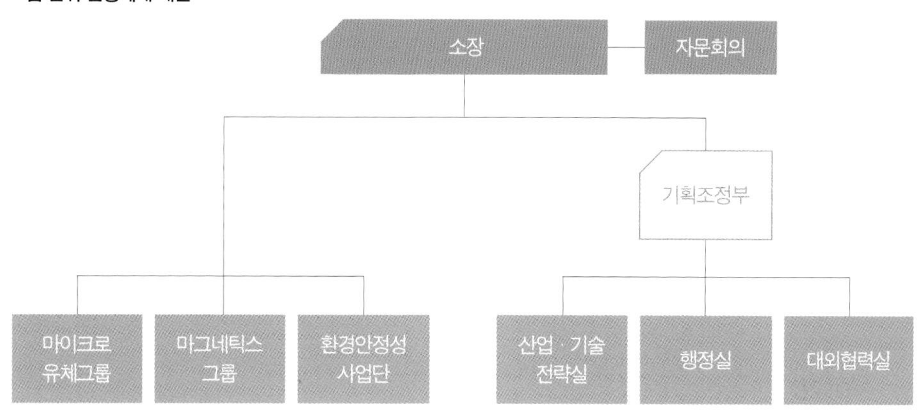

2016년 신규 스마트융합 연구 체제 구축(2016.1.18.)

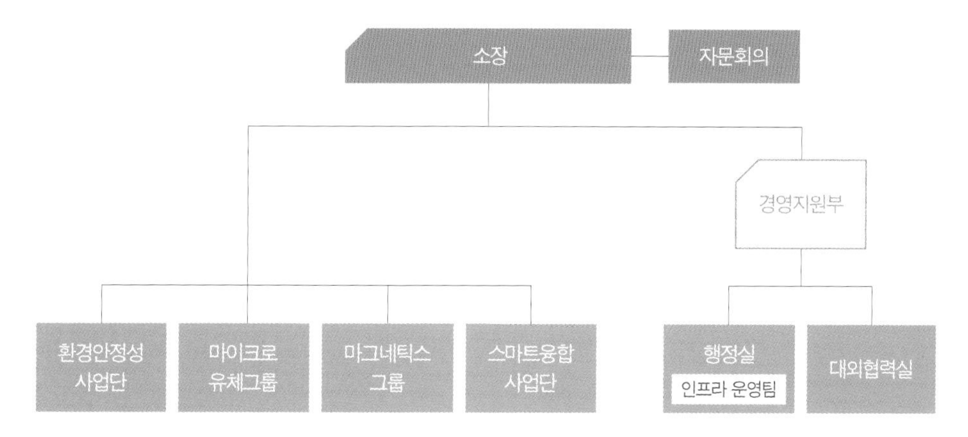

수행과제 현황(1996~2015)

기본연구비

과제명	과제 구분	발주 기관명	구분		
			연구책임자	연구기간	연구비 (단위 : 백만 원)
				세부 기간	소계
동시다종 검사용 바이오칩 시스템 개발	기본연구비	KIST Europe	변재철	'02.01월~'04.12월	500
NT, BT 및 ET 분야 핵심정보 조사연구	기본연구비	KIST Europe	변재선	'03.00월~	200
폐수중 생활성물질의 저감 기술	기본연구비	KIST Europe	Ute Steinfeld	'03.01월~'05.12월	450
Hybrid-focused microwave를 이용한 암치료용 medtronics system 개발	기본연구비	KIST Europe	이혁희	'03.01월~'05.12월	800
분자인지물질의 배향조절을 통한 고감도 바이오센서 개발	기본연구비	KIST Europe	변재철	'05.01월~'07.12월	600
KIST 유럽연구소 핵심 기술정보 조사연구	기본연구비	KIST Europe	황종운	'05.01월~'05.12월	220
압전 소자 구동방식의 소형 펌핑 시스템 개발	기본연구비	KIST Europe	이혁희	'06.01월~'06.12월	130
Combined selective enrichment & corona discharge for water treatment	기본연구비	KIST Europe	Ute Steinfeld	'06.01월~'08.12월	600
EU 과학기술정보 네트워크 구축 사업	기본연구비	KIST Europe	황종운	'06.01월~'08.12월	347
DEP&IMP를 이용한 cell isolation micro device	기본연구비	KIST Europe	이혁희	'07.01월~'08.12월	200
파아지 진열법을 이용한 강직성 척추염에 대한 항체군 진단법 구축	기본연구비	KIST Europe	남창훈	'08.01월~'10.12월	770
Targeted release of therapeutics by exocytisis of immune cells	기본연구비	KIST Europe	Ute Steinfeld	'09.01월~'11.12월	1,140
HTS용 디지털 셀 분사장치 개발	기본연구비	KIST Europe	김정태	'09.01월~'11.12월	810
에너지효율관리시스템 개발	기본연구비	KIST Europe	황종운	'09.01월~'11.12월	1,020
Development of bio-nanomaterials by modifying phage and its applications	기본연구비	KIST Europe	남창훈/Anja Philippi	'11.01월~'13.12월	458
파아지 공학을 통한 한-EU BINT 클러스터 구축(OSL)	기본연구비	KIST Europe	남창훈	'11.01월~'13.12월	393
신약 및 용기개발을 위한 국제 연구-산업-제조 클러스터(OSL)	기본연구비/독일현지산업계수탁	KIST Europe/Ursapharm	김정태	'11.07월~'14.06월	1,050
Photosensitizer targeting by living immune cells	기본연구비	KIST Europe	Anja Philippi	'12.01월~'12.12월	186
Single Cell Encapsulation with Media Core and Functional PEG Shell	기본연구비	KIST Europe	김정태	'12.01월~'12.12월	154
Study and Analysis of European Science & Technology Trends	기본연구비	KIST Europe	황종운	'12.01월~'12.12월	200
The improvement of energy efficiency for green city	기본연구비	KIST Europe	김상원	'12.01월~'12.12월	150

과제명	과제 구분	발주 기관명	구분		
			연구책임자	연구기간	연구비 (단위 : 백만 원)
				세부 기간	소계
Establishment of Nano-material Risk Assessment Center(OSL)	기본연구비	KIST Europe	김상헌	'12.07월~'13.06월	200
Development of new biomarker and diagnosis tools for cancer	기본연구비	KIST Europe	정명희/김용준	'13.01월~'14.12월	724
Development of cell and antibody therapeutics for a novel cancer immunotherapy approach	기본연구비	KIST Europe	Anja Philippi/ 김용준	'13.01월~'14.12월	527
Development of methods and strategies for environmental risk assessment of engineered nanomaterials	기본연구비	KIST Europe	김상헌	'13.01월~'14.12월	520
Development of novel electrochemical energy storage system	기본연구비	KIST Europe	김상원	'13.01월~'14.12월	413
Study on scientific cooperation and networking among Korea, EU and KIST Europe in S & T	기본연구비	KIST Europe	정명희	'13.01월~'13.12월	184
Electrochemical energy transformation and energy storage	기본연구비	KIST Europe	Hempelmann	'14.01월~'14.12월	268
Development of methods for mixture risk assessment and a web-based integrated platform	기본연구비	KIST Europe	김상헌	'14.01월~'14.12월	500
A technical platform for rapid screening of the biological activity of chemical mixtures as a funtion of composition, levels and time	기본연구비	KIST Europe	Smith	'14.01월~'14.12월	115
Establishment of KIST Europe global creative economy supporting platform	기본연구비	KIST Europe	이영호	'14.01월~'14.12월	238
Systems Biology Support	기본연구비	KIST Europe	Manz	'15.01월~'15.12월	340
Electrochemical Energy Transformation and Energy Storage	기본연구비	KIST Europe	Hempelmann	'15.01월~'15.12월	353
Development of enzyme-based bio- and environmental sensor by fs laser fabrication	기본연구비	KIST Europe	김정태	'15.01월~'15.12월	270
Nanomagnetism in fluids	기본연구비	KIST Europe	Abelmann	'15.01월~'15.12월	542
Development of hazard and satefy assessment tools for chemicals and their mixtures in the environment	기본연구비	KIST Europe	김용준	'15.01월~'15.12월	756
Development of Service Platform under K-REACH for Chemical Industry	기본연구비	KIST Europe	Weiß	'15.01월~'15.12월	38
Construction of international joint technology cooperation Centre for small and medium sized Business	기본연구비	KIST Europe	황종운	'15.01월~'15.12월	259
Maintenance of common equipment, material costs for common use	기본연구비	KIST Europe	Carsten Brill	'15.01월~'15.12월	143

수행과제 현황(1996~2015)

일반사업비

과제명	과제 구분	발주 기관명	구분		
			연구책임자	연구기간	연구비 (단위 : 백만 원)
				세부 기간	소계
Polymers for the time controlled drug release in the immunotherapy	일반사업비	KIST Europe/ Saarland	Ute Steinfeld	'08.05월~'11.04월	539
Novel approach to design inhibitors against cytochromes P450-dependent drug targets	일반사업비	KIST Europe/ Saarland	남창훈	'08.05월~'11.04월	555
Bio cell processor for drug discovery	일반사업비	KIST Europe/ Saarland	이혁희	'08.05월~'11.04월	563
Saar Bridge	일반사업비	KIST Europe	Andreas Manz	'09.10월~'14.09월	8,422
Cellular cancer therapies based on yeast-mediated DNA and RNA delivery to phagocytic immune cells	일반사업비	KIST Europe	Anja Philippi	'11.06월~'14.05월	156
KIT-KE Cooperation project	일반사업비	KIST Europe	남창훈	'11.06월~'14.05월	133

KIST 기관고유수탁

과제명	과제 구분	발주 기관명	구분		
			연구책임자	연구기간	연구비 (단위 : 백만 원)
				세부 기간	소계
다이옥신 및 VOC제거를 위한 Elecron beam treatment 기술	KIST기관고유수탁	KIST	이춘식	'97.00월~'97.00월	4
라인강과 엘버강의 수질모니터링에 대한 정보자료수집 및 요약	KIST기관고유수탁	KIST	이춘식	'99.00월~	1
수은함유 유동가스 정화 시스템에 대한 실험조사	KIST기관고유수탁	KIST	Jochen Seier	'00.00월~	6
산업폐수처리공정에서 삼산화철용액의 리사이클링	KIST기관고유수탁	KIST	Guido Falk	'00.00월~	1
Hybridthermia Therapy를 이용한 암 진단 및 치료를 위한 마이크로웨이브 발진관 및 카테터 개발	KIST기관고유수탁	KIST	이혁희	'01.01월~'03.12월	630
바이오폴리머를 이용한 중금속 수착	KIST기관고유수탁	KIST	Guido Falk	'01.07월~'01.12월/ '02.04월~'02.12월	470
Effect related water analysis	KIST기관고유수탁	KIST	Ute Steinfeld	'03.00월~	150
광감응 나노선을 이용한 바이오센서 개발	KIST기관고유수탁	KIST	변재철	'04.01월~'05.12월	350
폐수처리를 위한 biological catalytic membrane 개발	KIST기관고유수탁	KIST	Ute Steinfeld	'04.01월~'05.12월	320
SPR 바이오센서 시스템 개발	KIST기관고유수탁	KIST	변재철	'04.06월~'05.05월	130

과제명	과제 구분	발주 기관명	구분		
			연구책임자	연구기간	연구비 (단위 : 백만 원)
				세부 기간	소계
실감기술의 효과적인 적용을 위한 생체신호 인식 및 Bio-feedback 응용기술개발	KIST기관고유수탁	KIST	류시복	'05.09월~'06.08월	80
0D-1D 하이브리드 나노구조체를 이용한 바이오칩 개발	KIST기관고유수탁	KIST	변재철	'06.01월~'08.12월	443
REACH 대응 유럽 동향	KIST기관고유수탁	KIST	김상헌	'06.10월~'07.05월	45
Selective molecular imprinted adsorbents technology for water treatment	KIST기관고유수탁	KIST	Ute Steinfeld	'06.01월~'08.12월	380
REACH 최신동향 파악 분석 및 사전경보 시스템 구축	KIST기관고유수탁	KIST	김상헌	'07.06월~'08.05월	120
REACH 수준의 화학물질 안전성평가기반 연구	KIST기관고유수탁	KIST	김상헌	'08.08월~'11.07월	450
신규한 FAK 알로스테릭 조절제 발굴 및 작용기전 규명	KIST기관고유수탁	KIST	남창훈	'09.01월~'10.12월	85
한-EU 글로벌 이슈 과학기술 핵심 정보 분석	KIST기관고유수탁	KIST	김상원	'11.09월~'11.12월	50
변형 파아지를 이용한 혼성 구조체 구축 및 구조/특성 분석	KIST기관고유수탁	KIST	남창훈	'11.10월~'11.12월	450
고위험군 전염성 질병 연구실 구축	KIST기관고유수탁	KIST	Jörg Ingo Baumbach	'11.10월~'11.12월	1,446
독일 주요 공공연구기관 벤치마크 연구	KIST기관고유수탁	KIST	변재선	'12.06월~'12.08월	20
KIST Europe 한-EU 공동연구 활성화 프로그램	KIST기관고유수탁	KIST	황종운	'12.12월~'13.11월	500
조류 발생 초기 초음파 적용 기 제거 기술 개발	KIST기관고유수탁	KIST	김상헌	'13.04월~'15.03월	300
Study on diffusion of science culture of the leading public research institutes in Europe and management of the development foundation for it	KIST기관고유수탁	KIST	김태건	'13.07월~'13.12월	15
The energy research vision and strategy establishment of green city technology institute by analyzing European case	KIST기관고유수탁	KIST	김상원	'13.07월~'13.12월	30
Cooperation plan between KIST and KIST Europe for enlargement of the global partnership	KIST기관고유수탁	KIST	이규영	'13.10월~'14.02월	150
Derivation of future green technologies	KIST기관고유수탁	KIST	류보현	'14.07월~'14.12월	100
The energy research vision and strategy establishment of GCTI by analyzing European case	KIST기관고유수탁	KIST	김상원	'14.06월~'14.12월	30
Next Generation Energy Storage : Research Strategy Analysis	KIST기관고유수탁	KIST	김상원	'15.01월~'15.12월	30

수행과제 현황(1996~2015)

한국정부수탁

과제명	과제 구분	발주 기관명	구분		
			연구책임자	연구기간	연구비 (단위 : 백만 원)
				세부 기간	소계
환경산업공정에서의 Fouling 저감기술 개발 및 적용	한국정부수탁	KIST/환경부	이춘식	'96.00월~'97.00월	6
폐기물 소각로에 관한 연구	한국정부수탁	KIST/과학기술부	이춘식	'96.00월~'98.00월	330
병원폐기물 처리기술개발	한국정부수탁	KIST/과학기술부	이춘식	'96.00월~'98.00월	320
감압증발 및 탈질탈인 고정의 조합에 의한 폐수처리 및 재이용시스템 상용화 기술개발	한국정부수탁	KIST/환경부	이춘식	'98.00월~'99.00월	32
냉동기가 없는 냉방시스템개발	한국정부수탁	KIST/에너지관리공단	권오관	'99.09월~'02.09월	172
유럽지역에서의 가정용 쓰레기 소각재 처리관련 법규/정책과 기술개발 현황 분석	한국정부수탁	한국폐기물학회	이춘식	'00.00월~	3
독일 및 EU의 연구개발체제와 평가제도에 관한 조사 연구	한국정부수탁	국가과학기술자문회의	이춘식	'00.00월~	18
산업폐기물 재활용 기술개발	한국정부수탁	한국지질자원연구원	Jochen Seier	'01.07월~'02.06월	60
유럽지역 보건산업 시장, 기술, 정책 동향조사 및 해외거점 기반구축 지원사업	한국정부수탁	KIST/ 한국보건산업진흥원	변재선	'01.07월~'02.07월	70
선진기술거래기법 해외연수	한국정부수탁	한국기술거래소	변재선	'02.00월~	84
선진연구관리 벤치마킹 과정 프로그램	한국정부수탁	한국과학기술기획평가원	변재선	'02.01월~'08.09월	275
기술거래정보 DB구축	한국정부수탁	한국기술거래소	변재선	'02.03월~'02.05월/'03.03월~'03.07월/'04.02월~'04.05월	42
유럽의 상하수도 분야 기술훈련	한국정부수탁	환경관리공단	Ute Steinfeld	'03.00월~	19
한-EU 과학기술협력사무소 설립기획사업	한국정부수탁	과학기술부	변재선	'03.06월~'04.08월	130
특수시멘트 활용 기술 조사 연구	한국정부수탁	한국지질자원연구원	Petroli	'03.08월~'04.03월	20
MEMS Enhancer for natural defense system	한국정부수탁	과학기술부	Ute Steinfeld	'03.08월~'10.03월	2,250
유럽의 추적평가제도 이론 및 사례조사 연구	한국정부수탁	한국과학기술기획평가원	변재선	'03.09월~'04.01월	30
유럽의 선진환경기술교류 활성화방안 연구	한국정부수탁	한국환경정책평가연구원	변재선	'04.02월~'04.10월	43
유럽의 실내공기질 관리제도 및 관리동향조사	한국정부수탁	한국환경정책평가연구원	김상헌	'04.05월~'04.12월	15
유럽지역 공공기술이전 추진현황 조사 및 분석	한국정부수탁	TLO/ 한국산업기술진흥협회	변재선	'04.05월~'05.05월	39
의료진단용 캐패시티브 바이오 센서 개발	한국정부수탁	한국과학재단	변재철	'04.05월~07.03월	430
EU 환경정보의 수집 및 제공	한국정부수탁	한국환경기술진흥원	김상헌, 김기철, 변재선	'05.01월~'08.04월	108

과제명	과제 구분	발주 기관명	구분		
			연구책임자	연구기간	연구비 (단위 : 백만 원)
				세부 기간	소계
해외 우수기술 발굴	한국정부수탁	한국기술거래소	황종운	'05.04월~'05.06월	14
KIST 유럽연구소-자알란트주 공동주최 심포지엄 지원	한국정부수탁	한국과학재단	변재선	'05.04월~'05.08월	15
화학물질 유해성 저감을 위한 녹색구매 선진사례 연구	한국정부수탁	환경부	김상헌	'05.06월~'06.01월	20
환경관리공단 연수프로그램	한국정부수탁	환경관리공단	김상헌	'05.12월~'06.05월	14
위성항법 신호수신시스템 개발을 위한 전략개발연구	한국정부수탁	한국항공우주연구원	이혁희	'06.00월~	30
한 EU 과학기술협력기반조성사업	한국정부수탁	한국과학기술기획평가원	황종운	'06.00월~	40
인플루엔자 분자인지물질 개발 및 그 특성 연구	한국정부수탁	한국화학연구원	남창훈	'08.01월~'08.12월	70
EU 수출기업지원을 위한 REACH 사전등록지원 및 시스템 개발	한국정부수탁	한국화학물질관리협회	김상헌	'08.03월~'08.12월	32
해외기술협력거점(Global tech) 구축 사업	한국정부수탁	한국산업기술재단	김기철	'08.06월~'10.05월	426
유럽연합 프레임워크 프로그램 참여전략	한국정부수탁	한국산업기술재단	김기철	'08.09월~'08.11월	50
프레임워크프로그램 참여희망기관 대상 현지 교육 워크샵 및 파트너링 지원	한국정부수탁	한국산업기술재단	김기철	'08.12월	20
ES 생성기술 개발 및 지원체계 구축	한국정부수탁	한국생산기술연구원	김상헌	'08.12월~'11.09월	270
한독 공동 R&D 및 기술로드맵 심포지엄	한국정부수탁	한국산업기술재단	서정호	'09.03월~'09.07월	130
면역세포이용 초소형 마이크로봇 연구개발	한국정부수탁	전남대학교	Ute Steinfeld	'09.07월~'10.06월	60
위험성물질 대체가이드라인 작성	한국정부수탁	한국생산기술연구원	김상헌	'09.08월~'10.01월	12
REACH 고위험성물질 목록 작성	한국정부수탁	한국생산기술연구원	김상헌	'09.08월~'10.01월	33
독일 헬름홀쯔 연구협회의 기관운영 특성 및 혁신동향 심층 조사	한국정부수탁	기초기술연구회	변재선	'09.12월~'10.03월	30
프레임워크프로그램 참여희망기관 대상 현지 교육 워크샵 및 파트너링 지원	한국정부수탁	한국산업기술진흥원	김기철	'10.01월~'10.02월	65
국제환경규제 사전대응 기반구축	한국정부수탁	한국생산기술연구원	차종문	'10.01월~'10.12월	30
국내 산업계의 EU FP 참여 확대 방안 연구	한국정부수탁	한국산업기술진흥원	김기철	'10.02월~'10.04월	35
KIST 유럽연구소를 거점으로 한 독일 등 유럽국가와의 글로벌 산학연 협력 활성화 방안에 관한 연구	한국정부수탁	한국과학기술원	김영종	'10.04월~'10.11월	30
천연물을 기반으로 하는 나노입자의 항암제 개발	한국정부수탁	광주과학기술원	남창훈	'10.06월~'11.05월	40
한-EU 에너지기술 협력 네트워크 구축	한국정부수탁	한국에너지기술평가원	김기철	'10.07월~'12.12월	155

수행과제 현황(1996~2015)

과제명	과제 구분	발주 기관명	구분		
			연구책임자	연구기간	연구비 (단위 : 백만 원)
				세부 기간	소계
화학물질 관련 최신 뉴스 보급	한국정부수탁	한국생산기술연구원	나진성	'11.01월~'11.12월	20
유럽 소재 UNU-RTC/Ps의 설립 경과 및 운영 현황 조사	한국정부수탁	광주과학기술원	김상원	'11.03월~'11.12월	7
SVHC(고위험성물질) 대응 기반기술 개발	한국정부수탁	한국생산기술연구원	김상헌	'11.10월~'13.09월	333
국내 기업의 REACH LR 등록 지원 및 비시험예측물질자료 활용 촉진	한국정부수탁	한국생산기술연구원	전현표	'12.02월~'12.12월	85
유럽의 IT 기반 조성 구축동향 분석	한국정부수탁	한국정보통신산업진흥원	황종운	'12.04월~'12.09월	20
EU 화장품 규제 대응 지침서 발간	한국정부수탁	대한화장품산업연구원	전현표	'12.04월~'12.09월	45
외국사례 분석을 통한 화평법 하위법령 세부(안) 마련	한국정부수탁	한국화학물질관리협회	김상헌	'12.05월~'13.01월	43
화평법 관련 지침서 개발 및 적용사업	한국정부수탁	한국화학물질관리협회	김상헌	'12.05월~'13.02월	20
REACH 제도평가 중간보고서 분석 및 시사점 도출	한국정부수탁	한국화학물질관리협회	나진성	'12.07월~'13.02월	43
EU 환경보건정책 동향 조사	한국정부수탁	한국환경산업기술원	김상헌	'12.09월~'12.12월	20
2012년 EU FP현지 교육 워크샵	한국정부수탁	한국산업기술진흥원	김상원	'12.11월~'13.03월	27
EU R&D 사업 국내 환경기술 참여방안 기획연구	한국정부수탁	한국환경산업기술원	김상헌	'13.06월~'13.11월	20
국토·건설 기술분야 한-EU 연구협력 네트워크 구축 연구	한국정부수탁	한국건설기술연구원	김상원	'13.07월~'14.06월	60
웰니스 휴먼케어 플랫폼 글로벌 동향 조사 분석	한국정부수탁	대구경북과학기술원	황종운	'13.11월~'14.04월	30
에너지시설분야 미래기술 동향 조사 연구	한국정부수탁	한국건설기술연구원	김상원	'13.11월~'14.05월	30
유럽 과학기술연구기관의 과학문화프로그램 운영 사례 조사 및 시사점 연구	한국정부수탁	기초기술연구회	황종운	'13.12월~'14.06월	50
한-독 나노기술 공동 R&D 참여 지원 및 연구 역량 강화	한국정부수탁	기초기술연구회	김용준	'13.12월~'14.10월	140
국토·건설 기술분야 한-EU 연구협력 네트워크 구축 (2차년도)	한국정부수탁	한국건설기술연구원	김상원	'14.07월~'15.06월	50
EU 웰니스 플랫폼 분석 및 콘텐츠 발굴 용역	한국정부수탁	대구경북과학기술원	황종운	'15.02월~'15.10월	30
나노제품 안전성 인벤토리 기반구축사업 (1차년도)	한국정부수탁	한국기계연구원	전현표	'15.10월~'16.09월	100
Research and development of interoperability technology between Korean and EU's smart factory testbeds	한국정부수탁	한국전자통신연구원	황종운	'15.06월~'16.05월	50

한국산업계수탁

과제명	과제 구분	발주 기관명	구분		
			연구책임자	연구기간	연구비 (단위 : 백만 원)
				세부 기간	소계
환경친화적 반송설비업체 기술조사	한국산업계수탁	동서기술	이춘식	'97.00월~	3
저자장 송전기술 관련 유럽의 기술현황 조사 및 분석	한국산업계수탁	현대건설	이춘식	'97.00월~	3
발전소 탕황장치 제작기술조사	한국산업계수탁	정일E&C	이춘식	'97.00월~	3
유럽의 열분해 가스화 용융폐기물처리업체 기술조사	한국산업계수탁	삼성중공업	Kautz	'97.00월~	3
유럽지역에서의 열효율등급을 위한 기준설정 및 열효율 규정을 정하기 위한 연구보고서 입수제공	한국산업계수탁	경동보일러	이춘식	'99.00월~	3
소형온수 보일러의 유럽시장조사	한국산업계수탁	대열보일러	이춘식	'99.00월~	3
고효율보일러 보급확대를 위한 유럽 각국의 지원정책에 관한 자료 입수제공	한국산업계수탁	경동보일러	이춘식	'00.00월~	5
보일러의 응축수 및 배기가스에 관한 유럽각국의 관련 규격 자료 입수 및 제공	한국산업계수탁	경동보일러	이춘식	'00.00월~	3
RTO 방식의 VOC incinerator 관련 독일의 기술보유회사조사 및 기술제휴가능성 타진 주선	한국산업계수탁	화성플랜트	이춘식	'00.00월~	3
음식물 쓰레기 시스템, 소각장 안전도 검사에 대한 독일에서의 업체조사 및 협력가능성 조사	한국산업계수탁	Enviro-Tec Co. Ltd.	이춘식	'00.00월~	10
고형폐기물소각로에서 바닥재 처리기술조사	한국산업계수탁	코오롱	Jochen Seier	'00.00월~	7
ELISA 분석기 개발	한국산업계수탁	동아제약	이춘식	'00.02월~'02.07월	372
유럽의 바닥재 처리 현황에 대한 기술조사 및 자문	한국산업계수탁	LG건설	Jochen Seier	'01.00월~	10
REACH 사업 지원	한국산업계수탁	남앤드남	김기철	'08.01월~'08.12월	150
고려상사의 효율적인 REACH 이행과 대응을 위한 자문 용역	한국산업계수탁	고려상사	김상헌	'08.06월~'08.07월	7
REACH 사전등록	한국산업계수탁	태광정밀화학	김상헌	'08.06월~'08.11월	26
REACH 사전등록 및 컨설팅	한국산업계수탁	삼성정밀화학	김상헌	'08.07월~'08.11월	121
REACH 사전등록	한국산업계수탁	LG생활건강	김상헌	'08.09월~'08.11월	14
REACH 사전등록	한국산업계수탁	경원소재	김상헌	'08.09월~'09.04월	90
REACH 사전등록	한국산업계수탁	고려제강	김상헌	'08.10월~'08.11월	19
REACH 사전등록	한국산업계수탁	삼성석유화학	김상헌	'08.10월~'08.12월	4
REACH사전등록	한국산업계수탁	아세아아세틸스	김상헌	'08.10월~'08.12월	1
REACH사전등록	한국산업계수탁	S Oil	김상헌	'08.10월~'10.11월	42

수행과제 현황(1996~2015)

과제명	과제 구분	발주 기관명	구분		
			연구책임자	연구기간	연구비 (단위 : 백만 원)
				세부 기간	소계
REACH 사전등록	한국산업계수탁	한스바인	김상헌	'08.11월~'08.12월	8
REACH 사전등록	한국산업계수탁	아산임산	김상헌	'08.11월~'08.12월	8
REACH 사전등록	한국산업계수탁	대한합성	김상헌	'08.11월~'08.12월	4
REACH 사전등록	한국산업계수탁	화천기계	김상헌	'08.11월~'09.01월	6
Haptic 진동형 메커니즘 개발	한국산업계수탁	비씨카드	김정태	'09.06월~'10.01월	51
친환경 첨단기술 발굴 및 글로벌 사업화 추진	한국산업계수탁	DPI Holdings, 노루페인트	서정호	'09.06월~'10.10월	277
REACH 본등록	한국산업계수탁	미원스페셜티케미컬	김상헌	'09.08월~'18.11월	475
REACH 본등록	한국산업계수탁	미원상사	김상헌	'09.08월~'18.05월	227
REACH 본등록	한국산업계수탁	고려제강	김상헌	'09.08월~'18.11월	43
REACH 본등록	한국산업계수탁	태광정밀화학	김상헌	'09.09월~'18.11월	398
REACH 본등록	한국산업계수탁	아세아아세틸스	김상헌	'09.10월~'18.05월	74
REACH 본등록	한국산업계수탁	삼성석유화학	김상헌	'09.11월~'18.05월	121
REACH 본등록	한국산업계수탁	삼성정밀화학	김상헌	'09.11월~'18.11월	833
REACH 본등록	한국산업계수탁	금양	김상헌	'09.12월~'18.05월	322
REACH 본등록	한국산업계수탁	코스모화학	김상헌	'10.09월~'18.05월	53
터키 신 화학물질제도 신고 용역	한국산업계수탁	금양	김상헌	'11.02월~'14.03월	16
터키 신 화학물질제도 신고 용역	한국산업계수탁	삼성정밀화학	김상헌	'11.02월~'14.03월	11
터키 신 화학물질제도 신고 용역	한국산업계수탁	유니드	김상헌	'11.02월~'14.03월	13
REACH 본등록	한국산업계수탁	미원화학	김상헌	'11.02월~'18.11월	56
터키 신 화학물질제도 신고 용역	한국산업계수탁	코스모화학	김상헌	'11.03월~'14.03월	5
터키 신 화학물질제도 신고 용역	한국산업계수탁	미원상사	김상헌	'11.03월~'14.03월	11
터키 신 화학물질제도 신고 용역	한국산업계수탁	경원소재	김상헌	'11.03월~'14.03월	19
터키 신 화학물질제도 신고 용역	한국산업계수탁	S Oil	김상헌	'11.04월~'12.03월	6
CLP 신고 및 REACH-IT 시스템 운영 지원 용역	한국산업계수탁	삼성정밀화학	황종운	'11.06월~'12.05월	35
EU 선진 청정소각 및 STE 전문가 기술교육협약	한국산업계수탁	GS건설	김상헌	'11.07월~'11.10월	14

과제명	과제 구분	발주 기관명	구분		
			연구책임자	연구기간	연구비 (단위 : 백만 원)
				세부 기간	소계
유럽권내 Waste to Energy 분야 전문가 기술 자문	한국산업계수탁	GS건설	김상헌	'11.09월~'11.10월	19
REACH 사후관리	한국산업계수탁	S Oil	김상헌	'11.10월~'12.11월	114
REACH 본등록	한국산업계수탁	경원소재	김상헌	'11.10월~'18.05월	139
터키 신 화학물질제도 신고 용역	한국산업계수탁	S Oil	김상헌	'11.12월~'12.06월	8
REACH 사전등록	한국산업계수탁	코스모화학	김상헌	'12.02월~'18.05월	11
REACH사전등록	한국산업계수탁	KH케미컬	김상헌	'12.07월~'18.05월	11
REACH 늦은 사전등록	한국산업계수탁	JK케미컬	김상헌	'12.10월~'18.12월	11
REACH 사후관리	한국산업계수탁	S Oil	김상헌	'12.12월~'13.12월	32
REACH 본등록	한국산업계수탁	금호석유화학	김상헌	'12.12월~'18.12월	432
유럽 개인관리용품 관리 동향 조사	한국산업계수탁	엔바이오니아	백승윤	'13.07월~'13.12월	48
REACH 컨설팅 용역 계약	한국산업계수탁	데스코	김상헌	'14.01월~'15.01월	7
REACH 본등록 용역 계약	한국산업계수탁	대호커머스	김상헌	'14.12월~'18.05월	49
프랑스 나노물질신고 용역 계약	한국산업계수탁	삼성정밀화학	전현표	'13.11월~'14.04월	6
EU/터키 등록 화학물질 사후관리 용역 계약	한국산업계수탁	S-Oil	김상헌	'14.03월~'16.02월	34
REACH 본등록 용역 계약	한국산업계수탁	금호P&B화학	김상헌	'14.04월~'20.12월	76
독일 하 · 폐수 처리시스템 동향 조사	한국산업계수탁	EF컨설팅	백승윤	'14.04월~'14.12월	46
REACH 컨설팅	한국산업계수탁	동방화학	김상헌	'14.10월~'15.12월	6
REACH 컨설팅	한국산업계수탁	한화 L&C	김상헌	'14.09월~'14.10월	53
Cellouse Ether 제품의 환경안전성 개선 (1차년도)	한국산업계수탁	삼성정밀화학	김상헌	'14.12월~'15.03월	196
화학물질관리시스템 최적화 사업	한국산업계수탁	금호석유화학	김상헌	'14.12월~'15.03월	129
ICT 분야 국가핵심기술 관리 및 지원 효율화 방안	한국산업계수탁	DAVA	황종운	'14.12월~'15.05월	30
REACH 컨설팅	한국산업계수탁	동남합성	김상헌	'15.01월~'18.11월	4
REACH 늦은 사전등록	한국산업계수탁	두산글로넷	김상원	'15.08월~'18.07월	3
유럽 고위험성물질(SVHC) 관리 동향 연구	한국산업계수탁	에코&파트너스	백승윤	'15.07월~'15.12월	47
REACH 본등록	한국산업계수탁	KCI	전현표	'15.11월~'20.12월	14

수행과제 현황(1996~2015)

EU현지정부수탁

과제명	과제 구분	발주 기관명	구분		
			연구책임자	연구기간	연구비 (단위 : 백만 원)
				세부 기간	소계
Cost minimization of biowaste treatment by co-digestion	EU현지정부수탁	자알란트주환경청	이춘식	'99.00월~	85
Feasibility study of cable recycling in Saarland	EU현지정부수탁	홈부르그시환경국	Guido Falk	'99.00월~	6
Technical evaluation of co-digestion in federal state of Saarland	EU현지정부수탁	EVS	Neumann	'99.00월~	56
Recycling of grey water in hospitals	EU현지정부수탁	IBMT	Guido Falk	'99.00월~	13
Pyrolysis of hospital waste state of the art and future developments	EU현지정부수탁	IBMT	Guido Falk	'99.00월~	15
Development of cross flow electro filtration processfor sewage filtration	EU현지정부수탁	자알란트주환경청	Guido Falk	'99.00월~	234
German Korean cooperation possibilities in the field of environmental engineering	EU현지정부수탁	BMUB	Guido Falk	'00.00월~	89
Europe-Korea seminar: perspectives and challenges for S&T cooperation in the area of environmental catalysis	EU현지정부수탁	European Commission	Guido Falk	'02.00월~	73
PF6 계획서(KECO) 준비비용	EU현지정부수탁	자알란트주정부	변재선	03.00월~	4
Medtronics 세미나	EU현지정부수탁	자알란트주정부	Ute Steinfeld	'03.00월~	3
Endocrine disruptor in water	EU현지정부수탁	자알란트주정부	Ute Steinfeld	'04.00월~	143
Environment 세미나	EU현지정부수탁	자알란트주정부	Ute Steinfeld	'04.00월~	4
한독 심포지엄	EU현지정부수탁	자알란트주정부/ DFG	Ute Steinfeld	'05.04월~'05.04월	7
Immunomagnetic separation system for cells	EU현지정부수탁	BMWi	Ute Steinfeld, 이혁희	'06.07월~'08.06월	161
Magnetic pharmacotherapy and targeted drug release	EU현지정부수탁	DFG	Ute Steinfeld	'06.08월~'08.07월	119
Eleminating gastrointestinal cancer through breakthrough medical microtechnology	EU현지정부수탁	EU	Ute Steinfeld	'06.09월~'08.08월	196
Korea-EU science and technology cooperatio advancement programme through KIST Europe (KESTCAP)	EU현지정부수탁	European Commission	김기철	'08.07월~'11.07월	383
Stimulating and facilitating the participation of European researchers in Korean R&D programmes (KORRIDOR)	EU현지정부수탁	Commission of the EC	김기철	'10.01월~'11.12월	799

과제명	과제 구분	발주 기관명	구분		
			연구책임자	연구기간	연구비 (단위 : 백만 원)
				세부 기간	소계
Schnelltest für pathogene Erregern der Medizin auf der Basis der Ultra-Spuren-Detektion	EU현지정부수탁	BMWi	Jörg Ingo Baumbach	'11.04월~'12.08월	252
Sustainable waste management strategy for green printing industry (Eco-Innovera)	EU현지정부수탁	BMBF	황종운	'13.03월~'16.02월	257
Strengthening STI Cooperation between Korea and the EU, Promoting innovation and the enhancement of communication for technology-related policy (KONNECT)	EU현지정부수탁	European Commission	황종운	'13.10월~'16.09월	184
Membrane-electrode-assemblies for HT-PEMFCs based on polymer / ionic liquid composites	EU현지정부수탁	DFG	Hempelmann	'15.12월~'18.11월	286

EU현지산업계수탁

과제명	과제 구분	발주 기관명	구분		
			연구책임자	연구기간	연구비 (단위 : 백만 원)
				세부 기간	소계
마이크로오븐 조립자동화	EU현지산업계수탁	대우전자프랑스지사	이춘식	'96.00월~	60
마이크로오븐 프레스라인상에서 로딩시스템의 자동화에 관한 연구	EU현지산업계수탁	대우전자프랑스지사	이춘식	'98.00월~	110
마이크로오븐 생산라인에서 전자파 측정 시스템의 자동화	EU현지산업계수탁	대우전자프랑스지사	이춘식	'98.00월~	121
마이크로오븐용 저전압 크리실론 오실레이터개발	EU현지산업계수탁	대우전자프랑스지사	이춘식	'99.00월~	74
Development of bottles and pumps for a preservativefree multi dose system	EU현지산업계수탁	Ursapharm	이혁희, Ute Steinfeld	'07.09월~'09.03월	695
REACH 사전등록 및 컨설팅	EU현지산업계수탁	LGID	김상헌	'08.11월~'09.01월	4
REACH 사전등록 및 컨설팅	EU현지산업계수탁	삼성현지법인	김상헌	'08.11월~'09.01월	34
REACH 본등록	EU현지산업계수탁	LGID	김상헌	'09.09월~'10.11월	51
Development of a pharmaceutical formulation	EU현지산업계수탁	Ursapharm	김정태	'10.08월~'11.07월	80

초판 1쇄 인쇄 2016년 7월 11일
초판 1쇄 발행 2016년 7월 18일

저작권자 KIST유럽연구소
펴낸이 신경렬 | **펴낸곳** (주)더난콘텐츠그룹
KIST유럽 20년사 편찬위원 이영호, 김정태, 황종운, 김상헌, 변재선, 이규영
집필 작가 서민철 | **책임기획 및 편집** 이홍, 최서윤 | **북디자인** (주)사사연
편집부 남은영, 민기범, 허승, 이성빈, 이서하, 박현정
관리 김태희 | **제작** 유수경 | **마케팅** 홍영기, 서영호, 박휘민 | **물류** 박진철, 윤기남

출판등록 2011년 6월 2일 제2011-000158호
주소 04043 서울특별시 마포구 양화로12길 16(서교동 더난빌딩)
전화 (02)325-2525 | **팩스** (02)325-9007
이메일 book@thenanbiz.com | **홈페이지** http://www.thenanbiz.com
ISBN 978-89-8405-860-6 93500